细胞工程核心技术

刘慧莲　薛　峰　著

科 学 出 版 社

北　京

内 容 简 介

本书针对细胞工程的学科趋势、技术发展，分为两篇，分别对植物细胞工程和动物细胞工程核心技术进行了阐述，在兼顾经典细胞工程知识体系的基础上，注重学科的前沿进展和现代性。本书主要内容包括绪论，植物花药、花粉、胚胎培养与人工种子，植物离体无性繁殖与脱毒技术，植物细胞培养及次生物质生产技术，植物原生质体培养与体细胞杂交技术，动物细胞培养与冷冻保存技术，动物细胞融合、杂交瘤及单克隆抗体生产技术，细胞重组、核移植及动物克隆技术，动物干细胞技术等。

本书结构合理，条理清晰，内容丰富新颖，可供从事生命科学研究的师生与科研技术人员参考使用。

图书在版编目（CIP）数据

细胞工程核心技术/刘慧莲，薛峰著. —北京：科学出版社，2017.11
ISBN 978-7-03-054539-8

Ⅰ. ①细… Ⅱ. ①刘… ②薛… Ⅲ. ①细胞工程 Ⅳ. ①Q813

中国版本图书馆 CIP 数据核字（2017）第 228935 号

责任编辑：刘 畅 / 责任校对：王 瑞
责任印制：张 伟 / 封面设计：铭轩堂

科学出版社 出版
北京东黄城根北街 16 号
邮政编码：100717
http://www.sciencep.com
北京凌奇印刷有限责任公司 印刷
科学出版社发行 各地新华书店经销
*
2017 年 11 月第 一 版 开本：720 × 1000 1/16
2023 年 3 月第四次印刷 印张：12 1/4
字数：235 000

定价：59.80 元

（如有印装质量问题，我社负责调换）

前　言

20世纪生物学领域所取得的成就是前所未有的。作为生物工程主体之一的细胞工程，由于它在技术和仪器设备上的要求不像基因工程那样复杂，投资较少，有利于广泛开展研究和推广应用，因此有着重大的实践意义，日益得到科学界的重视。细胞工程在应用研究方面取得的成果极大地促进了农业、畜牧业、食品工业和医药学的发展，作为高新技术支柱之一的细胞工程技术必将对人类社会发展产生越来越大的影响。

随着生命科学的飞速发展，新兴学科的不断涌现，读者所需要学习与掌握的知识和技术越来越多，目前国内虽然出版了《细胞工程》《动物细胞工程》《植物细胞工程》等书籍，但这些图书或偏于某一研究方向，或偏于技术层面，或偏于应用层面，这就给读者全面学习和掌握细胞工程带来了不便。无论是动物细胞工程，还是植物细胞工程，都以生物学为理论基础，具有相同的技术基础。在学科发展过程中，这两部分内容紧密不可分，在研究思想上相互启发，在研究方法上相互借鉴，合在一起进行介绍和学习，不仅节约时间，还有助于读者分析、比较和对综合能力的培养。基于这项考虑，编者在多年从事细胞工程教学和研究的基础上，综合近年来国内外新的研究成果，撰写了《细胞工程核心技术》一书。

本书主要论述了细胞工程原理及其应用，共9章，其中第1章绪论为基础概述部分。第一篇（第2～5章）为植物细胞工程，主要包括植物花药、花粉、胚胎培养与人工种子，植物离体无性繁殖与脱毒技术，植物细胞培养及次生物质生产技术，以及植物原生质体培养与体细胞杂交技术等。第二篇（第6～9章）为动物细胞工程，主要包括动物细胞培养与冷冻保存技术，动物细胞融合、杂交瘤及单克隆抗体生产技术，细胞重组、核移植及动物克隆技术，以及动物干细胞技术等。

本书以细胞工程理论体系为撰写主线，全面、系统、简洁地介绍了细胞工程的原理及核心技术研究，不但突出了细胞工程相关知识的基本概念，而且注重学科的前沿进展和时代性，使本书具有一定的理论深度及知识普及、技术指导广度，以便达到让专业读者和相关人群通过阅览本书，能够对细胞工程的核心技术有一个完整清晰、准确快速的认知和掌握的目的。

本书在撰写过程中，参阅了国内外同行的大量资料，在此一并致谢。由于细胞工程研究涉及面广，内容更新快，加之编者的水平和经验所限，书中难免有不足之处，恳盼读者给予指正。

编　者

2017年3月

目　录

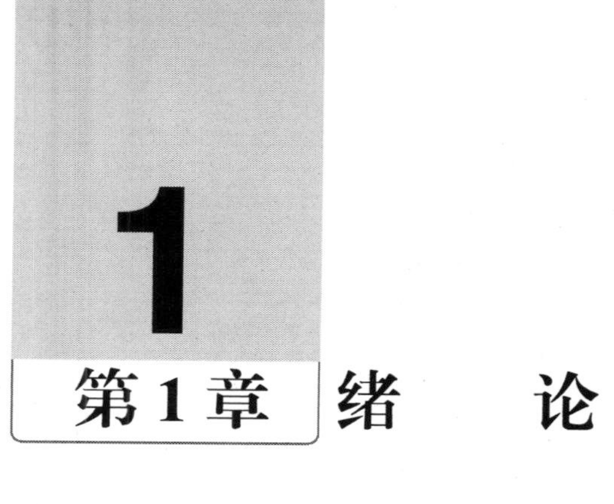

第1章 绪　　论

细胞是生物体的基本结构和功能单位。随着细胞生物学和分子生物学的迅猛发展，以培养条件下细胞全能性表达的调控为核心的一门综合性技术科学——细胞工程（cytotechnology）产生和发展起来了，近年来其已经成为现代生物技术的一个重要性领域。本章概括介绍细胞工程的基本概念、研究内容及研究任务等。

1.1　细胞工程的基本概念

细胞工程是指以生物细胞或组织为研究对象，按照人们的意愿进行工程学操作，从而改变生物性状，以获得生物产品，为人类生产和生活服务的科学。细胞工程是现代生物技术的一个重要分支，包括植物细胞工程（plant cell engineering）和动物细胞工程（animal cell engineering）。根据研究水平，分为组织水平、细胞水平、细胞器水平和分子水平等不同的研究层次。广义的细胞工程包括所有的生物组织、器官及细胞离体操作与培养，狭义的细胞工程指细胞融合和细胞培养技术。

1.2　细胞工程的研究内容

细胞工程涉及的范围很广：按研究的生物类型可分为植物细胞工程、动物细胞工程、微生物细胞工程（发酵工程）；按实验操作对象可分为器官、组织和细胞培养（organ，tissue and cell culture），细胞融合（cell fusion），细胞核移植（nuclear transplantation），染色体工程（chromosome engineering），干细胞（stem cell），组织工程（tissue engineering），以及转基因生物与生物反应器（transgenic biology and bioreactor）等（图1-1）。

1.2.1　器官、组织和细胞培养

器官、组织和细胞培养是指对生物体的器官、组织或细胞进行离体培养，研究其所需培养系统和条件，如有机营养、无机营养、激素、活性物质、培养基的酸碱度、温（湿）度、光照等营养条件和刺激因素；研究器官、组织和细胞的形态发生规律；或使之形成组织或有机体的技术。

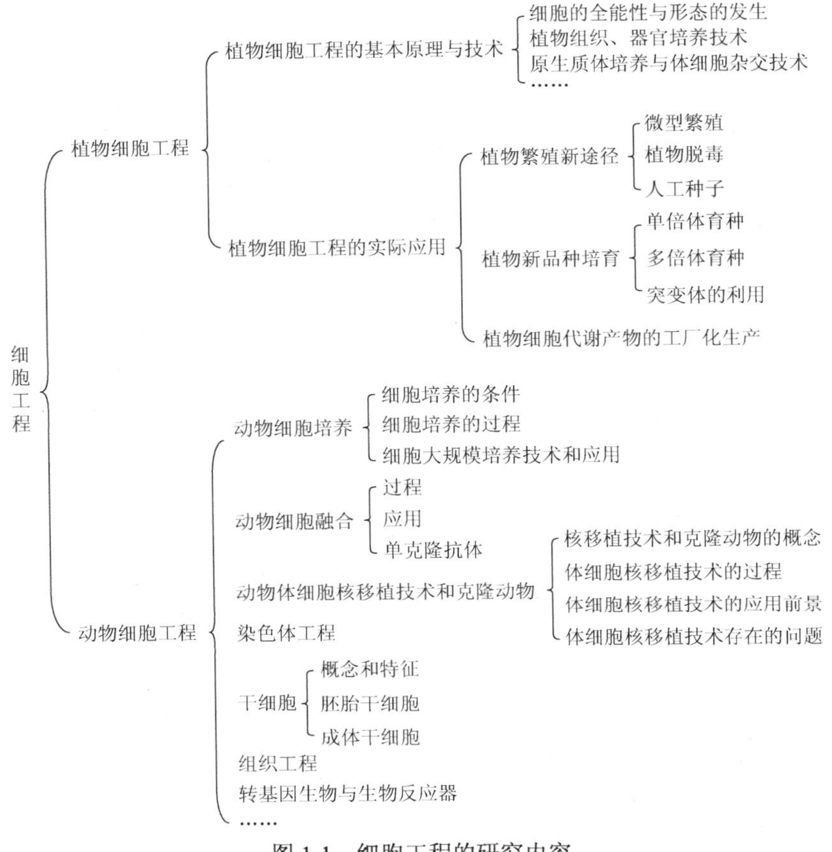

图 1-1　细胞工程的研究内容

1.2.2　原生质体培养

原生质体培养（protoplast culture）指将植物细胞去壁使之游离成原生质体，在适宜培养条件下使细胞壁再生，并进行细胞分裂分化，形成完整个体的技术。

1.2.3　植物胚胎培养

植物胚胎培养（plant embryo culture）是指使胚或具胚器官（如子房、胚珠等）在离体无菌条件下发育成正常植株的技术。

1.2.4　动物胚胎工程

动物胚胎工程（animal embryo engineering）是指以动物胚胎为对象而产生的一系列技术操作，如胚胎移植（embryo transfer）、胚胎冷冻（embryo freezing）、体外授精（*in vitro* fertilization，IVF）和性别控制（sex control）等。

1.2.5 转基因动植物

转基因动植物（transgenic animal and plant）是指将人们需要的目的基因导入受体动植物基因组中，使外源基因与其发生整合，并随细胞分裂而增殖，在动植物体内表达，并稳定地遗传给后代。

1.2.6 胚胎干细胞

胚胎干细胞（embryo stem cell，ES 细胞）是指胚胎或原始生殖细胞经体外抑制分化培养后，筛选出的具有发育全能性的细胞。ES 细胞可以定向诱导分化为几乎所有种类的细胞，甚至形成复杂的组织或器官。ES 细胞的研究将在未来的人体发育，基因功能，药物开发，细胞、组织和器官替代治疗中发挥重要作用，并成为组织器官移植的新资源。

1.2.7 染色体工程

染色体工程（chromosome engineering）是指借助于物理和化学等方法，使生物染色体数目、结构和功能发生改变的技术。

1.2.8 新型物种的培育

植物中存在远缘杂交不亲和及自交不亲和现象，产生不亲和的主要原因是花粉在雌蕊柱头上不能萌发，或花粉管不能通过子房到达胚珠进入胚囊与卵子结合。在体外条件下，进行植物授精，对杂交育种有很大的意义，这正是利用细胞工程来实现创造新型的植物物种或品系。采用自然或人工方法可以使两个细胞（或原生质体）融合为一个细胞产生新的物种或品系，这种方法称为体细胞杂交。通过核置换创造核-质杂种，由核-质互作引起的细胞质雄性不育开创了利用杂交种的新时代，使水稻、高粱等自花传粉和常异花传粉作物杂种优势的利用成为现实。在植物育种中，远缘杂交可以把不同种属的特征、特性结合起来，突破种属界限，扩大遗传变异，从而创造新物种或新的变异类型。通过染色体工程技术可以创造同源多倍体、异源多倍体物种，以及异附加系、异代换系和易位系等中间育种材料。我国小麦有独特的种质资源和丰富的组织培养经验，小麦远缘杂交取得了非常优异的成绩。

1.2.9 优良动植物的快速繁育与资源保存

动植物细胞与组织培养包括细胞培养、组织培养和器官培养。动植物细胞与组织培养技术最显著的价值在于优良植物的快速繁育与代谢产物的大量制备。

以动物体细胞核移植、体外授精为核心的克隆技术在珍贵动物资源保护上发挥着重要作用。动物胚胎早期细胞核具有全能性，而胚胎以后各个时期的细胞核难以体现全能性，即分化难以逆转，多数生物学家转向以未成熟的胚胎细胞克隆动物的领域。

胚胎切割（embryo bisection）借助显微操作技术切割早期胚胎成二、四等多等份再移植给受体母畜，从而获得同卵双胎或多胎动物。来自同一胚胎的后代有相同的遗传物质，因此胚胎分割可看作动物无性繁殖或克隆的方法之一，利用胚胎切割技术可以实现动物优良品种的快速、大量繁殖。牛胚胎分割技术是在牛胚胎移植技术的基础上发展起来的技术。试管婴儿技术的初衷是帮助解决人类的生育疾病，近30年发展迅速，目前有近千万试管婴儿诞生并开始孕育下一代。同时，与之相关的衍生技术也不断得到发展。例如，用基因筛选方法获得更健康的、不携带家族致癌基因的婴儿设计技术也在英国出现。

利用植物组织培养技术能快速繁育一些有价值的苗木、花卉、药材和濒危植物。快速繁殖（简称“快繁”）是植物组织培养中应用最为广泛的技术，如果快速繁殖的试管苗经过检测证明已经脱除病毒，则可以将脱病毒与快速繁殖结合起来，一举两得。植物通过组织培养，既能保持母体的优良性状又能保持遗传的稳定性，这在生产上具有重要的意义。植物种质资源是研究遗传和育种的重要基础，由于需要保存的植物种质资源很多，而田间保存耗费人力、物力和财力，为了避免优质遗传资源的枯竭和丢失，可以利用植物组织培养技术在试管中或者在低温下长期保存，可大大节省土地和人力。这种方法也方便引种，防止病虫害的传播。

1.3 细胞工程的研究任务

当前生命科学发展迅猛，研究领域、前沿热点不断涌现，生命、医学、人口、农业、环境、资源和能源等领域存在着许多需要依靠生物工程才能解决的问题。细胞工程承担着研究解决生命科学关键问题的重要任务，包括如下的基础研究和应用研究：①离体培养时，细胞、组织、器官所需营养条件和环境条件。②细胞、组织、器官的形态发生规律。③植物的快速脱毒及大量、快速繁殖方法与技术。④原生质体再生植株、亲缘关系不同的细胞融合方法和细胞杂交机制。⑤细胞的遗传、变异规律，新物种的产生与应用研究。⑥种质资源的离体保存机制和方法。⑦胚胎移植、胚胎体外生产及细胞克隆技术。⑧细胞全能性的分子机制、细胞信号转导控制等基本理论的研究。

第一篇

植物细胞工程

2

第 2 章 植物花药、花粉、胚胎培养与人工种子

随着生态环境的破坏，各国优质和珍贵的物种正在逐渐消失。因此，保护生物多样性成为全世界关注的问题，种质资源的保存也被植物育种工作者所重视。本章主要讲述花药、花粉和胚胎培养与人工种子的培养技术及其应用。

2.1 植物花药和花粉培养

在一个被子植物的典型花药中，依据细胞内染色体的倍性可将其分为两部分：一部分是单倍体细胞，即经过减数分裂形成的小孢子（花粉）；另一部分则是二倍体细胞，如药隔、药壁、花丝等组织。花药培养（anther culture）的目的是改变小孢子的发育途径，所以实际上进行的是花粉培养（pollen culture）。严格意义上来讲，花药培养和花粉培养是不同的，前者属于器官培养的范畴，而后者与单细胞培养类似。但从培养目的上来说，两者都可以在培养中诱导形成单倍体的细胞系，甚至获得单倍体植株，因此两者又是相似的。

2.1.1 花药培养

1. 花药培养的概念及意义

花药培养的工作始于 1964 年，Guha 和 Mahesweri 将花药放在含有琼脂的培养基上培养，后期转入 MS 培养基，首次诱导曼陀罗花药发育成为单倍体植株。花药培养不需要进行游离花粉的处理，也不需要特殊的培养方法，因此比花粉培养方便快捷，是单倍体培养的主要手段。花药培养通常采用琼脂固体培养基培养，也可以采用液体培养或固液双层培养。

植物的花粉是花粉母细胞经减数分裂形成的，其染色体数目只有体细胞的一半，叫作单倍体细胞（haploid cell）。用离体培养花药的方法，使其中的花粉发育成一个完整的植株，即单倍体植株（haploid plant）。目前，花药培养这一细胞工程技术已经成为植物育种和种子生产的重要手段，我国在花药培养和单倍

体育种工作上一直处于国际领先水平。

2. 花药培养的基本程序

花药培养与其他组织培养一样，技术要求相对简单，基本程序：花药培养材料的选择→材料灭菌→接种→诱导培养→再生单倍体植株。

（1）花药培养材料的选择　花药培养材料选择的关键在于选取花粉处于一定发育期的花药，花药采集时期与培养成败有很大的关系。一般来讲，被子植物的花粉发育过程经历三个阶段，即第一期四分体时期、第二期单核期（小孢子阶段）、第三期双核期和三核期（雄配子体阶段）。单核期又分为单核早期、单核中期（单核中央期）、单核晚期（单核靠边期）。实验证实，只有那些发育到特定时期的花粉对离体刺激才最敏感。对大多数植物来说，单核中期和晚期是诱导花粉胚或花粉愈伤组织的最佳时期，尤其是单核晚期，是花粉诱导的关键时期。小麦、玉米处于单核中期的花粉培养效果最好。烟草、曼陀罗和水稻的花粉，从单核中期至双核早期都可接受离体诱导。在天竺葵和番茄中，分别从四分体和单核中期的花粉中得到了最佳的培养效果。可见不同植物的花粉对离体培养有其特定的、最敏感的发育时期。然而，对大多数植物而言，单核期（包括早、中、晚期）的花粉比较容易培养成功。

（2）材料灭菌　采集花蕾最好从健壮无病植株中选材，因为未开放的花蕾中的花药被花被包裹，本身处于无菌状态。花药在消毒前，应先进行预处理，将花蕾剪下放入水中，在4～5℃冰箱内保持3～4d。低温贮藏后，进行花药的灭菌消毒。消毒后在超净工作台上取出花药接种，接种密度要适当大，以便发挥集体效应。接种密度高时愈伤组织诱导率也高，这可能是花药组织分泌的活性物质相互作用的结果。

（3）接种　在超净工作台上用镊子剥去部分花冠，露出花药，夹住花丝取出花药置培养皿中。不要直接夹花药，以免损伤。用长柄（枪状）镊子夹住花丝，将花药接种于培养基上，或用接种环蘸取花药接种于培养基上（图2-1、图2-2）。接种密度宜高，以促进“集体效应”的发挥，有利于提高诱导率。

（4）诱导培养

1）培养条件。

A. 温度。接种后的花药要放到培养室中进行培养，离体培养的花药对温度比较敏感，早期多在25～28℃下进行培养。现在经过实验发现，不少植物的花药在较高温度培养更好，特别是最初几天经过一段高温培养，出愈率会明显提高。

B. 光照。对光照的要求在物种间差异更为明显。

2）培养方式。花药的培养方式主要有三种：一是在琼脂固化培养基表面培养；二是在加入30%聚蔗糖（ficoll）的液体培养基表面漂浮培养；三是利用液-固双层培养基培养，既能保持较高的接种密度，又使培养基不容易失水。

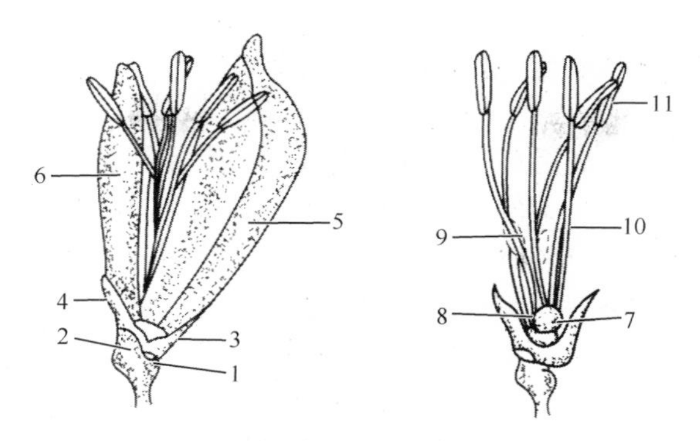

图 2-1　水稻颖花的结构

1. 第一副护颖；2. 第二副护颖；3. 第一护颖；4. 第二护颖；5. 外颖；6. 内颖；7. 浆片；8. 子房；9. 柱头；10. 花丝；11. 花药

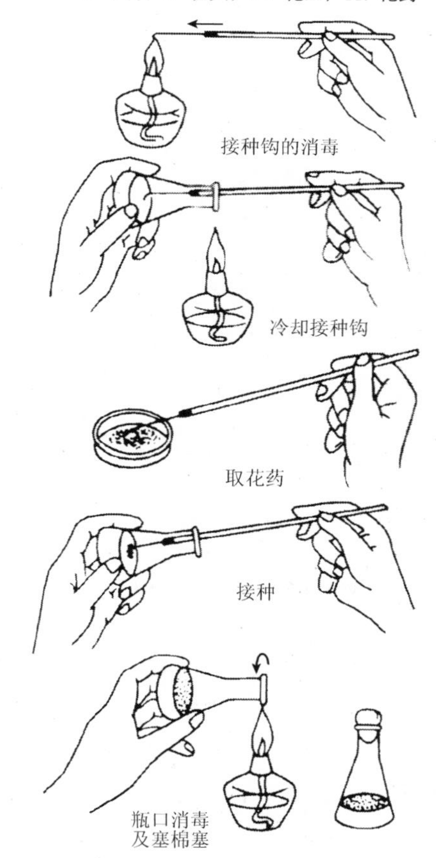

图 2-2　花药接种程序

（5）再生单倍体植株　　通过花药培养诱导单倍体植株再生模式有两种途径（图 2-3）：①经胚状体的再生途径，即培养花药中的花粉在药室内侧首先分裂形成原胚多细胞团，然后经过球形胚、心形胚、鱼雷形胚等发育阶段，最后以胚状体形式突出于花药壁。例如，烟草花药培养中，首先接种花药于MS培养基上，一周后花粉粒明显膨大，两周后逐渐形成球形胚、心形胚和鱼雷形胚，约三周时有淡黄色胚状体形成，至光照条件下培养后再生出具根、茎、叶的完整植株。②经过愈伤组织、器官分化的再生途径，一般花药接种于含1～2mg/L 2, 4-D的培养基上，花药内的花粉经多次分裂形成单倍体愈伤组织，然后将其转移到分化培养基上，使单倍体愈伤组织分化出不定芽和形成不定根，从而获得单倍体植株，如苹果。但是，两条途径并不是完全独立的，许多植物可以通过改变培养基种类及添加成分而改变单倍体的诱导形成途径或使两种途径并存。

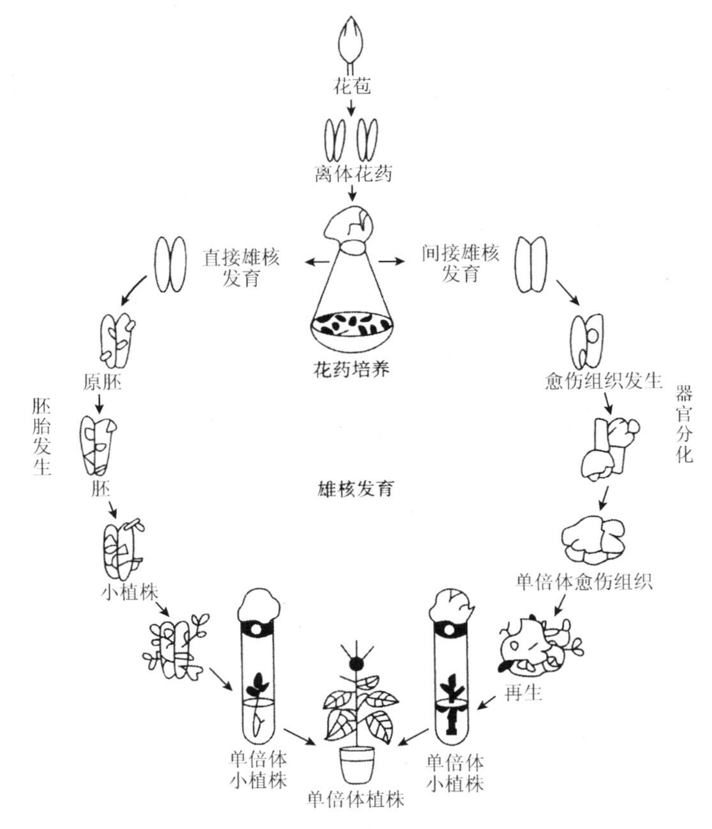

图2-3　花药培养与植株再生

2.1.2　花粉培养

花粉培养是指把花粉从花药中分离出来，以单个花粉粒作为外植体进行离体培养的技术。花粉细胞是单倍体细胞，通过花粉培养可获得单倍体植株而用于育种，或获得单倍体无性系细胞用于转基因研究或其他用途。花粉培养也可用于研究花粉的发育和遗传变异规律。

1. 花粉分离的方法

用于花粉分离的方法有三种，即机械分离法、散落花粉法和挤压法。

（1）机械分离法　在无菌条件下，将花药或花蕾移入小烧杯中，加入少量液体培养基后，用注射器内筒轻轻挤压出花粉；再用约 200 目的镍丝过滤网过滤，除去花药壁等体细胞组织；然后将含有大量花粉的滤液注入离心管，在约 500r/min 的转速下离心 3～5min，使花粉沉淀于离心管底部，弃去上层含有花药组织等碎片的液体培养基，随后再注入相同培养基并离心；如此反复 3～4 次，得到纯净的花粉，最后将花粉用液体培养基调整到所需密度即可进行培养。

（2）散落花粉法　在无菌条件下，将花药直接接种于培养基中，到花药自动开裂时，移走花药继续培养或离心收集花粉后培养，这种方法可以避免因机械分离造成的对花粉培养不利的影响。对于某些植物，此方法比机械分离法有利，但是必须先找到合适的处理措施，使花药能在培养基中迅速开裂并释放花粉。

（3）挤压法　选取花粉合适发育时期的花药，消毒后取出花药，放在装有 4～5ml 液体培养基的小烧杯中，用注射器内筒在烧杯壁上挤压花药，使花粉从花药中释放出来。然后根据花粉粒的大小，选用孔径适宜的尼龙网（孔径 20～60μm）过滤，除去花药壁组织，过滤后的花粉液再经过低速离心（100～1000r/min），使花粉粒沉淀于离心管下部；再用新鲜培养基稀释，重复 2 次，可得到纯净的花粉群体（图 2-4）。

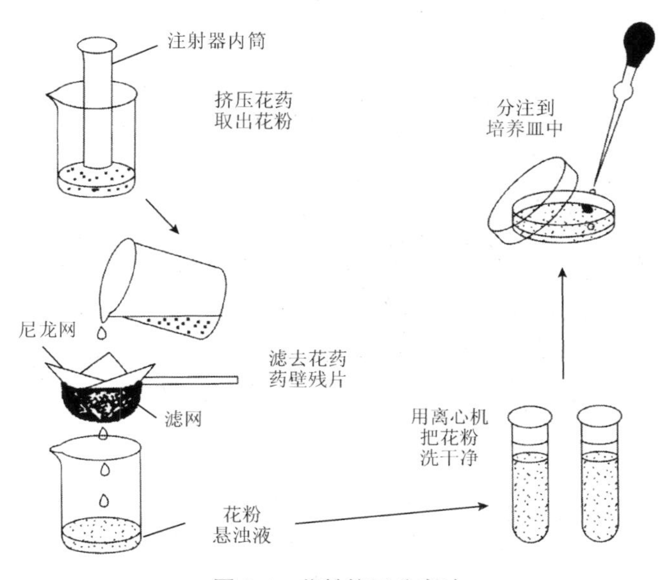

图 2-4　花粉挤压分离法

2. 花粉培养途径

（1）*液体培养法*　其是花粉悬浮在液体培养基中进行培养的方法（图 2-5）。这种方法可以使花粉细胞与培养液充分接触，从而提高培养效率；由于液体培养容易造成培养物的通气不良，常会影响细胞的分裂和分化，因此应将培养物置于摇床上振荡，使其处于良好的通气状态。液体培养时，要注意接种花粉细胞的密度。密度过大，花粉细胞的营养供给不足；密度过小，细胞的生活力降低，进而褐化死亡。一般而言，花粉细胞悬浮培养的适宜密度为 10^4～10^5 个/ml。

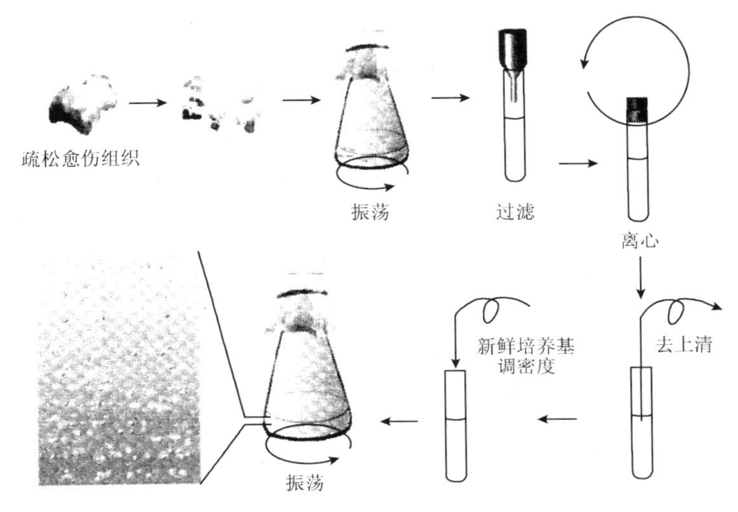

图 2-5　液体培养法

（2）*平板培养法*　将花粉接种到琼脂固化培养基上进行培养，可诱导其产生愈伤组织或胚状体，再生花粉植株。此方法的特点是操作简单，但需结合不同的预处理方法提高培养效率。

（3）*双层培养法*　将花粉置于固相和液相双层培养基上进行培养，其中液相层为花粉细胞悬液。双层培养基的制作方法：将灭菌后的液态琼脂培养基倒入灭菌的培养皿中，每皿铺约 2mm 厚，待完全凝固后，在其上接种 1mm 厚的花粉细胞悬液，接种量以铺满固相层为宜。一般 30～40d 即可长出愈伤组织或胚状体，继代培养 2～4 周后转入固体分化培养基，可再生花粉植株，这种方法已应用于马铃薯的花药培养。

3. 再生小植株的驯化和移植

花粉和花药培养均可产生再生单倍体植株，但花粉培养是通过胚状体阶段分化发育为单倍体植株；而花药在诱导培养基上，先形成愈伤组织，再诱导分化成植株（图 2-6）。通过花粉和花药培养所获得的单倍体植物非常娇嫩，很难度过“移植关”。要想顺利通过这一关需采用逐步过渡的方式，使其适应从异养到自养的过程。

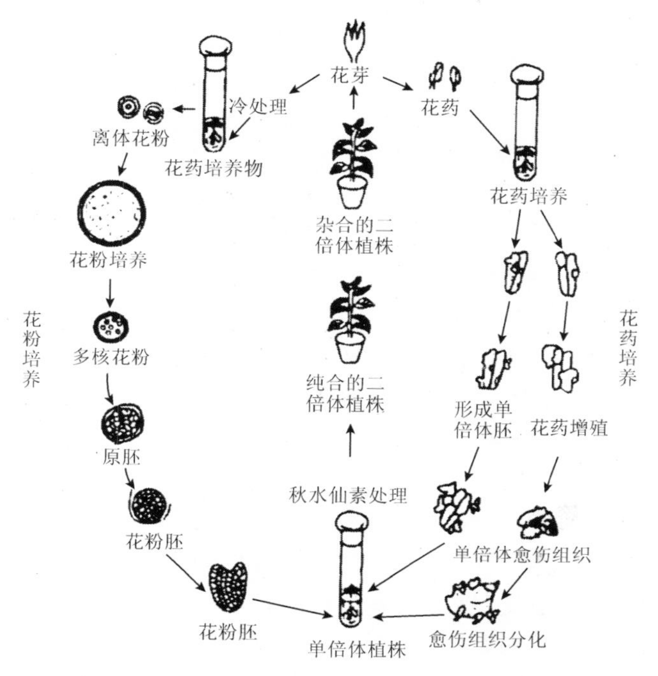

图 2-6　花药和花粉培养诱导单倍体植株的途径

苗驯化与移植的注意事项如下。

1）苗驯化：恢复叶绿体功能。各类试管苗的驯化期因植物种类的不同而不同，如柑橘驯化期为 40～45d，茄子、青椒为 30～35d，菊花为 20～30d 等。

2）冲洗干净培养基，防止微生物侵染。

3）从培养基到土壤，注意营养土配方的筛选。

4）移植后保持高的空气湿度和低的土壤湿度。

2.1.3　影响花药培养和花粉培养的因素

1. 基因型

基因型是影响花药（或花粉）离体培养的重要因素之一，不同基因型的植株，花药（或花粉）培养效果不同，花药（或花粉）培养诱导胚状体或愈伤组织的能力在植物种属间存在较大差异。

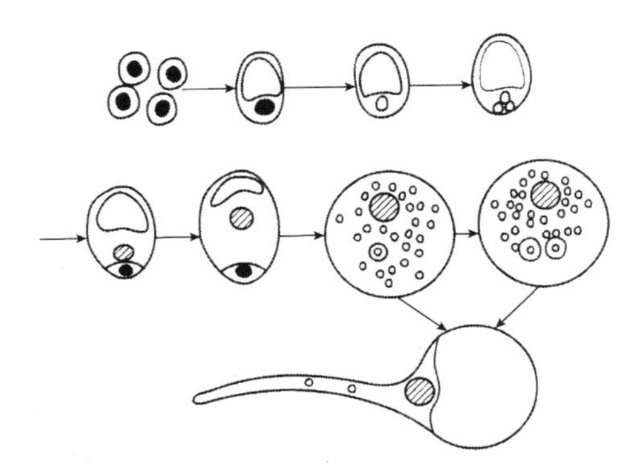
图 2-7　被子植物花粉粒的发育

2. 花粉的发育时期

选择合适的花粉发育时期，是提高花粉植株诱导成功率的重要因素。被子植物的花粉发育由孢子四分体分散成单核小孢子开始（图 2-7）。

3. 培养基中的附加成分

大量研究证实，在培养基中加入某些营养物质（如水解酪蛋白、谷氨酰胺等）、吸附物质（如活性炭等）及抗氧化物质（如聚乙烯吡咯烷酮、抗坏血酸等）等附加成分能够大幅度提高花药培养的诱导效率。

在培养基中加入活性炭能够有效地提高烟草、银莲花、马铃薯和毛叶曼陀罗等的花药培养效率，原因可能是活性炭吸附了琼脂本身所固有的或从衰老的花药壁中释放出来的某些有害物质。

4. 预处理

在培养前，对培养材料进行预处理能够有效提高花粉植株的诱导率，尤其在诱发小孢子脱分化方面具有明显作用。因此，可以在进行花药（或花粉）培养前选择适宜的预处理方法来提高培养效率。不同植物的花药（或花粉）对于不同预处理条件的反应程度不同，如水稻、小麦、玉米等植物的花药和花粉对于低温预处理的有效温度和时间存在明显的差异（表 2-1）。

表 2-1　一些植物花药和花粉低温处理的温度和时间

植物	处理温度/℃	处理天数/d
水稻	7～10	10～15
小麦	1～3	7～14
玉米	5～7	7～14
大麦	3～7	7～14
番茄	6～8	8～12
烟草	7～9	7～14
黑麦	1～3	7～14
毛叶曼陀罗	1～3	7～14

5. 培养条件

影响花药培养的条件包括温度、光照和湿度等。在多数情况下，花药培养在与其他植物组织培养相同的情况下进行。而一些植物在培养时则需要事先在较高或较低的温度条件下培养一段时间，然后再转入正常条件下进行培养，这样才能取得良好的培养效果。例如，芸薹属植物在培养之初需要先在35℃的高温条件下处理一段时间，然后再转入26℃的条件下进行培养，只有这样才能获得理想效果。将烟草的花蕾在5℃低温处理72h，再将其转入正常温度条件下进行培养，则50%的花药可以诱导形成花粉胚，并进一步发育成花粉植株。

6. 接种密度

接种密度也是影响花药培养效率的因素之一，这种影响作用可能与花药之间的群体效应相关。梁彦涛等（2006）在对马铃薯花药培养的研究中发现，平均每瓶接种40个花药比较合适，接种密度过大极易导致花药褐化，从而降低花药愈伤组织的诱导率。王付欣等（2001）对小麦花药培养中的密度效应进行了较为系统的研究，认为小麦花药培养中的愈伤组织诱导率与花药接种密度密切相关。当花药密度达到一定范围之后，能够明显提高小麦花药培养中愈伤组织的诱导频率。当平均每毫升接种4～6个花药时，愈伤组织诱导率显著提高。

2.1.4　操作实例

1. 烟草花药培养

取花萼和花冠等长的烟草花蕾，用醋酸洋红涂片确定花粉发育时期，选用花粉处于单核晚期的花药进行接种。将花蕾剥去萼片，先用70%的乙醇浸泡10s，再用饱和漂白粉上清液浸泡15～30min，最后用无菌水冲洗3次。在无菌条件下剥去花冠，将花药接种到含有1%活性炭的H培养基上，培养基中蔗糖浓度为3%。如果在培养基中加入0.1～0.5mg/L的吲哚乙酸（IAA），则有助于花粉胚状体的形成。接种好的花药于26～28℃的培养室中培养，适当照光。

接种后3周左右药室开裂，在裂口处可见乳黄色的胚状体，见光后很快变绿，然后逐渐发育成单倍体小苗。当小苗长出3～4片真叶时，可进行染色体加倍。在超净台上，将经过过滤除菌的0.4%的秋水仙碱水溶液倒入培养瓶中，浸泡小苗24～48h，倾出药液，用无菌水洗3次，再将小苗分株移栽到T培养基上。在T培养基上小苗生长很快，当小苗长出发达根系时，就可移出试管，轻轻洗去琼脂，移栽到花盆中。移栽后一周内用烧杯将小苗罩起，保持湿度，有利成活。

2. 烟草花粉培养

将花粉发育时期为单核晚期至双核初期的‘革新一号’烟草花蕾置于3℃处冷冻处理72h，然后经无菌操作取出花药接种到H培养基上，在(28±1)℃的光照条件下培养3d。接着用压挤-过筛-清洗的方法分离出花粉，接入过滤除菌的稍加改动的Nitsch液体培养基。用血细胞计数器计数，使花粉密度达到7×10^5个/ml，以每瓶1ml的量分装入20ml的三角瓶中，在(28±1)℃、弱的散射光照射下进行静置的薄层液体培养。

花粉粒在液体培养基中培养5～10d后，发生了明显的细胞学变化，接着开始脱分化形成花粉细胞团。随着花粉细胞团的长大，花粉外壁破裂，细胞团从花粉中释放出来，直接接触培养基。

花粉粒经20～30d培养后便可见到由多细胞团分化形成的各种类型的胚状体：球形、心形、鱼雷形和子叶形。将子叶形的胚状体转接到附加了H活性物质的T固体培养基上，一周后即形成具有根和两片幼叶的小苗，小苗进一步长大后，转移到土壤中形成小植株。

2.2　植物胚胎培养

植物的胚胎培养（embryo culture）能否成功，与胚龄和培养条件都有密切关系。一般来说，胚愈小所需的营养物质就愈复杂，也愈难培养。

2.2.1　成熟胚的培养

成熟胚培养是指由子叶期至发育成熟的胚培养，在自然状况下，许多植物的种皮对胚胎萌发有抑制作用，需要经过一段时间的休眠，待抑制作用消除后种子才能萌发。从种子中分离出成熟胚后进行体外培养，可以解除种皮的抑制作用，使胚胎迅速萌发。植物的成熟胚已经储备了能够满足自身萌发和生长的养料，因此一般在由大量元素的无机盐和蔗糖组成的简单培养基上就可以培养。所以成熟胚培养的实验，其目的大多不在于寻找合适的营养条件，而是用此技术来研究成熟胚萌发时胚乳或子叶与胚发育成幼苗的关系、成熟胚生长发育过程中的形态建成及各种因素的影响，从而克服有些植物种皮对胚胎萌发的抑制作用，同时也可避免一些自然环境因素对种子萌发的不利影响，特别适用于某些种子休眠期过长的植物。

1. 培养基

早期常用的成熟胚培养基为仅含大量元素和铁的 Tukey（1934）及 Randolph 和 Cox（1943）等（表 2-2），近年来也有人使用较复杂的 Nitsch、MS、1/2 MS 等培养基来培养成熟胚。

表 2-2　几种常用离体胚培养基的无机盐含量　（单位：mg/L）

无机盐	Tukey（1934）	Randolph 和 Cox（1943）	Rijven（1952）	Rappaport（1954）	Ranga-Swamy（1961）	Norstog
KNO_3	136	85	149	85	80	160
$Ca(NO_3)_2$	—	164	168	236.8	—	—
$Ca(NO_3)_2 \cdot 4H_2O$	—	—	—	—	260	290
KH_2PO_4	—	—	23	—	—	—
NaH_2PO_4	—	—	—	—	165	—
$NaH_2PO_4 \cdot H_2O$	—	—	—	—	—	800
$Na(PO_3)_6$	—	10	—	10	—	—
$Ca_3(PO_4)_2$	170	—	—	—	—	—
Na_2SO_4	—	—	—	—	—	200
$MgSO_4$	170	18	—	—	200	—
$MgSO_4 \cdot 7H_2O$	—	—	101	36	360	730
$CaSO_4$	170	—	—	—	—	—
KCl	680	65	—	65	65	140
$FePO_4 \cdot 2H_2O$	170	—	—	—	—	—
$FeSO_4 \cdot H_2O$	—	1.2	—	—	—	—
$FeC_6H_5O_7$（1%）	—	—	5ml	3ml	—	10
H_3BO_3	—	—	0.4	—	0.5	0.5
$CuSO_4 \cdot 5H_2O$	—	—	0.1	—	0.025	0.25
$MnSO_4 \cdot 4H_2O$	—	—	0.4	0.5	3	3
$Na_2MoO_4 \cdot 2H_2O$	—	—	—	—	0.025	—
$Na_2MoO_4 \cdot 7H_2O$	—	—	—	—	—	0.25
$ZnSO_4 \cdot 7H_2O$	—	—	0.2	—	0.5	0.5
$(NH_4)_2MoO_4$	—	—	0.05	—	—	—
$CoCl_2$	—	—	—	—	0.025	—
$CoCl_2 \cdot 6H_2O$	—	—	—	—	—	0.25

注：前两种用于成熟胚培养，后四种用于幼胚培养

2. 培养方法

成熟胚的培养比较简单，即将成熟种子用 70%乙醇进行表面消毒几秒到几十秒（取决于种子的成熟度与种皮的薄厚），再放到漂白粉饱和水溶液或 0.1%的氯化汞溶液中，消毒 5～15min，再用无菌水冲洗 3 次，在超净工作台上于解剖镜下解剖种子，取出胚种植在培养基上，在常规条件下培养即可（图 2-8）。

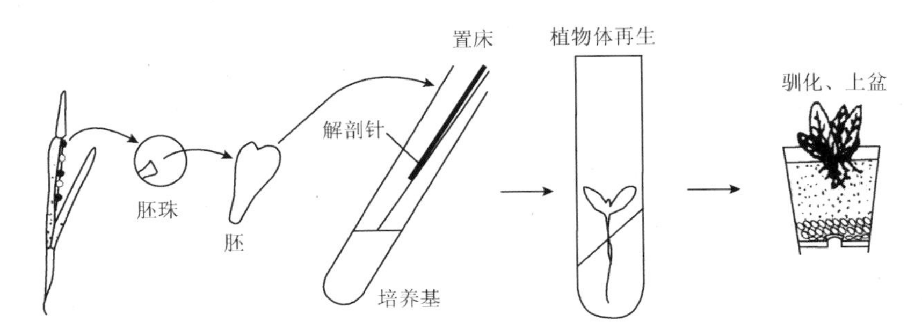

图 2-8　成熟胚培养过程（陈荣，2015）

2.2.2　幼胚的培养

幼胚在胚珠中是异养的，需要从母体和胚乳中吸收各类营养与生物活性物质，在幼胚的离体培养过程中，这些都必须由培养基提供，对培养条件也有一定的要求。

1. 幼胚的培养方法

幼胚的培养主要包括取材、幼胚剥离和接种培养等几个环节。适于幼胚培养的胚发育阶段一般为球形胚到鱼雷形胚，但若以幼胚拯救为目的，还应了解胚退化衰败的时间，以便在此之前取出幼胚进行培养。多数植物的幼胚剥离都要借助解剖镜，在剥离时要注意保湿，而且操作要快，以免幼胚失水干缩。有关研究还表明，胚柄（suspensor）积极参与幼胚的发育，特别是球形期以前的幼胚，因此剥离幼胚时应连带胚柄一起取出。幼胚剥离后应立即接种到培养基上进行培养。在培养之前还应充分了解被培养对象在自然条件下的发育特性，如是否需要低温处理、胚自然萌发时的温度等。

2. 影响幼胚培养的因素

（1）培养基　　未成熟的幼胚对培养基成分的要求比较高，除了无机盐外，还需加入维生素、氨基酸或一些天然提取物等，常用的基本培养基有 Nitsch、MS、N6、B5 等。

1）无机盐。这是植物胚培养必需的物质。用于未成熟幼胚的培养基中不仅有大量元素，还含有多种微量元素。随着培养基的改进，无机盐的成分和比例也在不断变动。

2）碳水化合物。对大多数植物的胚胎培养而言，蔗糖是最好的碳源，它同时也有渗透调节作用。幼胚的渗透势较高，随着胚胎的成熟，胚胎细胞的渗透势逐渐降低。因此在胚胎发育的不同阶段，幼胚培养需要的渗透势不同。除蔗糖外，培养基中的渗透势还可用甘露醇等来部分代替蔗糖进行调节。

3）维生素。发育初期的幼胚进行培养时，必须在培养基中加入某些维生素，常用的有硫胺素（维生素 B_1）、生物素、维生素 B_6 等，不同植物对维生素的要求不同。

4）氨基酸。在培养基中加入氨基酸，可以明显改善幼胚的生长状况。但对不同植物和不同发育时期的幼胚来说，各种氨基酸的效果是不同的，使用时应注意。

（2）胚胎的发育时期　单子叶植物与双子叶植物的胚胎发育过程和结构都有很大不同。双子叶植物的胚胎发育过程一般以荠菜为模式：卵细胞受精后形成合子［图 2-9（a）］；合子分裂产生二细胞原胚，其基部有一个由胚柄细胞分裂形成的胚柄［图 2-9（b）］；细胞原胚进一步发育为球形胚［图 2-9（c）～图 2-9（e）］；球形胚的子叶原基突起后，成为心形胚［图 2-9（f）（g）］；随着子叶原基伸长，整个胚胎看起来像个鱼雷，称为鱼雷形胚［图 2-9（h）］；此后下胚轴开始弯曲，依次称作拐杖形胚［图 2-9（i）］和倒 U 形胚［图 2-9（j）］；最后形成成熟胚［图 2-9（k）］。

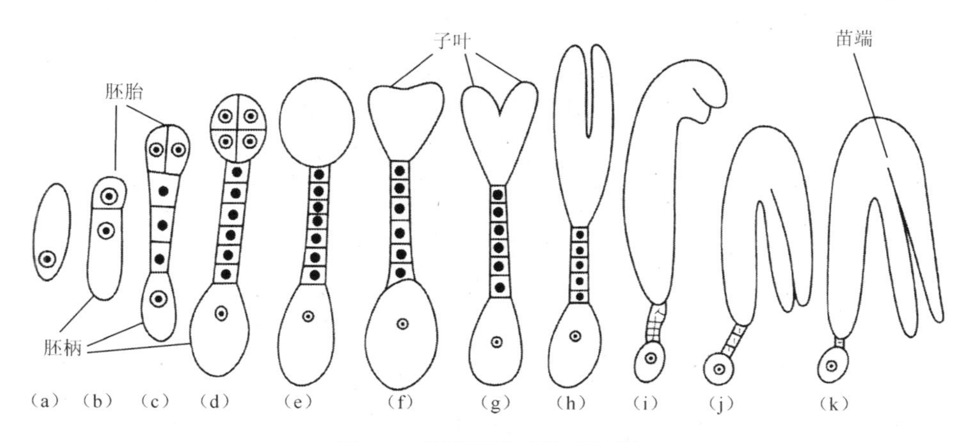

图 2-9　荠菜胚胎的发育过程

单子叶植物的胚胎发育进程以大麦为例：受精后第 1 天，合子进行第 1 次分裂，分裂 3 次后就有极性的分化；第 5 天成为长度为 0.2cm 左右的梨形原胚；受精后第 8 天，在球形胚的上方形成盾片，同时生长点也已显现；第 13 天，盾片伸长，胚体积增大；第 15 天，盾片中央凹陷，胚芽鞘在凹陷处形成；第 20 天胚胎的各种器官都已发育完全，然后随着种子的发育逐渐成熟。禾本科植物成熟胚的结构如图 2-10 所示。

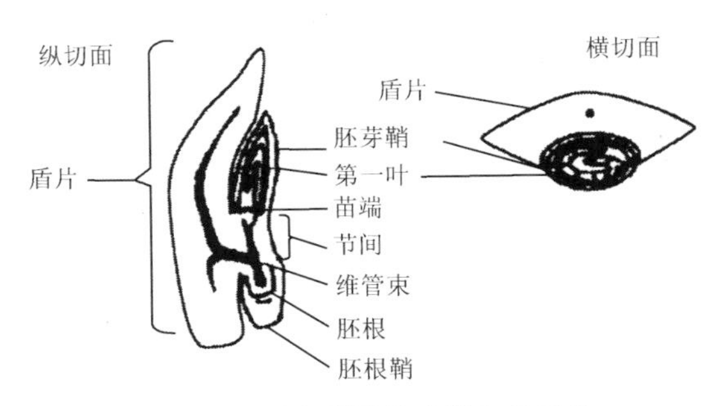

图 2-10　禾本科植物成熟胚的结构

一般胚龄越小越难培养，因此必须选择适当发育时期的胚胎进行培养才能成功。一般心形期以后的双子叶胚比较容易培养，而球形期以前的胚则很难培养。就禾谷类而言，一般受精后 8d，长度在 0.5mm 以上的胚在离体培养时便容易成活，再小则难培养。但随着培养技术的完善，已经能够将受精后 3d 的水稻胚和大麦、小麦等的合子胚培养成完整植株。

Mounier 等（1976，1978）用双培养基方法（图 2-11）成功地培养了荠菜 50μm 长的早期球形胚。他们的具体操作是先将培养基 1（表 2-3）注入中央玻璃容器的外围，待其冷却凝固后，将中央玻璃容器拿掉，在留下的中间部位注入培养基 2（表 2-3），冷却后将幼胚置于中间的培养基 2 上培养。由于两种培养基的成分可以相互扩散，随着胚的发育，培养基成分也相应改变，特别是蔗糖浓度由高逐渐变低，与胚胎发育的需求相适应。利用这种培养方法，荠菜的早期球形胚不仅能存活，还能够正常发育，直至萌发形成小植株。

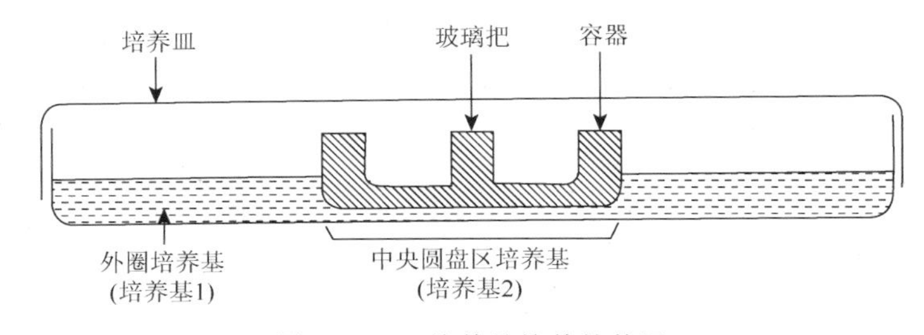

图 2-11　双培养基培养的装置

表 2-3　用于荠菜球形胚培养的两种培养基

成分	含量/（mg/L）		成分	含量/（mg/L）	
	培养基 1（外圈）	培养基 2（中央区）		培养基 1（外圈）	培养基 2（中央区）
NH_4NO_3	990	825	KI	1.66	1.66
KNO_3	1 900	1 900	$Na_2MoO_4 \cdot 2H_2O$	0.5	0.5
KH_2PO_4	187	170	$CuSO_4 \cdot 5H_2O$	0.05	0.05
$CaCl_2 \cdot 2H_2O$	484	1 320	$CoCl_2 \cdot 6H_2O$	0.05	0.05
$MgSO_4 \cdot 7H_2O$	407	370	谷氨酰胺	—	600
KCl	420	350	盐酸硫胺素	0.1	0.1
$FeSO_4 \cdot 7H_2O$	27.8	—	盐酸吡哆素	0.1	0.1
EDTA-Na_2	37.3	—	蔗糖	—	180 000
$MnSO_4 \cdot H_2O$	3.6	33.6	琼脂	7 000	7 000
$ZnSO_4 \cdot 7H_2O$	21	21	pH	5.8	5.8
H_3BO_3	12.4	12.4			

（3）培养条件

1）温度。大多数植物胚胎培养的温度以 25～30℃为宜，但不同植物要求的温度不同，如马铃薯胚培养以 20℃较好、棉花胚以 32℃最适等。有些植物胚在以适宜温度培养之前还需要一定的低温处理，如桃的幼胚培养需要先在 2～4℃处理 40～60d，然后再转入 25℃条件下培养。

2）光照。由于胚在母体植株上是包围在胚珠里不见光的，因此一般认为幼胚培养初期需要在黑暗条件下进行，但萌发时一般需要光，具体情况还应根据植物的种类来决定。

3）pH。培养基中 pH 对胚的生长也有影响，不同种类的植物和不同发育时期的幼胚对 pH 的要求不同，如番茄为 6.5、大麦为 4.9；曼陀罗球形期的幼胚要求 pH 为 7.0 左右，随着胚的长大，最适 pH 变成了 5.5。

4）气体成分。用不同浓度的 CO_2 和 O_2 培养胡萝卜幼胚，发现最合适的条件是 1%的 CO_2 和 50%的 O_2，说明气体成分对幼胚培养也是有影响的。

2.2.3　胚胎培养的其他类型

1. 胚珠培养

胚珠培养包括受精胚珠培养和未受精胚珠培养。在授粉或未授粉一定时间后，采下幼果，常规消毒，无菌操作取出胚珠，接种于培养基上。接种后有的胚珠可直接发育成苗，有的则先形成愈伤组织，然后再分化成苗。

胚珠的培养成功与否受培养基组成、取材时间、杂交品种基因型的影响。胚龄越长越容易成苗，在油菜中，受精 15d 以后的胚才可培养出成苗。不同亲本组合杂交后的胚珠，其出苗率也存在明显差异，可能与杂交后胚珠的遗传物质有一定关系。在油菜的胚珠培养中，带子房壁及胎座的胚珠比单个的胚珠更容易培养成苗，这可能与子房壁及胎座能提供部分营养物质有关。随着授粉后天数的增加，胚珠会逐渐发育成熟，也会具有更高的萌发力。所以授粉后的时间越长，越接近胚成熟，胚的萌发率就会越高。

2. 子房培养

子房培养（ovary culture）是将子房从母体植株上摘下，放在无菌的人工环境条件下，使其进一步生长发育形成幼苗的技术。1942 年，La Rue 首先对番茄、落地生根属等植物授粉的花连带一段花梗进行了培养，得到了正常的果实。1949 年和 1951 年，Nitsch 建立了较完整的子房培养技术，培养了黄瓜、番茄和烟草等植物授粉前和授粉后的子房。1969 年，Nitsch 等在水稻上进行了未授粉子房培养的尝试并获得了成功。1976 年，Noeum 首先在未授粉的大麦子房培养中得到了单倍体植株。以后，利用子房培养技术相继在大麦、烟草、向日葵、玉米等植物上获得了单倍体植株。

3. 离体授粉

离体授粉（*in vitro* pollination）也称为试管授精（*in vitro* fertilization），是指将雌蕊、子房或胚珠置于无菌条件下离体培养，在适宜的时机进行人工授粉，使花粉萌发产生的花粉管进入胚珠从而完成受精过程，并继续无菌培养直至产生种子。离体授粉是克服远缘杂交不易结实的一种有效措施。

离体授粉技术是 20 世纪 60 年代发展起来的一种新的实验技术，Kanta 于 1960 年将罂粟的无菌花粉注入离体培养的罂粟子房内，获得了正常的“试管植株”，以后又在试管内对罂粟的离体胚珠进行了直接授粉，也获得成功。至今已有麝香石竹、甘蓝、异株女娄菜、小麦、玉米、烟草等多种植物和杂交组合在试管内授精成功，其中玉米是 1977 年中国首先成功得到的试管授精的禾本科植物。根据授粉的对象不同，试管授精可分为离体子房授精和离体胚株授精。前者是将花粉授于离体培养的雌蕊柱头上，后者是直接授粉于裸露而带胎座的胚珠表面。试管授精完全是在人工控制的条件下进行的，成功的关键在于采用发育时期的花粉粒和胚珠，且有合适的培养基。

离体授粉和授精技术可应用于育种工作中克服自交不亲和性和杂交不亲和

性。特别是在两亲本不亲和性发生在柱头、花柱或子房的情况下，离体授粉可以将花粉直接接到胚珠上，以排除柱头、花柱对花粉萌发及花粉管生长的抑制作用。杂交不亲和已在烟草（栽培烟草与野生德氏烟草）、玉米（玉米和墨西哥玉米）、小麦（小麦和小黑麦）等植物上获得杂种苗。利用试管授精可研究某些花粉的生理和授精问题，克服田间杂交所遇到的障碍。

2.2.4　胚胎培养的实例

1. 小麦、玉米幼胚离体培养

（1）小麦幼胚离体培养　小麦作为世界上重要的粮食作物之一，对其进行提高产量及改良品质的研究有着重要的意义。由于传统育种技术存在育种周期长、增产潜力有限等局限性，因此探索将育种周期短、增产前景乐观的植物转基因技术用于小麦等重要粮食作物的遗传改良研究便显得十分必要和迫切。

1）材料。‘小麦 89’（‘小麦 117’）。

2）培养基。

基本培养基：MS+琼脂 8g/L+蔗糖 30g/L，pH 调至 6.0。

诱导培养基：基本培养基+2, 4-D 2mg/L+脱落酸（ABA）0.5mg/L。

继代培养基：基本培养基+2, 4-D 1mg/L+激动素（KT）1mg/L+ABA 0.5mg/L。

分化培养基：基本培养基+KT 或萘乙酸（NAA）0.5mg/L。

生根培养基：1/2 MS+琼脂 8g/L+蔗糖 80mg，附加激素 IAA 0.2mg/L，pH 调至 6.0。

3）方法。于开花后 10～18d，取小麦幼穗中部大小一致的未成熟籽粒，用 75%乙醇浸泡 1min，用无菌水漂洗后再用 0.1%氯化汞表面灭菌 8min，无菌水冲洗 4 次后取出直径为 0.7～1.5mm 的幼胚，盾片朝上置于诱导培养基表面。在 26℃下暗培养 20d 后，转入继代培养基，每 15d 继代一次，继代 2～3 次后置于 4℃冰箱冷冻 10d 转入分化培养基，在光强 3000lx、16h/d 和 26℃下分化培养。每 15d 继代一次，将分化出的 3～5cm 高的幼苗转至生根培养基。植株形成根系后，打开培养瓶在室内炼苗 2～3d，移栽至大棚栽培。

（2）玉米幼胚离体培养　玉米是一种重要的粮食作物，玉米产业在我国农业经济中具有重要的地位。采用现代生物技术，特别是转基因技术对玉米进行遗传改良势在必行。

1）培养方法。玉米人工套袋授粉，取授粉后 11～13d 的玉米果穗，去苞叶，每剥一层用 70%乙醇擦拭，剥去最后一层，迅速递入超净工作台，削去果穗中部籽粒粒顶 2/3 胚乳，用镊子从中上部挑出幼胚（1.8～2.2mm），盾片向上接种于诱导培养基（MS+2, 4-D 2mg/L+脯氨酸 500mg/L+水解乳蛋白 500mg/L）上离体培养。

15d 后挑选具淡黄色、颗粒状的愈伤组织转入诱导培养基上进行继代培养，每 15～20d 继代一次，共继 5～8 代。将继代中获得的淡黄色、颗粒状的愈伤组织转到不同分化培养基（MS+6-BA 1mg/L+水解乳蛋白 400mg/L）进行器官分化，将分化出的 3～4cm 高的试管苗接入生根培养基（N6+6-BA 1mg/L+NAA 2mg/L），以上各实验的培养基均加琼脂 0.4%、蔗糖 3%，生根培养基均附加活性炭 0.2%。

2）培养条件。愈伤组织的诱导采用暗培养；愈伤组织的继代用散射光培养；分化和生根实验均采用光照，光强强度为 1500～2000lx，培养温度均采用 (25±2)℃。

2. 葡萄胚珠培养

（1）材料　红宝石无核葡萄（ruby seedless grape）。

（2）培养基

1）发育培养基：Nitsch+IAA 2.0mg/L+GA3 0.4mg/L，蔗糖 2%，活性炭 0.1%，pH 为 5.8。

2）萌发培养基：1/2 MS+6-BA 0.5mg/L+IBA 0.2mg/L，pH 为 5.8。

3）成苗培养基：1/2 MS+IBA 0.2mg/L。

（3）方法　落花后 35d 采回果穗，将果粒用清水冲洗数次后，在无菌超净工作台上用 70%～75%乙醇消毒 1min，0.1%氯化汞溶液消毒 10min，最后用无菌水冲洗 3 次。将消毒后的果粒切开，取出胚珠，用解剖刀轻轻切去喙，接种于直径为 90mm 的培养瓶中，内装 20ml 胚发育培养基，每瓶接种 6～8 粒。在温度为 (25±1)℃，光照 15h/d、光强 2000lx 的条件下培养。

培养 34～63d 后转入 1～5℃低温条件下。2 个月后，将绿色胚珠作为发育胚转入萌发培养基，每瓶接种 3～4 粒。

将萌发 15d 的胚芽转移至内装 25ml 成苗培养基的三角瓶中进行成苗培养。

成苗移栽：待幼苗长成 3～5 茎节、4～5 条根时，将封口膜打上 2～3 个小洞，注入自来水，水面覆盖培养基即可，置于培养室中锻炼 3～4d，移入基质为草炭土的瓦盆中，在温室内用塑料膜覆盖保湿 7d，每天揭膜换气 10min，然后逐渐将膜揭开，生长 1 个月后移入大田。

2.3　人 工 种 子

种子是种子植物所特有的有性繁殖器官。植物人工种子（artificial seed）是植物离体培养条件下创造的自然种子之外的繁殖材料。作为新的繁殖体，人工种子由于具有健康、可远距离运输和节省耕地等优点，具有较大的潜在应用价值。

2.3.1　人工种子的概念、结构和研究意义

1. 人工种子的概念

人工种子是指将植物离体培养产生的体细胞胚包埋在含有营养成分和保护功能的物质中，在适宜条件下发芽出苗。

2. 人工种子的结构

完整的人工种子由体细胞胚、人工胚乳和人工种皮三部分组成（图 2-12）。广义的体细胞胚有组织培养中获得的胚状体、愈伤组织、原球茎、不定芽、顶芽、腋芽、小鳞茎等。人工胚乳一般由含有供应胚状体养分的胶囊组成，养分包括矿质元素、维生素、碳源及激素，有时添加了有益微生物、杀虫剂和除草剂等。人工种皮是最外层的包膜，能通气并控制种子内水分和营养物质流失，具有机械保护作用，能防止外部一定的冲击力。

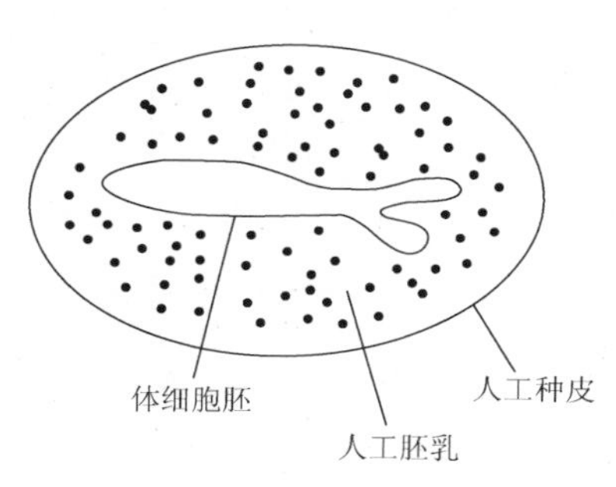

图 2-12　人工种子的结构

3. 人工种子的研究意义

人工种子作为一种新的生物技术，之所以引起不少科学工作者的关注和兴趣，主要是因为其具有以下优点。

1）人工种子能代替试管苗快速繁殖，开创了种苗生产的又一新途径。体细胞胚具有数量多（1L 液体培养基可产生 10 万个胚状体）、繁殖快、结构完整的特点。提供营养的“种皮”可以根据不同植物对生长的要求来配，以便能更好地促进体细胞胚的快速生长及适于进行机械化播种，特别是在快速繁殖苗木及人工造林方面，采用人工种子比用试管苗繁殖更能降低成本和节省劳力。

2）体细胞胚是由无性繁殖体系产生的。因此，利用优良的 F_1 植株制作人工种子，不需年年杂交制种，从而可以固定杂种优势。

3）利用人工种子可使在自然条件下不结实或种子生产成本昂贵的植物得以繁殖。

4）在人工种子制作过程中，可以加入植物激素及有益微生物或抗虫、抗病农药，而赋予人工种子比自然种子更优越的特性。

2.3.2 繁殖体的类型及其生产

繁殖体是人工种子的主体。早期研究认为，体细胞胚是人工种子制备的最佳繁殖体，因为它具有完整的种子结构，且繁殖数量大、速度快，所以许多研究者一直致力于体细胞胚的实用化研究。然而近年来的研究结果表明，以体细胞胚作为繁殖体并不适用于所有的植物。由于诱导条件的影响，体细胞胚群体的变异比其他器官繁殖体的遗传变异更大，难以保持母体品种的一致性，因此限制了它的使用范围。此外，许多植物的体细胞胚诱导十分困难，也限制了人工种子技术的发展。随着植物离体培养技术的不断完善，一些植物微型器官的规模化生产技术也相继诞生，给微型器官作为人工种子繁殖体的应用奠定了基础。

1. 不同类型繁殖体比较

（1）诱导培养方式　离体培养过程中，外植体的发育途径可分为体细胞胚途径和器官发生途径。在一定条件下，发育途径是由培养基和培养条件来调控的。在仅以获得再生植株为目的的培养中，外植体的发育途径并不需要严格的控制，一般在同一试验中，可能有的外植体产生体细胞胚，有的通过器官发生成苗。但对于以制备人工种子为目的的繁殖体培养来讲，首先必须确定适当的繁殖体类型，然后必须有获得高产、一致的繁殖体的配套培养技术。因此，作为以人工种子生产为目的的诱导培养技术，在发育的同步化和群体的规模化上具有更高要求。由于繁殖体的类型不同，其生产调控技术也不尽相同。

目前，许多植物的繁殖体已有自己独特的培养体系。并且越来越多的研究表明，每一特定技术体系的形成，将意味着以该技术为依托的植物人工种子产业的建立，从而有可能真正实现农业生产的工厂化。例如，以马铃薯试管块茎为繁殖体的种薯生产技术，目前已开始进入产业化阶段，它有可能成为商业化人工种子利用的产业技术。

（2）不同繁殖体成苗率比较　近年来对不同繁殖体人工种子发育与成苗能力的研究表明，不同繁殖体类型的人工种子在成苗能力上存在很大的差异。陈正华等（1998）分别对茶树和华腺萼木的体细胞胚人工种子和不定芽人工种子成株率的研究发现，茶树不定芽人工种子的成株率为 77%，而体细胞胚人工种子的成株率只有 17%；华腺萼木的不定芽人工种子成株率可达 93%，而体细胞胚人工种子的成株率只有 53%，这一结果主要是由体细胞胚人工种子的不正常株率高造成的（表 2-4）。Ronchi 和 Giorgetti（1994）认为，由于原胚细胞（pro-embryogenic cell）发生需要较高的生长素水平，其实质是对培养细胞的一种胁迫，从而导致一些体细胞胚发育不正常，因而使体细胞胚的成株率降低，这一现象也表现在一些液体培养的体细胞胚生产中。此外，体细胞胚之间生理上的不同步也是普遍存在的现象，从而也影响成苗率。

表 2-4　不同繁殖体成苗所需时间及成株率

植物	繁殖体类型	正常株数	百分比/%	非正常株数	百分比/%	成苗所需时间/d
茶树	体细胞胚	17	17	83	83	10～60
	不定芽	77	77	13	13	20～25
华腺萼木	体细胞胚	47	53	42	47	40～60
	不定芽	466	93	34	7	20～25

2. 繁殖体的包埋

使用一定的介质包埋繁殖体是人工种子制备的关键技术。包埋介质既要能对繁殖体起保护作用，又要对繁殖体没有毒害，同时还要求具有一定的缓冲强度，以保证繁殖体在生产、运输和种植操作中的安全。目前大多数研究者认为，海藻酸盐（alginate，也称褐藻酸盐）仍然是较为理想的人工种子包埋剂，因为它不仅无毒害，还具有一定的保水和透气性能。常温下海藻酸钠（2%～4%，质量浓度）呈液态，当有 Ca^{2+}存在时即凝固成固态或半固态，因而便于包埋的操作。此外，还可使用琼脂、明胶等作为包埋剂。在进行繁殖体包埋时，为了提供类似于胚乳的营养成分，通常设计一定配方的人工胚乳液，然后用人工胚乳液配制海藻酸钠。除了基本成分外，根据繁殖体特性和具体要求，还可加入适宜浓度的激素、抗生素和杀菌剂等。表 2-5 列出了几种植物人工种子的成苗情况，可以看出，在有人工营养的情况下，它们均具有较好的成苗能力。

表 2-5　几种植物人工种子的附加成分及成苗率

植物及繁殖体	海藻酸钠浓度/%	培养基及蔗糖浓度/%	激素和附加成分及其浓度/（mg/L）	成苗率/%
四会贡橘体细胞胚	3	MT，40	GA（1），IBA（0.25）	30～70（无菌）
唐菖蒲小球茎	4～5	MS，15	IBA（0.5），GA（0.1）	93（无菌）
热带兰花球茎	4	改良 MS	NAA（1.0），BA（0.2）	95（无菌）
赤桉微芽	4	改良 SH	NAA（0.2～0.5）	80～90（无菌）
小麦体细胞胚	6	1/4 MS	GA（1），防腐剂（200），IAA（0.2），活性炭	45（有菌）

目前，许多已报道的人工种子制备大多通过这种方式包被。但由于胶囊之间在相互接触中易发生粘连，同时还容易很快失水而造成胶囊开裂，因此近年来许多研究者试图通过在海藻酸盐中加入其他成分如活性炭、滑石粉和淀粉等，来改良人工种子的失水和养分流失状况，均有一定效果。但这些物质的加入通常又影响胶囊的韧性，因此研究更好的包被介质仍然是人工种子研究的重要内容之一。此外，包埋过程中还应注意每一粒人工种子最好只含一个繁殖体，故要根据繁殖体的体积大小选择合适的滴管口径。对于有些体积较大的微型变态器官而言，人工胚乳并不是必不可少的，但需添加适宜的杀菌剂以防微生物感染。

海藻酸盐包被虽然操作简单，但如果大批量生产，人工操作的工作效率仍然很低，与其配套的批量化包被装置的研制是提高包被效率所必需的。Brandenberger 和 Widmer（1998）设计了一个多喷头自动包被体系（图 2-13），这一体系有 13 个类似于滴管的喷头，改变其喷嘴的直径和脉动膜孔径即可用于不同大小的繁殖体及细胞的包被，是一种比较方便的装置。

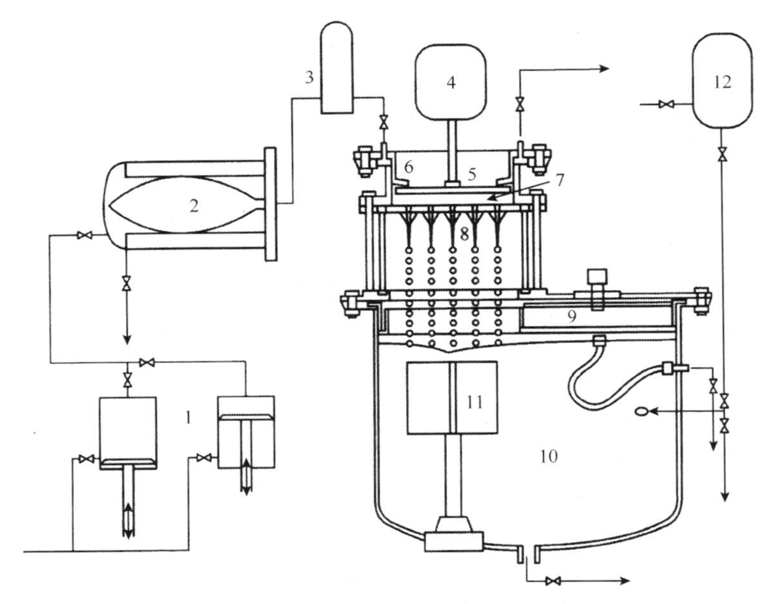

图 2-13　多喷头自动人工种子包被系统

1. 双活塞泵；2. 灭菌器；3. 加湿器；4. 振动器；5. 脉动腔膜；6. 同轴沟；7. 脉动腔；8. 喷碟；9. 旁路系统；10. 反应池；11. 搅拌子；12. 硬化溶液及其输入

用无菌水或液体培养基（如 1/2 MS、1/4 MS 的无机盐成分或植株再生培养基的无机盐成分）配制 1%～5%的海藻酸钠溶液，再配 0.1mol/L 的氯化钙溶液作凝固剂。

用滴球法制作胶囊（图 2-14），具体方法是将成熟的体细胞胚放入海藻酸钠溶液中，然后用吸管吸起滴入氯化钙溶液中（每滴含一个体细胞胚），停留 10～30min 后，通过离子置换反应形成包有体细胞胚的海藻酸钙小珠，小珠直径为 5～8mm，再用无菌水冲洗，风干后即成为雏形人工种子。

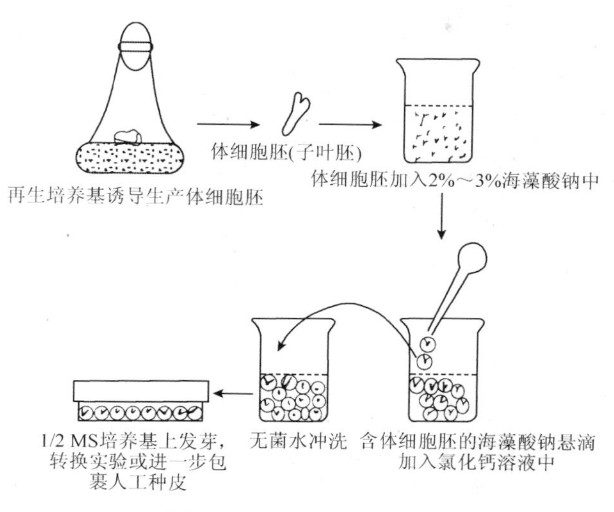

图 2-14　人工种子的制备

3. 人工种皮的装配

目前作为人工种皮的材料多为一些胶质的化合物薄膜，以便包裹于人工胚乳之外，为种子提供保护，并防止溶于水的营养物质向外渗透。

Redenbaugh 等（1986）筛选出一种 Elvax 聚合种皮物质，其可用来包裹海藻酸钙胶囊。Elvax 为乙烯乙酸丙烯酸三元共聚物，它凝结在海藻酸钙胶囊的周围，形成一层疏水外皮。由此包好的胶囊可以大大减缓胶囊的干燥速度和减轻黏性，能经受 1d 的操作过程，可用于机械播种。

用 Elvax 聚合种皮的包裹程序如下。

1）将以上的海藻酸钙小珠在预处理液（10%甘油+5%葡萄糖+2%氢氧化钙）中浸 30min，以获得亲水性表面。

2）将 5g Elvax 聚合物溶于 50ml 环己烷中，再在 40℃温度下加入 5g 硬脂酸、10g 十六烷醇和 25g 鲸蜡替代物（spermaceti wax substitute）使之溶解，另加入 295ml 石油醚和 155ml 二氯甲烷。

3）将海藻酸钙小珠在上述热混合液中浸泡 10s，取出后热风吹干，如此重复 4 次或 5 次，Elvax 即在海藻酸钙小珠周围沉淀，形成涂膜（人工种皮）。

4）用石油醚漂洗并使之风干。这样，成熟的体细胞胚包埋于人工胚乳（以海藻酸盐为基质）中，外包人工种皮，就构建成了人工种子。

将制备好的人工种子立即放入密闭容器内，在低温条件下储藏和运输。

4. 人工胚乳的制备

胚乳为胚胎发育提供营养条件。有胚乳植物（如芹菜）的人工种子中必须具有人工胚乳；无胚乳植物（如苜蓿）从理论上讲不需要胚乳，但是它的人工种子在土壤条件下，成株率很低，因此无胚乳植物的人工种子也应该研制人工胚乳。

（1）人工胚乳的成分　人工胚乳的基本成分仍是各种培养基的成分，只是根据使用者的目的，可以自由地向人工胚乳基质中加入各种不同物质（如植物激素、有益微生物或除草剂等），赋予人工种子比自然种子更加优越的特性。在此需要注意的是，人工种皮与人工胚乳在概念上属于两个不同的范畴。但目前在人工种子制作中由于普遍使用的是海藻酸钠，体细胞胚包埋后，常常就直接用于播种，所以，“种皮”与“胚乳”就合二为一，变成一种广义的“种皮”。

（2）人工胚乳的制作

1）直接法。凝胶囊中直接加入大量元素、碳水化合物及防病用抗生素。例如，苜蓿以 1/2 SH 为基本培养基，成苗率为 0；如果在基本培养基中再加入有机成分（麦芽糖 1.5%），其成株率可提高到 35%。

2）微型包裹法。首先将碳水化合物和大量元素包裹在微型胶囊内，然后再把微型胶囊和种胚一起包裹在海藻酸钙（人工种皮）中。目的是使人工胚乳的营养成分在人工种子内缓慢地释放，增加种子的存活时间。

3

第3章 植物离体无性繁殖与脱毒技术

植物离体无性繁殖和无病毒苗木的培育是与农业生产紧密结合并已取得明显经济效益的生物技术，广泛应用于园艺观赏植物、农作物、药用植物及经济林木的种苗生产。

3.1 植物离体无性繁殖技术

白兰花组织培养（简称“组培”）快速繁殖获得成功以来，已有许多植物通过离体培养获得再生植株。离体无性繁殖对于一些园艺植物的快速繁殖，特别是用鳞茎、球茎、块根等营养器官繁殖的植物意义更大，可以保持原植物品种的优良特征，繁殖率极高，但目前在生产上，扦插、嫁接、压条及分株等传统无性繁殖的方法还只限于少数植物，且繁殖周期长、繁殖系数低，难以满足实际需要。植物组织培养技术为植物离体快速无性繁殖提供了一条有效途径。

3.1.1 离体无性繁殖的概念和意义

1. 离体无性繁殖的概念

离体无性繁殖（clonal propagation *in vitro*）又称为微繁殖（micropropagation）或离体快繁（rapid vegetative propagation），是指在离体培养条件下，将来自优良植株的茎尖、腋芽、叶片、鳞片等的器官、组织和细胞进行无菌培养，经过不断地切割和重复培养，使其增殖并再生形成完整植株，在短期内获得大量遗传性均一的个体的方法。

2. 植物离体无性繁殖的意义

植物离体无性繁殖既是改良品种、培育新品种的一种手段，也是快速繁殖良种、获得大量优质苗木的一种有效方法。从实践来看，将组织培养当作一种繁殖方法比用作一种育苗方法具有更重要的使用价值和更大的经济效益。植物离体无性繁殖不仅保留了常规营养繁殖方法的优点，还具有以下价值。

1）可以利用较少的植物材料，在无菌和人工控制条件下，不受季节限制，在有限的空间内实现规模化连续生产，繁殖周期短、速度快，节约大量的土地和人力资源。

2）与脱病毒技术相结合，可以为生产提供健康无病毒植株。

3）繁殖苗体积微小、不携带病原菌，便于储运和种质材料交换。

4）可以使原来难以通过无性繁殖的植物进行无性繁殖，或选择性地繁殖需要的或生产价值较高的雄株或雌株，可以保持下一代的杂种优势及三倍体与多倍体植物的多倍性。

5）繁殖系数高，繁殖速度快，经济效益高。离体无性繁殖是以几何级数增长的，如一个外植体芽一年内可繁殖数以万计的苗木，大大缩短了繁殖时间，比常规方法快数万倍或数十万倍，乃至数百万倍。

6）占用空间小，不受季节限制，便于工厂化育苗。一间 $30m^2$ 的培养室，可同时存放 1 万多株竹子，培育数十万株苗；一年四季均可培养，不受地区、气候影响，且周期短，周转快，便于人工控制培养条件。

7）可用于繁殖各种珍稀、濒危苗木和突变体，为育种服务。利用离体快速繁殖技术可以大量繁殖脱毒新育成苗、新引进苗、稀缺良种、突变体、濒危植物和基因工程植株等。

8）便于种质保存。通过抑制生长和超低温的方法使培养材料长期保存，既保持了材料的活力，又节约了人力、物力和土地，防止了有害病虫的传播，更便于种质资源的保存和转移。

3.1.2　离体无性繁殖的类型

1. 腋生枝型

腋生枝（axillary branching）型是指在离体条件下利用外植体上已有的顶芽和腋芽诱导其发育成枝并培养成苗的繁殖方式。离体条件下，细胞分裂素可以促使腋芽及早发育成枝，形成多枝多芽的微型丛状结构，将这个丛状结构分割成较小的芽丛或枝段继续培养又可以形成新的芽丛或枝丛，重复这个过程可以在较短时间内增殖大量嫩枝，嫩枝通过生根培养可以得到完整小植株（图 3-1）。但有些植物的外植体只能长成一个不分枝的枝条，可以通过节段扦插法加以繁殖（图 3-2）。

诱导顶芽和腋芽成苗是一种“芽生芽”的增殖过程，获得的再生植株遗传性状稳定，增殖能力不易退化。一般来讲，这种繁殖技术适用于任何能产生侧枝并对细胞分裂素起反应的植物。

2. 不定芽型

不定芽（adventitious bud）型是指利用外植体上形成的不定芽培养成苗的繁殖方式。相对于顶芽和腋芽，由植物的其他部位或器官、组织上通过器官发生重新形成的、无固定着生位置的芽统称为不定芽。

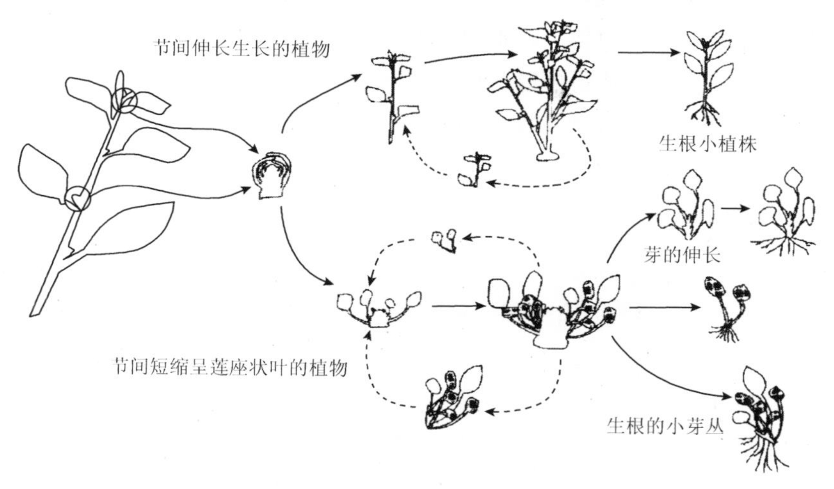

图 3-1　腋生枝形成芽丛或枝丛增殖

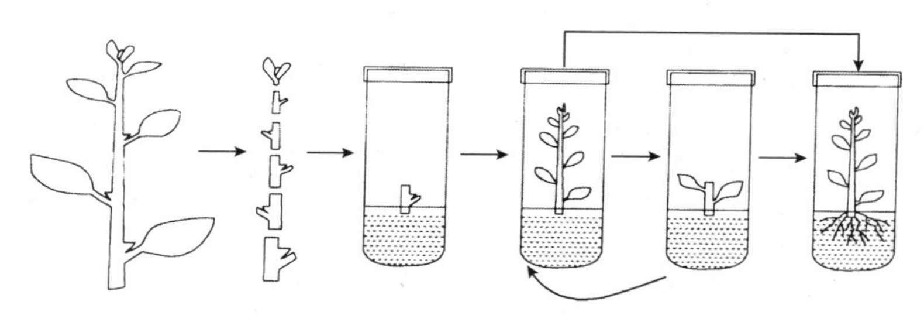
图 3-2　节段扦插法增殖

不定芽有直接分化和间接分化两种方式（图 3-3）。外植体经愈伤组织阶段而间接分化不定芽的繁殖后代易产生变异，且愈伤组织的分化能力会随继代周期的增加而降低甚至丧失，变异也会增多。而由外植体直接分化不定芽的再生植株遗

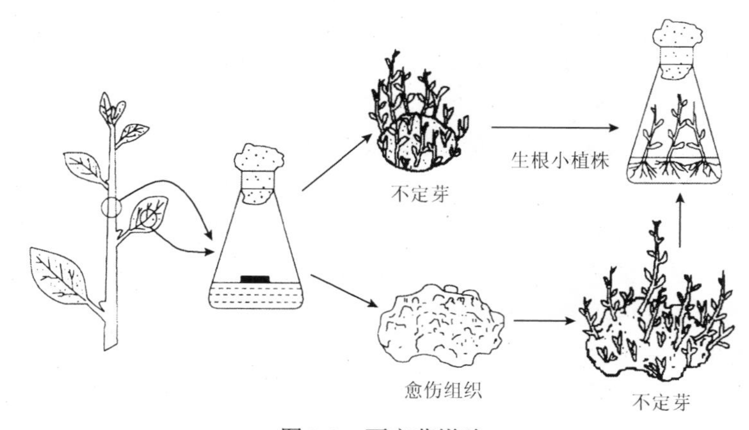

图 3-3　不定芽增殖

传稳定性好，繁殖速度较快，在商业性的快速繁殖中应用很普遍，特别是对一些有特化储藏器官且不定芽再生能力较强的植物，如百合、风信子、虎眼万年青等。但用于繁殖一个具有遗传嵌合性的植物时，不定芽会导致嵌合体裂解而出现纯型植株。

3. 体细胞胚型

体细胞胚（somatic embryo）型是指通过离体外植体培养，诱导胚胎发生，形成体细胞胚，再由体细胞胚发育成苗的繁殖方式。体细胞胚也称为胚状体（embryoid），可以由外植体直接或间接发生。在石龙芮、白菜、曼陀罗、毛茛和高粱等植物幼株的下胚轴或子叶外植体上，由外植体的表皮或亚表皮细胞经脱分化后可直接发育形成胚状体。但对大多数植物来说，胚状体的形成要经历愈伤组织阶段，再形成胚性愈伤组织，最后分化为胚状体。

胚状体与周围愈伤组织或母体组织之间几乎无结构上的联系，容易分散，可以在一个较小的容器中通过悬浮培养大量获得，利于机械化操作，繁殖系数极高；而且胚状体是一个具胚芽和胚根的双极性结构，可一步成苗。通过胚状体途径进行无性繁殖无疑是一种最理想的繁殖方式，但目前很多重要的经济植物还不能诱导形成胚状体，或胚状体成苗率太低；其次，胚状体的发生和发育情况极为复杂，远不如腋生枝或不定芽形成那样易于控制；另外，通过胚状体途径获得的再生植株存在明显的遗传变异及返幼特性。因此，通过体细胞胚发生和发育的途径进行快速繁殖目前只局限于柑橘、枣椰、油棕和咖啡等少数植物。

4. 原球茎型

原球茎（protocorm）型是指由外植体培养形成原球茎，通过原球茎进行增殖并培养成苗的方式。通过原球茎进行繁殖是兰科植物所特有的一种繁殖方式，兰科植物的种子在萌发初期并不出现胚根，只是胚逐渐膨大，之后种皮的一端破裂，膨大的胚呈小圆锥状，称为原球茎，原球茎可以发育形成具根和芽的完整小苗。

离体培养中，兰科植物的茎尖、侧芽、花茎、叶、根等都可作为外植体，诱导产生类似于原球茎的结构，即类原球茎（protocorm like body，PLB），也称为原球茎。从茎尖组织周围可产生几个到几十个这样的原球茎，将单一原球茎或从生状的原球茎切成小块进行继代培养，可以增殖出更多的原球茎，这个过程可以反复进行，繁殖速度极高，一年中由一个茎尖或芽增殖形成的原球茎数量可达数百万。若将原球茎继续培养，在其顶端和基部会发育出芽和根，每一个原球茎可发育形成完整的再生植株。

原球茎型繁殖方式是由 Morel 在 1960 年开创的，并成功应用于商业性兰花的生产，形成了闻名一时的“兰花工业”。兰花离体繁殖的成功应用，不仅对兰花种植业产生革命性影响，还极大地推动了组织培养快繁技术在其他植物上的研究和应用。目前，有60多个属的几百种兰花可以用组织培养的方法来繁殖，国际市场上80%～85%的兰花是由组织培养途径繁殖的。

3.1.3 离体无性繁殖的技术

植物离体无性繁殖常与种苗的商业性大量生产相联系。1978年，Murashige将商业性离体繁殖的过程划分为4个阶段：无菌培养物的建立（stage Ⅰ）、培养物的增殖（stage Ⅱ）、生根培养（stageⅢ）及试管苗的移栽与鉴定（stageⅣ），至今绝大多数植物的离体繁殖仍然遵循这4个阶段（图3-4）。1980年，de Bergh和Maene提出在离体培养之前应增加供体植株的准备阶段（stage 0）。

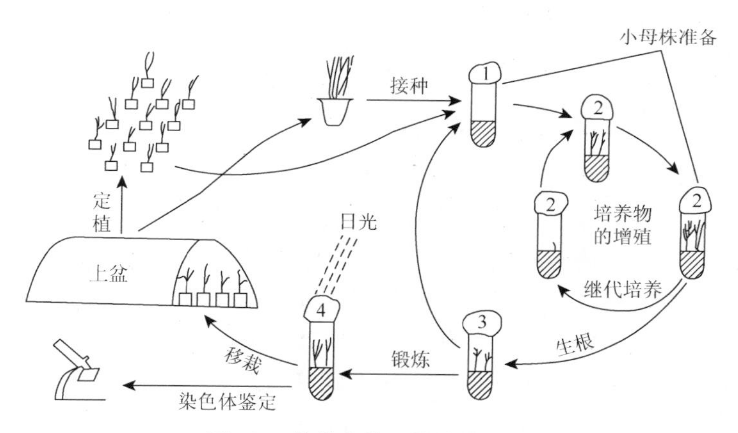

图3-4 植物离体无性繁殖程序

1. 供体植株的准备

供体植株应生长旺盛、健壮、无病虫害，并尽可能生长在干净的环境中。为了减少污染并使外植体有较高的启动生长率，离体培养前，一般要将供体植株在温室控制条件下栽培1～3个月，以改良其卫生状况和生理状态。

2. 无菌培养物的建立

这一阶段的目的是获得无菌材料，并诱导外植体生长和发育，包括从供体植株上采取外植体进行消毒、接种及启动外植体生长等程序。

植物的种子、根、茎、芽、叶、花器官和组织等均可作为外植体，但不同器官、组织的离体培养特性不同。熟悉供体植株的自然繁殖机制，有利于确定哪些外植体更适宜诱导再生。为了能快速启动外植体生长，一般选取植物自然繁殖器官的适当部位为外植体，并要考虑培养物的增殖途径。通过腋生枝途径增殖时，一般选用带有顶芽或腋芽的部分为外植体；通过不定芽途径增殖时，在自然界中能够产生不定芽的器官应当首先被采用；通过体细胞胚胎发生途径进行增殖时，常使用胚分生组织或生殖器官作为外植体；也可由种子培养而成的无菌小植株上获取外植体。

不同基因型材料对培养基的要求不同。培养基中附加的激素种类、浓度及组合对诱导外植体生长和分化影响很大。诱导腋芽或不定芽时通常附加较高浓度的细胞分裂素；诱导愈伤组织或体细胞胚时多用 2, 4-D 或 NAA；赤霉素类有利于茎尖的伸长和成活。除激素外，无机盐及有机成分等对培养基效果也有重要影响，适宜的培养基成分要通过反复筛选和改进才能确定。

外植体培养一段时间后可形成一个或多个芽、带根的植株、胚状体、愈伤组织或原球茎等，如果将这些材料进行切割并继续培养，能进行连续生长繁殖的话，那么可认为已经建立了无菌培养物，可以进入离体繁殖的下一个阶段。

3. 培养物的增殖

这一阶段的目的是通过反复培养使第一阶段获得的数量有限的嫩枝、芽苗、胚状体或原球茎等培养物的总量增加。方法是每次培养周期结束时，对培养物进行分割、剪切等操作后转接于新鲜的培养基上再培养。每培养一次，培养物就会增加数倍，重复进行这一过程，培养物就能够按几何级数增殖，在一个较短的时间内即可形成大量的芽或芽丛、胚状体或原球茎等。

一种植物增殖的快慢，通常用增殖（或繁殖）速度、倍数或系数等表示，即经一次增殖培养或在一定时间段内由一个繁殖体所增殖获得的总繁殖体数或苗数，在数量较大时可以以培养物瓶数为单位进行计算。外植体增殖速度的快慢，关键取决于培养基成分和培养条件。因此，选择适宜的基本培养基、注意添加的激素种类和浓度及调整培养基的渗透压和酸碱度、培养室的光照、温湿度等非常重要。

不同培养物之间的增殖速度差异很大，增殖速度和植物种类、外植体类型、增殖方式、培养基成分及培养方式等有关，但对一个确定的繁殖体系来说，增殖速度一般是稳定的。离体繁殖时并不一定增殖速度越高越好，选择一种增殖速度较低但性状不易发生变异的繁殖途径可能更适宜。

4. 生根培养

生根培养是将增殖阶段形成的无根芽苗转移到生根培养基上诱导产生不定根，获得健壮的具有根、茎、芽（生长点）的完整小植株。

以胚状体或原球茎进行增殖的，其生根较为简单，胚状体或原球茎均是双极性结构，转入基本培养基或附加一定生长素类物质的培养基中，即可形成良好根系。而以芽苗进行增殖的，一般是将增殖阶段形成的丛状芽或嫩枝，分割成单个芽或小芽丛，或剪切成2～3cm长的单枝茎段后转入生根培养基中，诱导芽苗基部形成不定根。

如果增殖培养阶段形成的芽苗较小或较弱，在诱导生根之前需要将其分割成单枝或小的芽丛转入降低或去除细胞分裂素的培养基中进行一次壮苗培养，使芽苗伸长而健壮。许多植物不需要进行单独的壮苗过程，在生根培养基上芽苗既可伸长生长又可产生根。

生根培养基常要去掉细胞分裂素、添加生长素类物质诱导根的形成。常用的生长素类有NAA（萘乙酸）、IAA（吲哚乙酸）或IBA（吲哚丁酸），IAA可以改进苗的质量。降低生根培养基中的无机盐浓度和蔗糖浓度、增强光照等有利于随后的移栽成活。

对于生根较困难的植物，可以试用高浓度生长素处理嫩茎基部或微枝嫁接以促进根的形成，苹果、梨等蔷薇科果树，可在生根培养基中加入适量的根皮苷或间苯三酚。

当植株生根容易或生根时根茎部易产生大量愈伤组织，可利用生长素或商品生根粉对微插条进行适当处理后直接进行试管外扦插生根。试管外扦插生根不仅生根质量好，还可以简化繁殖程序、降低生产成本。

5. 试管苗的移栽及鉴定

移栽是将具根试管苗转移到土壤中的过程，是试管苗从离体培养逐步适应温室或田间生长环境的过程，也称为驯化（domestication）或炼苗（acclimatization）。

（1）试管苗的驯化　将经过驯化的试管苗小心地从培养瓶内取出并洗去根上附着的培养基，移栽到经过消毒处理的基质中。移栽后应覆膜保湿、遮阴，避免阳光直射，随移栽时间延长，再逐步降低空气湿度，增加光照强度，加强肥水管理和病虫害防治。

（2）试管苗的特点　试管苗长期生长在高湿、弱光、恒温、异养及无菌的特殊环境中，其各器官组织结构和生理功能与自然条件下生长的种子苗或温室苗有很大差异。表现为叶片面积小，叶表保护组织不发达或无，气孔功能差，叶片持水能力低，极易失水萎蔫；另外，试管苗根茎的输导组织和机械组织发育不完善，根毛少或无，吸收及运输水分效率低，易倒伏等。

（3）试管苗移栽的基本方法　试管苗移栽时，一般要提前1周打开培养瓶盖，逐渐降低瓶内湿度、增强光照。之后将试管苗从瓶内小心地取出并洗去根上附着的培养基，移栽进合适的基质中。在移栽初期的10～15d，小苗周围的空气湿度要尽量接近于培养瓶内的高湿度环境，随移栽时间延长再逐步降低，向自然状态过渡。移栽初期以散射光为好，避免阳光直射，光照强度可随移出时间的延长而增加。

一般移栽 2～4 周后，小植株即可长出新根和新叶，逐渐加强通风锻炼和光照，直至完全过渡到温室或自然环境状态，成活后的植株可由育苗盘或小营养钵定植进更大的容器或田间进行常规管理。

（4）试管苗的质量鉴定　由于离体培养技术的特殊性，离体繁殖的再生植株及其后代会出现各种变异，这种变异具有普遍性，可以出现在任何物种及其各种培养形式获得的再生植株中，变异的性状也相当广泛，这些变异统称为体细胞无性系变异（somaclonal variation）。

离体培养中发生的变异影响繁殖苗木的质量，为了检查试管苗是否保持了原品种的优良特性，需要在试管苗的生产、生长及生殖的各个阶段对其进行质量鉴定。目前试管苗质量鉴定主要包括商品性状、健康状况、遗传稳定性及农艺性状的鉴定。

1）商品性状。包括苗龄、株高、叶片颜色、茎粗、根数等形态特征，以及繁殖能力、均一性等。

2）健康状况。试管苗是否携带有流行性病菌和病毒，是否存在生理变异。

3）遗传稳定性。利用细胞学和分子学等方法对试管苗的核 DNA 含量、染色体数目及分子水平的变异进行鉴定，以确保培养后代在遗传物质上的稳定性和完整性。

4）农艺性状。如生育期的长短、抗性、开花结实性、株型等的鉴定，农艺性状的鉴定往往要经历较长的时间。

离体繁殖时，尽量采用不易产生变异的“芽生芽”的繁殖方式、限制继代时间、选用适当的生长调节剂种类和浓度、取幼年的外植体材料等措施，减少变异的发生频率；扩增起始材料基数，尽量避免少量离体材料的再循环，可减少繁殖过程中产生高比例突变株的危险；定期检测、及时剔除变异植株及各种生理、形态异常苗十分必要，对试管苗进行多年跟踪检测，调查再生植株的开花结实特性，以确定其生物学性状和经济性状是否稳定。

3.1.4　影响离体无性繁殖的因素

植物离体无性繁殖是一个由离体的组织或器官等外植体经诱导、增殖、分化，到最后形成完整植株的复杂演变过程。其中，基因型、外植体生理状态、培养基和培养条件等是影响植物离体无性繁殖的主要因素。

1. 基因型

离体培养时基因型效应表现在不同的植物种类、同一种类中的不同品种之间，离体培养的难易程度差异较大，对培养条件的要求也不同。作为离体繁殖的供体材料应该具备良好的遗传性状，在生产或应用中具有较高的实用价值，离体培养的特性较好。多数情况下，离体繁殖是针对特定的材料，因此基因型的选择受到限制。

2. 外植体生理状态

外植体生理状态由供体植株的年龄、取材季节、生长环境及外植体在植株上的部位等多种因素决定，对离体培养有重要的影响。一般在活跃生长的器官上取外植体能取得较好的培养效果，接近植株生长中心的幼嫩组织和器官培养易成功。对于多年生木本植物，成年树较幼年树的培养要困难；在同一株成年树上，根蘖苗、不定芽等具幼年特征的组织比老态组织具有较高的形态发生能力；随每年成熟季节的来临，外植体的离体再生潜能降低。生长季节与外植体的再生能力密切相关，如马铃薯在春季和夏初的茎尖外植体获得的再生植株更易生根，而郁金香花茎外植体只有在休眠过程中取材才能产生茎芽。

3. 培养基

培养基中无机盐、糖、维生素、铁盐、激素和有机附加物等各种成分都会对快繁过程产生影响，培养基的精确组成需要根据不同植物种类和快繁阶段进行调节。在微繁殖的Ⅰ和Ⅱ阶段常可以使用相同的培养基，而生根阶段需要对培养基进行一些调整。例如，糖浓度在阶段Ⅰ和Ⅱ时一般为2%～5%，在生根阶段可降低至1%～1.5%，无机盐浓度也可降低。

MS培养基是得到最广泛应用的一个基本培养基。培养基中，激素类物质影响最大。对大多数植物来说，激素在器官分化中的调控作用仍然遵循“Skoog-Miller模式”（图3-5），但不同的植物种类所要求的激素水平不同，需要通过实验进行确定。在最初的外植体培养中，常使用较高浓度的生长素或细胞分裂素来启动外植体生长和促进增殖。在反复继代培养中，由于外源激素在培养物中的积累可能导致其玻璃化、变异、生根困难或再生植株延迟开花等，因此继代培养一定时间后，要适当地调整激素浓度或改变环境条件。

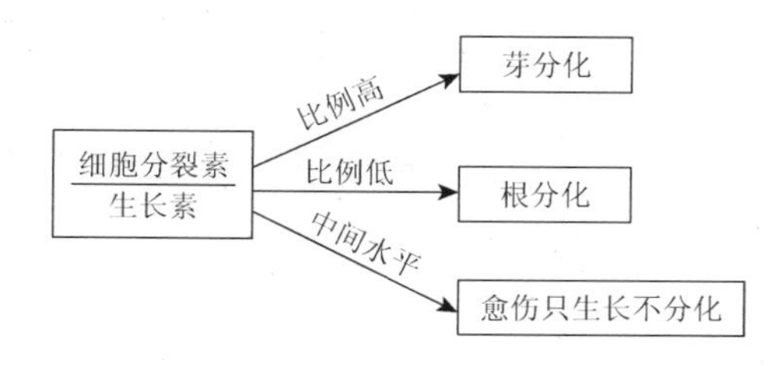

图3-5　“Skoog-Miller模式”激素调控器官分化

培养基通常以琼脂固化，但液体培养基对有的植物和有些植物的某个培养阶段更适合。例如，凤梨试管苗在液体培养基中生长更好，文心兰的原球茎增殖时利用液体和固体培养基交替进行培养，增殖效果较好。

某些植物需要补充其他物质来维持良好的生长，如许多兰花品种，常需要添加香蕉汁、马铃薯汁、椰子汁或活性炭等物质。

4. 培养条件

大多数植物在20～25℃时可以正常生长，低于15℃或高于35℃均会产生不利的影响。但不同的植物对最适生长温度要求不同，如文竹以17～24℃生长较好，水仙属在18℃条件下最适宜，离体条件下也需要尽可能满足植物对环境温度的要求。

植物组织培养中一般均需要光照，光照的作用在于满足形态发生和叶绿素形成。光强一般在1000～5000lx，强光照对芽的增殖和茎的伸长有抑制作用。增殖阶段需光强较弱，生根阶段和移栽前宜增加光强。离体培养植株对光周期的要求不是很严格，大多数植物每天光照12～16h即可达到满意的效果。

培养容器中的相对湿度一般达到100%，要求环境中相对湿度为70%～80%。若环境湿度低，培养基易失水干裂影响生长，而过高则易引起污染。

植物生长需要氧气，离体培养时培养物必须要有一部分组织与空气接触。固体培养时，培养物直接与容器中的空气接触，液体培养时常通过振荡、培养基通气或间歇式地暴露于空气中来满足培养物对氧气的需求。容器的封口材料影响容器内外的气体交换，使用透气性较好的封口材料可以促进容器内外的空气流通，增加O_2和CO_2的供应量，及时排出有害的气体，促进培养物生长。

5. 外植体材料的选择

不同的材料来源、组织或器官类型、外植体大小、生理年龄等的诱导率有很大差异。茎尖、茎段、根、叶、花、子叶都可作为离体无性繁殖的外植体，确定取材部位时既要考虑外植体材料来源丰富，容易成苗，又要考虑外植体本身在培养中的遗传稳定性，使试管苗整齐一致。

3.1.5　离体无性繁殖过程中的技术问题

污染（contamination）、褐变（browning）及玻璃化（vitrification）现象是离体培养中三大技术难题。

1. 污染

污染是指在组织培养过程中培养基和培养材料滋生杂菌，导致培养失败的现象。引起污染的微生物主要有细菌和真菌两大类。污染主要是由外植体带菌、培养基及器皿灭菌不彻底或操作人员未遵守操作规程而引起；培养过程中，培养室内不洁净，培养容器内外气体交换也会引起污染。

2. 褐变

褐变是指在组织培养中，由于材料被切割而使多酚氧化酶活化，将组织中的酚类物质氧化形成棕褐色的醌类物质，并向培养基中扩散，抑制培养物生长甚至导致其死亡的现象。含酚类物质丰富的植物，如核桃和柿树的芽或茎段，离体培养时易发生褐变。一些木本植物的外植体离体培养时也易发生褐变，在成年树中尤其严重。例如，来自欧洲栗幼年树的芽不易褐变，而来自成年树的芽易褐变。取材时间也对褐变有影响，香椿幼嫩枝条上的腋芽茎段易褐变，而半木质化的腋芽茎段不易褐变。

培养基中高浓度的无机盐和肌醇会加剧外植体的褐变，强光、高温、培养时间过长也会引起培养材料褐变。

3. 玻璃化

玻璃化也称为“超水化作用”（hyperhydricity），是离体培养过程中试管苗发生的形态、生理和代谢异常的现象。发生玻璃化的苗叶表皮缺少角质层和蜡质，没有功能性气孔，不具有栅栏组织，仅有海绵组织；细胞含水量高，纤维素、蛋白质等干物质含量低。玻璃化一旦发生很难逆转，幼苗的增殖、分化能力降低，难以用作继代或生根培养。

至今人们对玻璃化现象的发生规律及机制仍缺乏真正的了解。已有的研究结果显示，培养基成分、培养条件等多种因素对玻璃化苗的产生有重要影响。

3.1.6　光自养微繁殖技术

1. 光自养微繁殖技术概念

光自养微繁殖技术由日本千叶大学 Kozai 教授在 20 世纪 80 年代末首先报道。在离体培养条件下，大部分含有一定量正常结构形态的叶绿素和叶绿体的培养物，都具有进行光合作用的潜能。但在一般的植物组织培养体系中，培养物主要以培养基中的糖类为碳源进行异养生长，人们认为这种异养行为是由容器中过低的 CO_2 浓度造成的。如果改善 CO_2 的供应量，适当提高光照，就可以促进培养物自身的光合作用能力，使其能够在无糖培养基上通过光合作用进行自养生长，人们把这种培养方式称为光自养培养（photoautotrophic culture）或无糖培养（sucrose-free culture）。现在人们根据这个原理，已在实验室和生产上开展了一定的尝试和应用。

光自养生长系统的建立，降低了培养基制作成本，减少了污染损失，简化了生根和移栽程序，使试管苗移栽成活率提高，降低了生产成本，为植物生理学和植物组织培养的研究提供了一个新的实验体系，并开创了一个全新的植物微繁殖技术。

2. 光自养微繁殖的应用

光自养微繁殖中，繁殖体材料常直接被诱导形成具根的小植株。因此，在常规离体快繁的生根阶段结合无糖培养技术，可以改良试管苗质量，提高移栽成活率，使二者优势互补，这既能降低生产成本又能在短期内培育出大量合格的组培苗，在生产中具有实际意义。

目前，应用光自养微繁殖技术已成功地进行了非洲菊、康乃馨、兰花、桉树等多种植物的繁殖，与常规微繁殖相比，组培苗的质量和产量得到大幅度提高，生产成本降低20%左右，更利于规模化、工厂化生产。但对于培养容器内各种环境因素及其对培养物生长及形态的影响人们还不十分清楚，光自养繁殖的大型培养容器及智能苗床、设施及机械化、自动化系统也有待进一步的开发与完善。

3.1.7　操作实例——月季的离体无性繁殖

月季（*Rosa chinensis*）品种多、花期长、花色丰富，是四大鲜切花之一，深受人们喜爱。一些名贵品种扦插不易生根，其繁殖受到很大影响，利用离体繁殖技术可以大量繁殖常规扦插困难的品种，也可用于加速新品种的推广。

1）取当年生枝条，去除叶片及顶部和基部部分，留腋芽饱满的枝条中段，流水下冲洗，表面消毒后在无菌条件下剪成带一个腋芽的茎段，将下端竖直插入诱芽培养基（MS+BA 0.5mg/L）中，置25℃、12h/d光下培养。

2）2～3周后腋芽萌发，将大于1cm的无菌新枝从原茎段上切下，转入继代培养基（MS+BA 1～2mg/L+NAA 0.1～0.2mg/L）上，在继代培养基上腋芽萌发会形成具有3～4个侧枝的小枝丛。

3）每隔1个月，将小枝丛切割成带1节或2节的茎段，再转入相同的继代培养基上进行增殖培养，直至达到满意的数量。

4）增殖倍数高的品种，往往形成的嫩枝较弱，在生根前可将嫩枝转入壮苗培养基（MS+BA 0.3～0.5mg/L+NAA 0.01～0.1mg/L或IBA 0.3mg/L）上进行一次壮苗培养；增殖倍数低的品种，将嫩枝剪成2cm左右的茎段，直接转入生根培养基（1/2 MS+IBA 0.5mg/L）诱导生根。在壮苗、生根阶段，可适当提高光照强度。

5）生根培养20d左右，根长约0.5cm，具2～4条根时可出管移栽。

3.2　植物脱毒技术

现在已经发现的植物病毒超过500种。一些植物病毒的危害相当严重，给生产造成重大的损失，如葡萄扇叶病毒使葡萄减产 10%～50%；枣疯病已毁灭掉北京密云的金丝小枣；花卉病毒使球根、宿根等花卉严重退化，致使花少而小，甚至造成畸形、变色。利用组织培养进行植物脱毒可以降低或者去除病毒的感染，可用于马铃薯、甘薯、甘蔗、香蕉、石竹、百合等极易感染病毒的植物及繁殖速度低的植物如名贵花木等。

植物脱除病原体后，经过指示植物、抗血清、单克隆抗体和 DNA 探针的检测，可以得到无病菌的脱毒苗，随后脱毒苗经过组织培养可获得大量增殖的试管苗。

常用的植物脱毒方法有微茎尖培养法、珠心组织培养法和热处理法。

3.2.1　微茎尖培养法

微茎尖培养法是目前最常用的植物脱毒方法。带有病毒和其他病原微生物的植物，其病原体在植物体内的分布是不均匀的，越靠近生长点，病毒浓度越低。针对其产生的机理人们提出了多种解释：①能量竞争。病毒核酸和植物细胞分裂时 DNA 合成均需要消耗大量的能量，而分生组织细胞本身很活跃，其 DNA 合成是自我提供能量、自我复制，而病毒核酸的合成要靠植物提供能量来自我复制，因而就得不到足够的能量，从而就抑制了病毒核酸的复制。②传导抑制。病毒在植物体内的传播主要是通过维管束实现的，但在分生组织中维管组织还不健全，从而抑制了病毒向分生组织的传导。③激素抑制。在分生组织中，生长素和细胞分裂素水平均很高，因而阻滞了病毒的侵入或者抑制病毒的合成。④酶缺乏。可能病毒的合成需要的酶系统在分生组织中缺乏或还未建立，因而病毒无法在分生组织中复制。

无论是何种原因造成的，植物分生组织中的病毒含量大大低于其他部位。采用分裂旺盛的茎尖离体培养，就可能脱除掉植物病毒。培养茎尖越小，脱除病毒的概率越高。但是，茎尖越小，越难培养，对培养基的要求越高；同时，茎尖越小，对剥离技术要求也越高。微茎尖培养法和热处理法结合运用可以获得更好的脱毒效果。

3.2.2　珠心组织培养法

许多柑橘类品种的成熟种子中有多胚现象，一粒种子中有一个胚是受精卵发育形成的合子胚，尚有多个由珠心细胞形成的无性胚，具有和母体相同的遗传性状，称为珠心胚。珠心胚与维管束系统没有联系，因此珠心胚分离培养可以获得无病毒的珠心胚苗。缺点是苗期较长、变异率较高。珠心胚培养技术一般用于柑橘植物无病毒砧木的培育。

3.2.3　热处理法

热处理法是传统的除毒方法，其是利用植物细胞比病毒耐高温的原理。用37℃温度热处理植物材料（茎尖或愈伤组织），在不损伤培养材料的前提下，抑制病毒的复制，钝化病毒的活性。菊花在35～38℃的条件下处理60d可使病毒失活，马铃薯在37℃条件下处理10～20d能除去卷叶病毒，柑橘的速衰病毒、黄化病毒需在30～40℃条件下处理7～12周，鳞皮病毒需要在30～40℃条件下处理8周，亚洲青果病毒在50℃条件下处理30～40min。目前多种利用本法得到的无毒苗，已经在生产实践中得到应用，如葡萄（扇叶病毒）、桃（无黄萎病）、苹果（花叶病）等。

3.2.4　植物病毒的检测及无病毒苗的保存和繁殖

通过各种脱毒技术获得的植株，可能只有其中部分植株是无病毒的。在作为无病毒种源利用和繁殖之前，必须进行病毒检测，确定植株是无病毒的或不携带某种特定的病毒。

通过离体培养产生的植株中，很多病毒具有6～12个月的潜伏期，在离体培养最初的10～18个月里，每隔一定时期需对植株重复检测一次；另外，无病毒植株在试管外保存和繁殖期间，仍有可能再次感染病毒。因此，植物病毒的检测在无病毒苗的培养及生产繁殖过程中常要重复进行多次。

1. 植物病毒的检测方法

（1）指示植物检测法　　指示植物（indicator plant）或称敏感植物，是指对某一种或某一类病毒非常敏感的植物。指示植物一经病毒感染就会在其叶片乃至全株上表现特有的病症，可用于鉴定具有可见症状的病毒。病毒的寄主范围不同，应根据不同的病毒选择合适的指示植物，有时不同的病毒在同一种指示植物上出现相似的症状，这就需要用一套指示植物来鉴定。一种理想的指示植物应该一年四季都可栽培，生长迅速，具有较大的叶片，并对病毒保持较长时间的敏感性，容易接种，在较广的范围内具有同样的反应。

病毒的鉴定工作必须在防虫网室内进行。对于主要通过汁液传染的病毒可采用汁液感染法（sap transmission）来检测，方法是在指示植物的叶片上撒少许金刚砂，将受检植物汁液涂于其上，适当用力摩擦，使叶表面细胞受到侵染，但又不损伤叶片，然后用清水冲洗叶片。接种后的指示植物在15～25℃下生长一周或几周时间，即可表现症状。

多年生木本果树或草莓等无性繁殖的植物，可以用嫁接的方法，以指示植物为砧木，以待检植物为接穗，在嫁接后4～6周可鉴定出有无病毒。

（2）血清学检测法　血清学检测法是利用抗体和抗原在体外的特异性结合进行病毒检测的方法。血清学检测快速、灵敏、准确，成本较低，目前在植物病毒研究和检测中应用最为广泛，对潜隐性和非潜隐性病毒均可鉴定。基本程序包括抗原制备、抗血清制备和病毒鉴定三步（图3-6）。

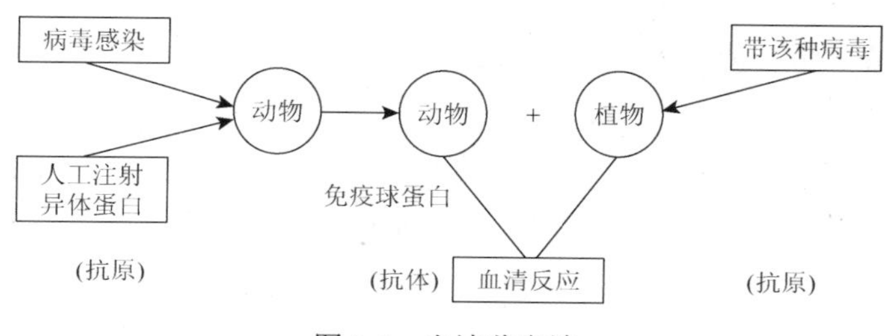

图3-6　血清鉴定法

（3）电子显微镜检测法　凭借电子显微镜极高的分辨力，可以直接观察病毒是否存在及病毒粒体的大小、形态和结构特征。另外，病毒侵入寄主细胞后会引起寄主细胞的一些病理变化，尤其是内含体（inclusion）的结构特征，这也是检测病毒的重要依据。电子显微镜检测是最直接的病毒检测手段，但设备昂贵，常与指示植物法和血清学检测法联合使用，对鉴定结果相互印证。

2. 无病毒苗的保存和繁殖

经过脱毒培养及病毒检测得到的无病毒苗十分珍贵，是繁育大量无病毒苗的种源，但无病毒苗并没有获得特殊的抗性，在保存和繁殖期间有可能重新感染。因此，无病毒苗的保存和繁殖必须要在隔离条件下进行。

（1）无病毒苗的保存　无病毒苗是异地引种和交换材料最安全的方式。保存好的无病毒苗作为种源，可以利用5～10年甚至更长时间，保存的方式有离体保存和隔离保存两种。

1）离体保存。离体保存是指在离体条件下以试管苗的形式进行保存。一般是将试管苗置于1～10℃低温下或在培养基中加入生长延缓剂，使试管苗保持缓慢的生长状态，延长继代培养的周期（一般每隔6～12个月继代一次），达到长期保存的目的。保存期间要注意保湿和防污染，并要提供一定的光照。Mullin等（1976）将无病毒草莓在4℃保存6年，每隔3个月加几滴培养液于培养基上即可；傅润民（1994）将葡萄试管苗在9℃每年继代一次，保存时间长达15年。

2）隔离保存。隔离保存是将脱毒苗种植在隔离区内加以保存。有些木本植物，试管苗继代成本较高，移栽成活率低，或以嫁接繁殖为主要繁殖方式的，可以将无病毒苗种植在隔离区内，建立无病毒母本园，以供采集接穗。隔离区最好选择在高海拔、虫害少、气候较冷凉的地域，与毒源作物有一定距离，病虫害少。保存期间要定期检查，一旦发现病毒及时清除。

（2）*无病毒苗的繁殖*　利用无病毒种源，通过大量繁殖可以源源不断地为生产提供无病毒的优良种苗。无病毒苗的繁殖可以通过实验室离体繁殖和田间隔离繁殖两种途径进行。

离体繁殖可防止病毒的再侵染，繁殖的无病毒试管苗可以直接供生产上利用；田间隔离繁殖无病毒苗时，最重要的是防止病毒再度感染，必须建立一套严格的扩繁体系（表 3-1）。生产场所一般在温室或防虫网内，土壤或基质需经过灭菌处理。在繁殖的各个阶段还需要对种苗重复进行病毒检测，一旦发现感染，需要再利用无病毒种源进行繁殖。

表 3-1　大蒜无病毒株系生产体系

工作体系	无病株等级	隔离条件	负责单位
无病毒植株培养和鉴定		培育室/网室	研究室
↓			
繁殖和淘汰劣株	原种	网室	研究室
↓			
繁殖和淘汰劣株	原种	网室	种子公司（原种场）
↓			
隔离采种（Ⅰ）	良种（母球）	繁殖田隔离	种子公司（原种场）
↓			
隔离采种（Ⅱ）	良种（母球）	繁殖田隔离	种子公司（原种场）
↓			
农家生产	市售良种	全部更新	农民

由于植物常受多种病害的侵染，可能携带多种病毒，经过脱毒及扩繁的无病毒苗是相对而言的，一般应是指经过鉴定而确定不携带某种特定病毒的种苗，称为“无特定病毒苗”或“无特定病原菌苗”更确切。

目前，植物脱毒苗生产应用尚不普遍，其主要原因有基础研究跟不上，如病毒特性与寄主的关系，各植物体内病毒的种类及数量等；脱毒培养后如何进行快速准确检测；脱毒原种苗如何保存及防止再度被感染等。

在每种作物的应用上，脱毒苗繁殖的方法大致是一样的，但细节上有所不同。实际操作中灵活应用，才能收到良好的效果。用茎尖分生组织培养生产无病毒植株的程序见图 3-7。

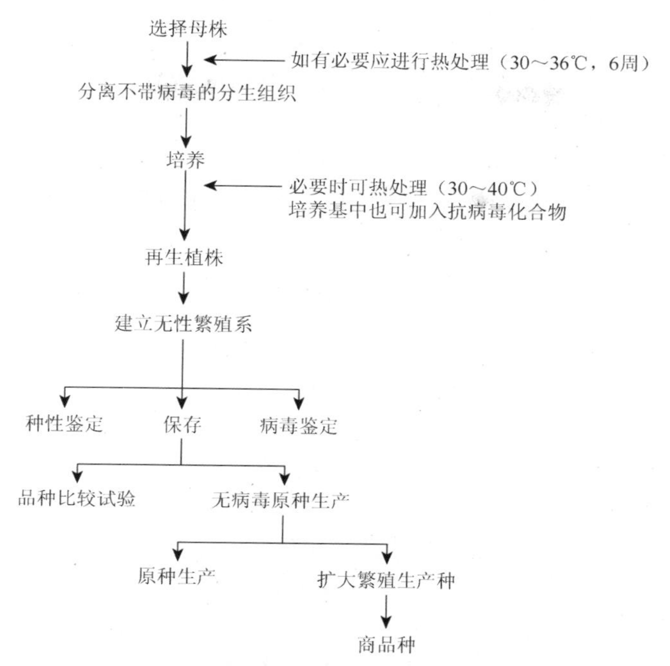

图 3-7　茎尖分生组织培养生产无病毒植株程序

3.2.5　应用举例——草莓茎尖分生组织脱毒技术

草莓（*Fragaria* spp.）是栽培面积最大的小浆果，为多年生宿根草本植物。常规采用分株繁殖，繁殖效率低，易感病毒。用于草莓脱毒的方法有茎尖分生组织培养、热处理结合茎尖分生组织培养、愈伤组织培养和花药培养等。草莓离体繁殖容易，增殖速度快，将脱毒与离体快繁相结合可以为生产提供大量优质无病毒种苗。

1）于 6～8 月取生长健壮的匍匐枝，除去较大的叶片，流水下冲洗 2～4h，超净工作台上进行常规表面消毒后，在解剖镜下分离带 1 个或 2 个叶原基的茎尖组织，大小为 0.2～0.4mm。

2）将分离的茎尖组织迅速接到固体培养基（MS+BA 0.5～1.0mg/L）中，22～25℃、16h/d 光照下培养。

3）培养 35～45d，茎尖分化可形成丛生芽，当苗高 1～2cm 时，分成单株转入与初代接种相同的培养基中扩繁一次。

4）繁殖到 20 株左右，分成单株转入生根培养基（1/2 MS+IBA 0.2mg/L），培养 20～30d 即可准备移栽。移栽前开瓶锻炼 3～5d，小心取出试管苗，清洗掉试管苗根部的培养基，移植进消毒处理过的沙土基质中，管护条件下直至成活。

5）利用指示植物通过小叶片嫁接法进行病毒鉴定。

3.3　试管苗生产成本核算

植物组织培养技术自 20 世纪 60 年代用于兰花的工厂化生产，至今已经取得了很大的进展，能进行试管快速繁殖的植物种类越来越多。但对于许多植物来说，能耗过大、快速繁殖环节还不够简练，以及如何尽可能利用自然材料取代专用的化学药品和用具，最大限度地降低生产成本等是工厂化、规模化生产的需求。因此，有必要对试管苗生产成本进行核算。

3.3.1　试管苗成本核算的意义

试管苗工厂化生产是以经济效益为目的的商业性生产经营行为，作为商品的试管苗生产成本核算有重要意义。

1）为制订产品市场价格提供依据，避免在制订价格时的随意性，成本是确定价格的最低界限，在确保成本的前提下应保证生产单位有一定的经济效益。

2）可以了解各种生产资料、生产环节在成本中的构成及比例，指导生产企业更好地组织生产和管理，改进工艺流程，改善薄弱环节，进一步提高生产经营和管理水平，取得更大的经济效益。

3）可以帮助投资者或生产厂家做出成本分析和预测，确定该技术有无推广价值，以免盲目投资行为的发生，为企业决策提供依据。

3.3.2　试管苗成本核算的方法

试管苗工厂化生产经营的经费支出可分为三类：直接生产成本、间接生产成本和期间成本，要根据成本构成因素再结合各生产环节逐项计算。

1. 直接生产成本

直接生产成本是指直接用于试管苗生产的费用，可以直接计入产品的生产成本。主要包括人员工资、培养基制备费、水电费及生产资料消耗费。

1）人员工资是指试管苗生产和经营管理中所有用工人员的工资及奖金的支出部分，包括企业管理人员、技术研发人员、各生产环节的技术负责人员及操作人员和季节性临时用工人员等的工资。

2）培养基制备费是指用于培养基制备的各种化学药品、试剂及蒸馏水等费用。

3）水电费包括容器洗涤、灭菌、药品配制，接种室、培养室、温室、办公室等消耗的水电费。

4）生产资料消耗费是指在试管苗移栽和商品苗培育中支出的土地、化肥、农药等费用。

试管苗的生产分为室内瓶苗培养和室外移栽培育两部分，因此可将发生在室内的培养成本和发生在移栽及商品苗培育阶段的成本分别计入直接生产成本。

2. 间接生产成本

间接生产成本是指用于厂房建设、仪器及设备等固定资产投资的折旧费。作为试管苗生产企业，需要投资一定规模的基础设施，而它们的使用寿命是有限的。在成本核算中，要详细分析各种仪器、设备及设施的使用年限，进行不同的折旧处理。

一般长期耐用的大型仪器、生产用房等，如超净工作台、灭菌器、冰箱、天平、培养架及房屋，按每年5%～10%折旧计算；中短期固定资产，如温室及大棚，每年按10%～20%折旧；低值易耗品，如玻璃、塑料制品，以及灯管、小型工具、花盆等的损耗及折旧，每年按30%计算。

3. 期间成本

期间成本是指按照国家有关规定不能直接计入产品的生产成本，是为组织管理生产经营活动而发生的各项费用，主要包括企业用于办公、技术培训、广告、差旅、引种及农业税等的支出。应按实际发生时间和发生额确认，计入生产成本。

将用于试管苗生产及经营的直接、间接和期间费用相加，即试管苗的生产成本。生产企业的经济效益来自其全部的试管苗销售收入减去试管苗的生产成本。

国内一般年产100万株试管苗的快繁企业，固定资产投资总额需160万～180万元，每年的生产及经营成本需50万～60万元，每株商品试管苗总成本0.5～0.7元。在生产成本中，直接生产成本约占75%，基建和设备等的折旧费约占20%，期间费用占5%左右。其中，人工工资支出占比例最大，一般为成本的50%～60%，水电费占10%左右，而培养基成本占比例较低，约为4%。因此，在实际生产中应从试管苗生产的各个环节中挖掘潜力，注意人工工资及用于基础建设、仪器设备总投资的控制，以降低生产成本，提高效益。

除成本对效益的影响，市场及生产规模也对效益有重要影响。及时掌握市场信息，生产适销对路的品种，可以避免试管苗滞销而增加的后期管理投入，影响经济效益。在一定的生产水平下，生产规模越大，纯利润越高，但规模大小要根据当地条件、市场规模而定，不能盲目扩大生产规模，否则会造成严重经济损失。

3.3.3 降低成本、提高效益的措施

生产成本是影响经济效益的主要因素，降低成本、提高经济效益是试管苗商业性生产的核心问题。在试管苗生产经营中，应把生产成本分解到各生产环节和

管理部门进行核算，精打细算，科学合理地安排人力、物力和财力，在保证质量的前提下，尽可能地降低成本、提高效益。

1. 合理用工，提高劳动效率，节约工资

试管苗生产过程复杂，目前各生产环节主要靠人工操作，难以实现机械化和自动化，费工费时，在试管苗成本中人工工资费用所占比例较高，这在国内外都一致。因此，应提高管理水平，根据生产环节和任务，合理设置岗位，合理用工，同时加强技术培训，提高劳动者的技术水平和素质，提高劳动生产效率。

2. 提高设备利用率，减少固定资产投资

固定资产折旧费是影响成本的一个重要因素，在投资建厂中，要根据生产规模合理配置物力资源，减少固定资产投资。可以利用已有的房屋进行改造、改建，将可以合并的车间进行合并，如培养基配置和灭菌可以合并，或器皿洗涤和灭菌室合并；将能简化的设施尽量简化，如普通塑料大棚比现代化温室的投资要低很多。这些措施都可以减少投资总额，降低固定资产折旧费，进而降低生产成本。

另外，正确使用仪器设备、延长使用寿命、提高设备利用率，也是降低成本提高效益的重要方面。

3. 利用自然能源，合理安排生产周期，降低能耗

试管苗生产中电费消耗较高，一是来自试管苗培养阶段培养室的温度和光照控制，二是来自移栽阶段环境温度的控制，可采取以下措施降低电费消耗。

1）通过改变培养条件，用自然光代替人工光照，以自然温度为主，人工控制为辅，降低试管苗培养阶段电能的消耗。

2）在出管移栽及苗木培育时，根据培养植物的生物学特性和供苗时间，合理安排生产周期，尽量在适宜的生长季节集中进行几次生根和移栽，可以减少炼苗移栽过程中的调温、调光投入。一般 3 月上旬后移栽不需要加温和增光，即使夏秋季移栽，用于降温、遮光的投资也比冬季加温要小许多。

4. 优化培养方案，提高繁殖效率

试管苗生产过程中的增殖倍数、污染率及移栽成活率这些重要的技术参数对繁殖系统的效率有重要影响。优化培养方案，改进工艺流程，进一步提高增殖倍数，缩短培养周期，培育壮苗，有利于提高移栽成活率；严格控制培养过程，降低污染率，预防苗的玻璃化和褐化以提高整个繁殖系统的繁殖速度和繁殖效率，降低生产成本。

5. 采用替代品，降低培养器皿及培养基成本

大规模培养时，采用廉价的罐头瓶、输液瓶代替价值较高的玻璃培养瓶可以降低这方面的消耗。目前，市场上已有多种规格的聚乙烯塑料培养瓶，虽然一次性投入较多，但不易破碎，可反复使用，损耗较小。已有较多的报道表明，用食用白糖代替化学试剂蔗糖，自来水、井水代替蒸馏水，用化学纯试剂（甚至工业品）代替分析纯试剂，对试管苗质量影响不大，但可以大幅度降低培养基成本。

微繁殖的目标是大量生产遗传上同质的、生理上一致的、发育上正常的和无病菌的小植株。发展微繁殖过程的自动化控制体系是减少生产成本的最根本途径。目前，生物反应器已用于体细胞胚、微芽、微茎等的大规模繁殖，适于不同类型植物的生物反应器及其培养过程中的环境控制技术，已成为目前微繁殖研究的一个热点。

3.3.4　试管苗商业性生产的经营管理

进行试管苗商业性生产的组培工厂，是劳动密集型和技术密集型的企业，其生产经营活动是以市场为导向的商业性生产活动。生产企业在具备试管苗快繁生产技术、人员及相应的生产场地和设施等基本条件下，还应注意以下几点。

1. 建立一套科学的试管苗生产管理体系

试管苗是拥有生命意义的特殊商品，试管苗生产是一个连续性的过程，生产环节多，影响因子复杂，每个生产环节和因素都会对整个生产体系的效率、生产成本产生直接或间接的影响。因此，必须建立一套科学的管理体系，研究各工序的作业时间和进度，合理安排生产进度，严格控制每一个生产环节，相应地扩大生产规模，明确每一个阶段的任务，确定具体指标，通过各工序的生产作业互相配合、协调，提高整个快繁系统的生产效率，降低生产成本，生产高质量商品苗。

2. 试管苗生产要以市场为导向

试管苗作为商品最终要进入市场，其商品性能的实现受市场需求及同类产品竞争的影响。因此，在试管苗工厂化生产中必须始终以市场为导向。产前做好市场调查和预测，生产适销对路产品；产中要严格控制各个生产环节，降低成本，培育高质量产品；产后要保持销售体系畅通，做好产品的售后服务和技术培训。

3. 注重新产品、新技术的研发和创新，做好技术储备

新技术的开发应用是降低成本、提高效益的有效途径。糖在培养基成本中的

比例较大，但糖是微生物繁衍的温床，易造成培养物的污染。日本千叶大学 Kozai 等于 1988 年提出了光独立培养技术（photoautotrophic micropropagation），又称为无糖培养微繁技术（sugar-free micropropagation），它是将微环境控制技术与植物组织培养技术有机结合的培养新模式，它在培养基中不添加糖类物质，而是向大型培养器内导入 CO_2 以代替糖作为植物体的碳源，利用工程技术手段调节培养容器内微环境的空气、光照、湿度等影响因子，促进试管苗自养生长，这样不仅可降低污染，还可提高瓶苗质量。

无糖培养微繁殖技术更注重综合应用新材料、自动化、人工智能、计算机和节能等技术：①以 CO_2 作为小植株的唯一碳源，通过自然换气（natural ventilation）或强制性换气（forced ventilation）系统供给小植株生长所需 CO_2，促进植物的光合作用和植株的生长；②可将传统的培养瓶改为箱式大容器进行培养；③主要是采用疏松多孔的无机材料，如蛭石、珍珠岩、纤维、florialite（一种蛭石和纤维的混合物）、陶粒等作为培养基质，可以极大地提高小植株的生根率和生根质量，特别是对于木本植物；④可采用闭锁型的培养室，通过人工或自动调控整个培养室环境（温度、CO_2 浓度、光照、湿度等），能周年进行稳定的生产，继代与生根培养过程合二为一，培养周期缩短了 40%以上，简化了试管苗驯化过程，移栽成活率显著提高；⑤主要针对植物组织培养快速繁殖阶段，需要较高质量的芽和茎，外植体需具有一定的叶面积，带绿色子叶的体细胞胚也可进行光自养生长。可见，无糖培养微繁技术是建立在对培养容器内环境控制的基础上的，它根据容器中植株生长所需的最佳环境条件，来对植株生长的微环境进行控制。我国对非洲菊、康乃馨、灯盏花、菠萝、马铃薯、甘蔗等多种植物进行了无糖培养微繁殖的研究、示范和生产，开发出大型的培养容器和 CO_2 强制性供气系统，实现了优质苗低成本的生产。不过，该技术的商业化应用还处于起步阶段。

4. 其他

在人员培训方面，将职工培训成专业接种员，提高操作的熟练程度及劳动生产率。一名熟练接种员的接种速度是传统组织培养研究人员的 3.3 倍。

在生产自动化程度方面，对培养器皿的清洗、培养基配制、分装、灭菌和搬运等实施自动化或半自动化操作，从而提高生产效率，节约工资支出。

在质量监测技术体系方面，为保证试管苗质量，以及组织培养生产工序的质量，必须建立和实施一套标准化的技术程序。

将生物技术和计算机技术结合起来，研制植物快速繁殖决策支持和优化生产的软件包，用计算机模拟植物快速繁殖生长状态，从而可及时发现植物组织培养过程中出现的问题。

4

第4章 植物细胞培养及次生物质生产技术

植物细胞可以直接从外植体中分离获得，有机械法和酶解法两种方法，也可由离体培养的愈伤组织中分离单细胞。单细胞培养的方法主要有平板培养法（cell plating culture）、看护培养法（nurse culture）、微室培养法（microchamber culture）等。细胞悬浮培养是指将游离的单细胞或细胞团按照一定的细胞密度悬浮在液体培养基中进行培养的方法。植物次生代谢产物可作为医药、香料、色素等的重要来源，在制药工业、食品工业等方面得到了广泛应用。利用植物悬浮细胞的培养系统来生产植物次生代谢产物已进入工厂化阶段，产量高、成本低。本章主要介绍了植物的单细胞培养、悬浮培养、规模化培养、生物反应器及生产次生代谢产物等内容。

4.1 植物的单细胞培养

植物细胞之间在遗传、生理和生化上存在着种种差异（包括突变），这些差异反映在它们的产量、品质、抗逆性及合成某些物质的能力等方面。如果能把具有某种优良性状的细胞株筛选出来进行培养，将会给农业生产和医药工业等带来良好的经济效益和社会效益。但是要从植物的特定组织或器官中分离出单个细胞，并使其分裂、增殖、分化、再生，往往比一般的组织、器官培养有更大的难度。

4.1.1 单细胞的分离

单细胞可以直接从完整的植物器官，也可以培养的组织为材料，通过机械方法或酶处理等方法获得。

1. 机械方法

机械方法是从完整植物器官和组织中分离单细胞的方法之一。叶肉组织是排列疏松、细胞间接触较少的薄壁组织，便于单细胞的分离，因此较为常用。一般方法是先将叶片轻轻研磨，经过滤和离心，收集和净化细胞。

从疏松愈伤组织制备单细胞的方法比较简便，适用范围也广。一般先要选择合适的外植体，表面消毒后接种到适宜的琼脂培养基上进行培养。愈伤组织形成后，切割并转移到新的培养基表面进行继代培养以获得足够的组织量，在继代培养过程中同时要进行疏松愈伤组织的筛选。将多次继代培养得到的疏松愈伤组织转入液体培养基，即可采用摇床振荡等方法使细胞分散，经过滤后即可得到游离的单细胞。若转入液体培养基中的愈伤组织分散效果不好，则可将该愈伤组织转回固体培养基，再经一段时间培养后即可得到非常疏松的愈伤组织。将此疏松愈伤组织再转入液体培养基中振荡，即可得到分散良好的单细胞。在所需细胞数量不多时，也有人直接在显微镜下用吸管吸取单个细胞或用密度梯度离心后再吸取单个细胞。

2. 酶处理

Takebe 等（1968）首先报道了用果胶酶处理烟草获得大量具有代谢活性叶肉细胞的方法。还发现用离析酶（macerozyme，主要成分是果胶酶）分离细胞时，在离析液中加入硫酸葡聚糖钾（potassium dextrane sulphate）可以提高游离细胞的产量。Street 等（1971）加 0.05%果胶酶和 0.05%纤维素酶于假挪威槭（*Acer pseudoplatanus*）细胞悬液中，得到了有活力的单细胞培养物；King 等用类似的方法，并另加 8%山梨糖醇作渗透调节剂，也得到了有活力的单细胞。

以上分离单细胞的方法各有特点。物理方法操作方便，不会改变细胞的生理特性，对正常细胞生长和分化及生理生化等方面的研究比较合适。酶法获得的分散细胞数量大，但会引起细胞的某些改变，禾本科植物的叶片用酶法分离细胞比较困难。但除用显微操作吸取单个细胞外，多数方法获得的单细胞一般都混有小细胞团。使用时应根据细胞的种类、培养条件和研究目的等进行选择。

4.1.2 单细胞培养技术

单细胞离体培养时，首先要考虑的是单个细胞或少量细胞培养时的细胞密度问题。实验显示，只有当细胞密度达到某临界值之上时，才能促进细胞的生长增殖。其原因目前尚不清楚，可能是植物细胞的增殖需要一定浓度的某种可以分泌到细胞外的内源物质。目前解决该问题的思路主要有两个：一是通过减少培养空间的体积来满足单位容积内细胞的密度要求；二是选用其他细胞共培养以达到总的细胞密度要求。常用的单细胞培养技术主要有如下几种。

1. 平板培养

平板培养是使悬浮培养的分散细胞均匀分布在一薄层固体培养基中进行培养的技术（图 4-1）。该方法是把分离得到的细胞悬液用网眼合适的细胞筛过滤以获得适于平板培养的细胞悬液，然后用血细胞计数器计数，若细胞悬液与琼脂培养基以 1∶4 混合，则细胞悬液的密度就应调节到 $5\times10^3\sim5\times10^5$ 个/ml。平板的制作是将琼脂培养基熔化后冷却至 30～35℃，与细胞悬液迅速混匀后，立即向培养皿中倒平板，一般厚度为 1～5mm。在培养基冷却固化后，细胞便被分散固定在培养基薄层中，然后用石蜡膜等密封培养皿。在倒置显微镜下观察平板，在皿外标出单细胞的位置。培养物置 25℃下暗培养，数天后，观察并计算植板率。植板率是衡量平板培养效果的指标，是指在平板上形成细胞团的百分数。

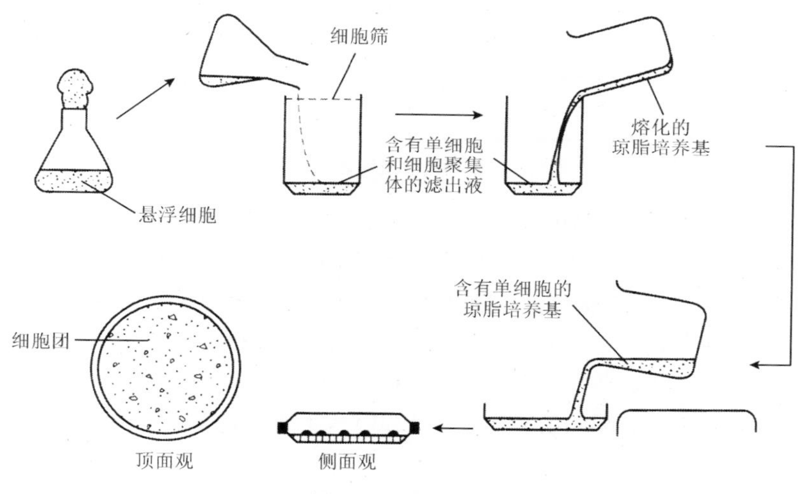

图 4-1　平板培养

2. 看护培养

用一块活跃生长的愈伤组织来促进培养细胞生长和增殖的方法即看护培养，这块愈伤组织称为看护组织。具体做法：先在固体培养基上放一块愈伤组织，在组织上再放一块灭过菌的滤纸，待滤纸充分吸收从组织块渗上来的成分后，将单细胞放在滤纸上进行培养（图 4-2）。由单细胞增殖的细胞团达到一定大小时，即可从滤纸上取下放在新鲜培养基中进行直接培养。

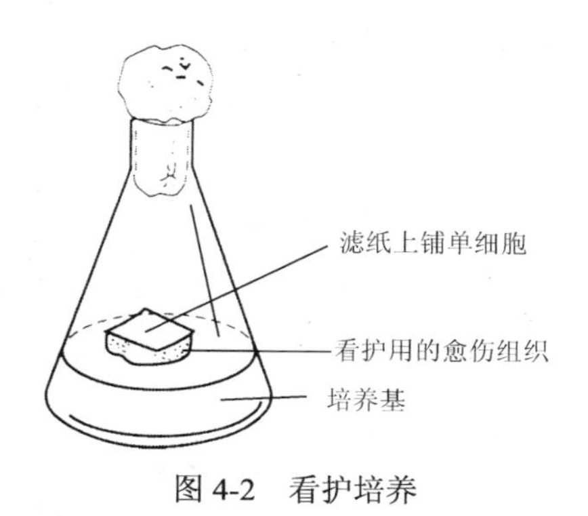

图 4-2　看护培养

3. 微室培养

微室培养是为了进行单细胞活体连续观察而建立的一种微量细胞培养技术。

最早进行这方面研究的是 de Ropp（1955），后来 Torrey（1957）做了进一步的试验，改进了微室培养技术，并运用了滋养组织，结果观察到了单细胞的分裂现象。他用的方法是先将一块小的盖玻片和一块凹穴载玻片灭菌，然后将一滴琼脂滴在小盖玻片上，琼脂周围是分散的单细胞，中间放一块与单细胞是同一亲本的愈伤组织作为看护组织。把小盖片的背面粘在一块较大些的盖玻片上，翻过来扣在凹玻璃的凹孔上，再用石蜡-凡士林将其四周密封（图 4-3）。用这种方法，可以使从豌豆根形成的愈伤组织上分离下来的单细胞成活几周，其中大约有 8%的单细胞出现分裂形成细胞团，最大的一个细胞团达 7 个细胞。

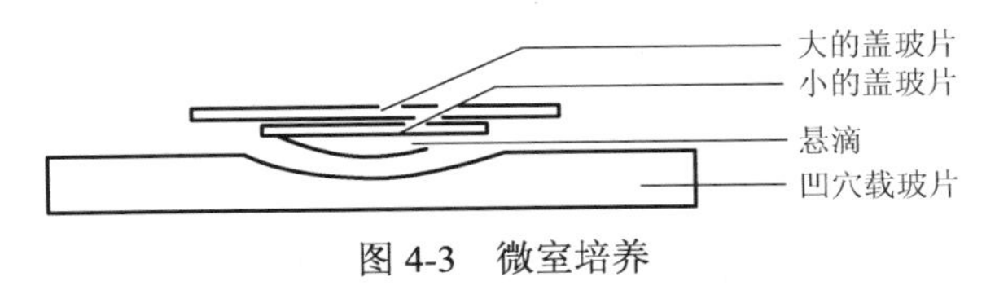

图 4-3　微室培养

Jones 等（1960）又改进了微室培养的技术。他制作微室的方法是在灭过菌的载玻片两端（约在载玻片总长度的 1/4 处）各滴一小滴液体石蜡，然后分别放上 22mm×22mm 灭过菌的盖玻片，使两块玻璃中间保持约 16mm 的距离。在两块盖玻片中间区域的中心滴上一小滴含单细胞的液体培养基，然后在液体培养基四周加上液体石蜡，再将第三块盖玻片盖在上面，使它与前两片盖玻片有一定覆盖，使液体石蜡将液体培养基包围，并渗入第三块盖玻片和前两块的交叉覆盖层中，这样矿物油包围着液体培养基，使三块盖玻片形成的微室与外界隔绝，可以有效防止培养基失水和污染（图 4-4）。当细胞克隆长到适当大小后，将其转入新鲜的培养基上继续培养。

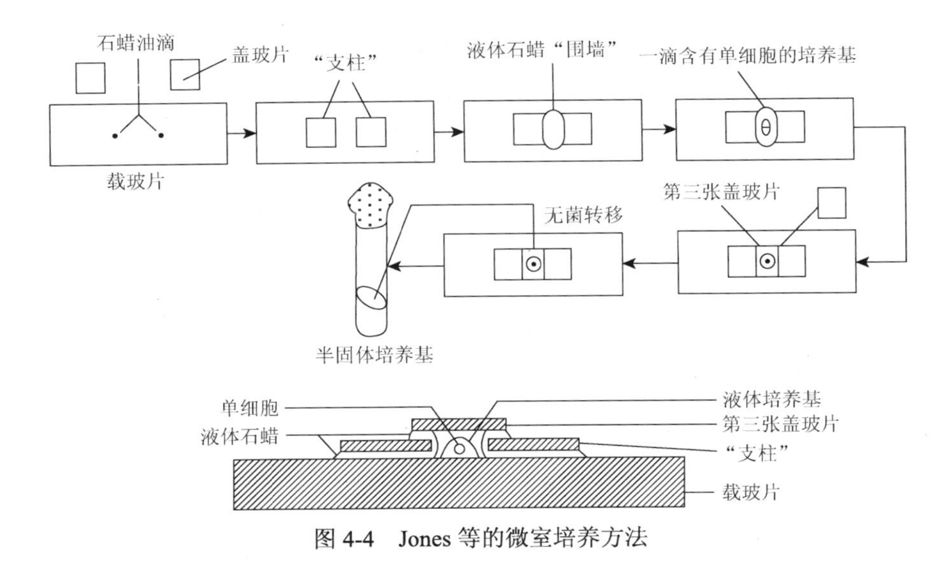

图 4-4　Jones 等的微室培养方法

自 Jones 的工作后，微室培养技术随研究目的的不同虽有不少改进，但该技术的基本点可以说没有什么变化，这些基本点如下。

1）对微室的要求。必须用光学性能非常好的材料来制作；小室的厚度要符合相差显微镜的要求；要选择合适的材料使小室与外界隔绝，作为防止污染的屏障，且能保证小室与外界可以进行适当的气体交换。

2）对培养基的要求。选用的培养基要保证微室中的细胞能够生长和分裂，并且有较高的光学透明度。

3）对所观察的细胞的要求。要选用处于活跃分裂期的细胞，细胞壁应较薄，细胞内含物要较少和透明度较高。

掌握了这些基本点，就能根据不同的研究目的设计出各种各样的微室，便于在不同的实验条件下对不同材料进行活体连续观察。例如，我国的陆文梁（1983）在微室设计中采用四环素软膏代替液体石蜡，在无菌的载玻片上按照盖玻片的大小涂一圈四环素软膏，将制得的细胞悬液滴一小滴在载玻片上，然后在四环素软膏上放一小段毛细管，盖上盖玻片，轻压到密封并使细胞悬液的小滴与盖玻片接触，然后在适宜的条件下进行培养。应用这种方法，他们对胡萝卜细胞在脱分化状态下的整个细胞周期进行了详细的观察，并拍摄了整个分裂期活体连续过程的照片。

4. 其他培养方法

植物细胞在液体中的流动性使之不能固定，其所具有的团聚性和在低密度下难以启动分裂的特性，也使真正的单细胞培养十分困难。为了较好地解决这些问题，在上述培养技术的基础上，一些学者根据不同的研究目的，又发展了其他培养技术。

（1）纸桥培养法　纸桥培养法是植物茎尖分生组织培养常用的方法，有时也用于单细胞培养，此法的优点是由于滤纸的强烈吸水特性，培养物不易干燥，同时也保证了培养物对氧气的需要，其具体做法见图 4-5（a）。在进行液体培养时，制作一个滤纸桥，把桥的两臂浸入试管内的液体培养基中，桥面悬于培养基上，茎尖或单细胞放在桥面上。利用滤纸的吸水特性，将营养液源源不断地输送给培养物以满足其生长需要。Bigot（1976）对该方法进行了改进［图 4-5（b）］，制作一特制三角瓶，使其底部的一部分向上突起，在突起处放上滤纸，然后在滤纸上接种培养材料进行培养。

（2）饲养层培养法　一些学者在看护培养法的基础上做了部分改进，创立了饲养层培养法（feed layer culture）。其具体做法是先用射线辐射处理细胞悬浮液（用作饲养层），处理后它们仍然具有活性但没有分裂能力，再将其与含有培养

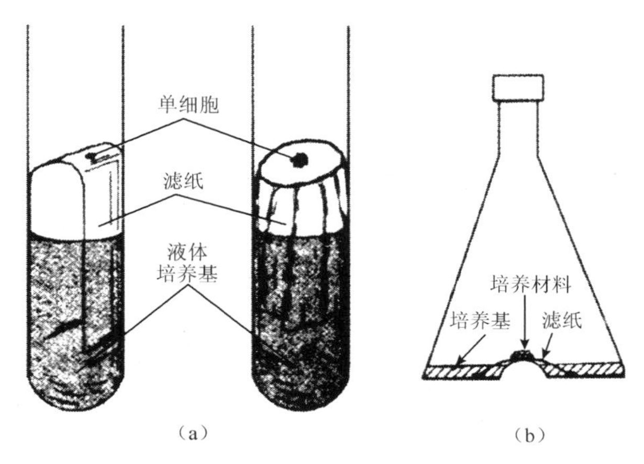

图 4-5 纸桥培养法及其改进法

细胞的琼脂培养基混合，平铺在培养皿底部形成平板。在这里，经过辐射处理的细胞对于培养细胞起到了饲养作用，促进培养细胞的分裂、分化，所以将该方法称为饲养层培养法，其是针对植物细胞所具有的团聚性和在低密度下难以启动分裂的特性进行设计的。

（3）双层滤纸植板培养法　双层滤纸植板培养法是 Horsch 等（1980）将平板培养法和饲养层培养法相结合并做了部分改进而创立的（图 4-6）。其优点是不仅能使单细胞在其中快速生长分裂，还便于以后将已生长分化成的细胞团转移至新鲜培养基上继续培养。其具体操作过程如下：先将细胞悬浮液用射线辐射处理，再将这些具有活性但没有分裂能力的细胞悬浮液与琼脂培养基混合，平铺在培养皿的底部，凝固后就成为饲养层。然后在饲养层上平铺一张滤纸形成看护层，再制作一圆碟状滤纸置于看护层，最后再将预先培养的细胞置于其上。

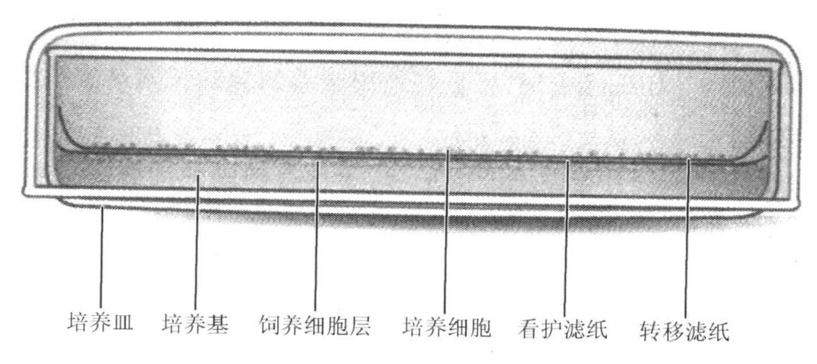

图 4-6 双层滤纸植板培养法

4.1.3 单细胞培养的影响因素

单细胞培养比愈伤组织培养更困难，因为它对营养条件和环境条件要求更高。

下面对影响单细胞培养的因素进行简要介绍。

1. 培养基成分

细胞培养的成功与否，很大程度上取决于对培养基的选择。培养基的种类、成分等直接影响培养细胞的生长发育。所以，在培养基配制时，只有充分考虑到不同植物种类的单细胞对营养成分的要求各不相同，根据不同的营养特性筛选配制出最佳培养基，才能在最短的时间内获得最优良单细胞系。

2. 植物激素

生长素和细胞分裂素是植物细胞培养中主要的生长激素。植物激素的种类和浓度对单细胞的生长繁殖有重要作用，尤其在单细胞的密度较低的情况下，适当补充植物激素可以显著提高植板率。

3. 温度

植物单细胞培养的适宜温度一般为 23～28℃，与细胞悬浮培养和愈伤组织培养的温度相似。大量实验证明，在适宜的温度范围内，适当提高培养温度，可以加快单细胞的生长分裂速度。

4. pH

单细胞培养对 pH 的要求比较严格，适宜范围比较窄，必要的时候需要在培养基中添加酸碱缓冲剂以稳定 pH。适当的 pH 可促进细胞分裂，也有利于植板率的提高，不适或变化过大都不利于培养。对于单细胞培养来说，培养基的 pH 一般控制在 5.2～6.0。悬浮培养时，pH 变动较大，易迅速升值变为近中性，而 pH 的变化直接影响铁盐的稳定性，故悬浮培养时，还需加入磷酸钙、碳酸钙等 pH 缓冲剂用于稳定培养液的 pH。

5. CO_2 含量

植物细胞培养系统中 CO_2 的含量对细胞生长繁殖有一定的影响。一般来说，细胞生长所需要的 CO_2 的含量为 0.03%～1.00%。也就是说，植物细胞可以在通常的空气中生长繁殖，如果低于 0.03%细胞分裂就会减慢或停止；如果 CO_2 含量在允许范围内适当增加，则有利于细胞的生长繁殖；如果 CO_2 的含量超出允许范围，则对细胞生长有明显的抑制作用。

4.2　植物细胞的悬浮培养

植物细胞悬浮培养（cell suspension culture）是指将游离的植物单细胞或小的

细胞团按照一定密度置于液体培养基中进行培养和增殖的技术。

与固体培养相比，悬浮培养的主要优点是增加培养细胞与培养液的接触面积，改善营养供应，避免有毒代谢产物的聚集，保证氧气的充分供给等。因此，悬浮培养细胞的生长条件较固体培养有很大的改善。悬浮细胞培养的类型有成批培养（batch culture）和连续培养（continuous culture）。

4.2.1　成批培养

成批培养是指将一定量的细胞或细胞团接种到一定容积的液体培养基中进行密封培养的方法。除有一定的气体交换外，培养系统不与外部环境进行物质交换，培养体积固定。当培养基中的营养物质耗尽时，细胞的分裂和生长停止，完成培养过程，将细胞和产物一次性收获。成批培养细胞的生长曲线呈现典型的 S 形（图 4-7）。细胞经历一个延滞期后进入对数生长期，随后细胞增殖速度减慢，直至停止分裂进入静止期。

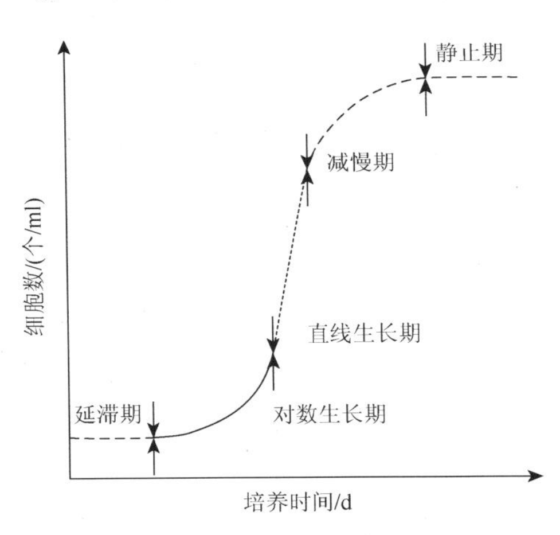

图 4-7　成批培养细胞的生长曲线

4.2.2　连续培养

连续培养是指用一定容积的但非密闭的反应器来进行大规模细胞培养的方法。在培养过程中，为了防止衰退期的出现，在细胞达到最大密度之前，以一定速度向生物反应器连续添加新鲜培养液，排掉等体积用过的培养液，培养液中营养物质能不断得到补充，使细胞保持在增殖最快的对数生长期，培养体积保持恒定。连续培养又可分为封闭式连续培养（closed continuous culture）和开放式连续培养（open continuous culture）。

1. 封闭式连续培养

在封闭式连续培养中，新鲜培养液的加入和旧培养液的排出平衡进行，在排掉用过的培养液时，将随排出液流出的细胞再用机械方法收集后放入原培养系统中，因此培养系统中总的细胞数量在不断增加。

2. 开放式连续培养

在开放式连续培养中，细胞随排出培养液一起流出，且速度恒定。在稳定状态下流出的细胞数相当于培养系统中新细胞的增加数。开放式连续培养用途更广泛。开放式连续培养系统中保持细胞密度恒定的方式分为浊度恒定法和化学恒定法（图4-8）。

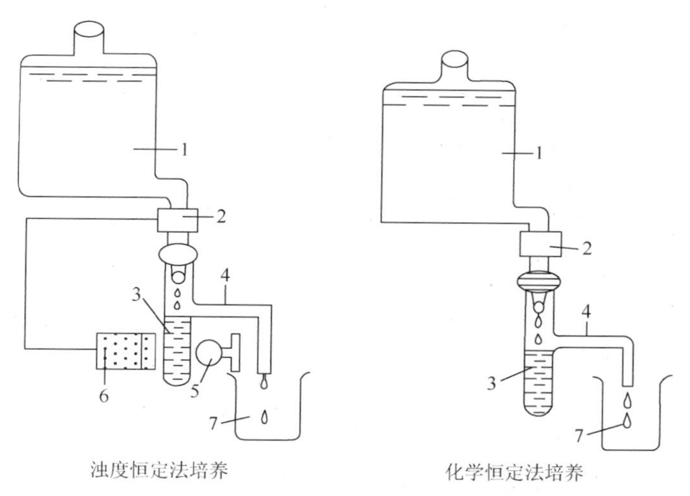

图4-8　开放式连续培养装置

1. 培养基容器；2. 控制流速阀；3. 培养室；4. 排出管；5. 光源；6. 光电源；7. 流出物

（1）浊度恒定法　这是用浊度计选定一种细胞密度，定量测定培养液中的细胞浊度，通过控制培养液流入量使悬浮培养液浊度恒定，从而使细胞生长速率在一定的限度内保持恒定，通常控制在对数生长期。

（2）化学恒定法　这是将新鲜培养基的某一种激素或营养成分调节为生长限制因子浓度，并以恒定速率输入，从而使细胞增殖保持在一种恒定状态。

连续培养适于大规模工业化生产，但由于需要的设备比较复杂，投入较大，要维持细胞无菌状态，技术条件要求相当苛刻，因此并未得到广泛应用。

4.3　植物细胞的规模化培养

目前，许多植物来源的化合物还不能人工合成，而是直接从栽培或野生植物中分离提取。利用植物细胞培养技术生产的次级代谢产物已被人类广泛应用，一些天然成分如紫杉醇、紫草宁、迷迭香酸和人参皂苷等已进入工业化生产阶段（图 4-9）。例如，我国在人参、红豆杉、毛地黄和长春花等植物细胞规模化培养领域取得了长足进展，有些已进入中试阶段并有一定的产品投放市场。

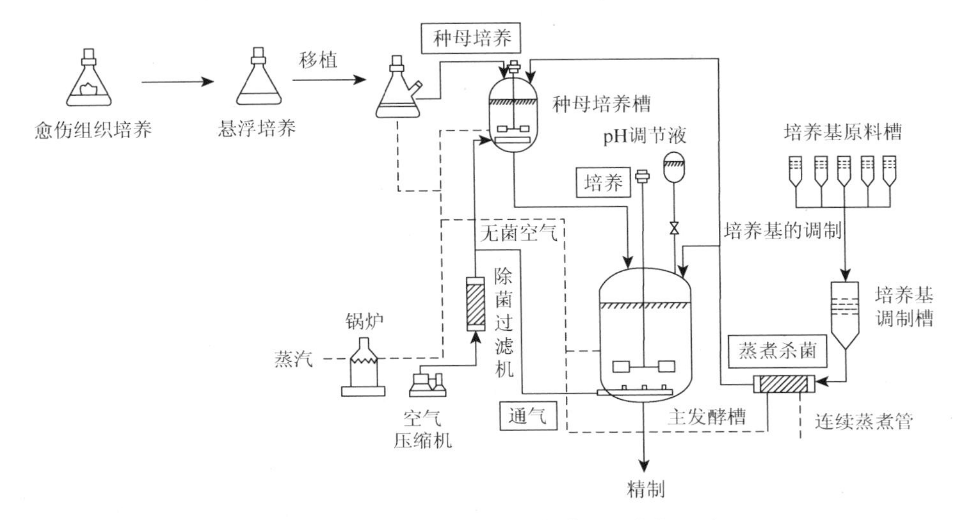

图 4-9　细胞大规模培养的工程体系（周维燕，2001）

4.3.1　细胞规模化培养体系的建立

植物细胞规模化培养的目的是进行植物次级代谢产物的生产，细胞培养技术的设计与优化的关键是提高代谢产物的产量。因此，必须在建立培养体系的起始就选择高生产潜力的细胞系，然后通过一系列技术控制，全面提高培养细胞进行次级代谢产物的合成能力。植物细胞规模化培养体系的建立通常包括材料选择与初始培养、细胞系（cell line）筛选、细胞系的增殖与扩大培养，以及鉴定和提取等几个环节（图 4-10）。

1. 材料选择与初始培养

不同植物产生的天然产物种类与含量不同，因此在确定通过细胞培养生产某种天然产物以后，首先必须准确选择能够产生目的天然产物的植物种类及其品种或单株。此外，由于天然产物一般为植物细胞的次级代谢产物，而植物次级代谢产物的合成与积累往往具有组织器官特异性。因此，在建立细胞规模化培养体系时，应选择自然状态下高效合成天然产物的器官、组织为外植体。

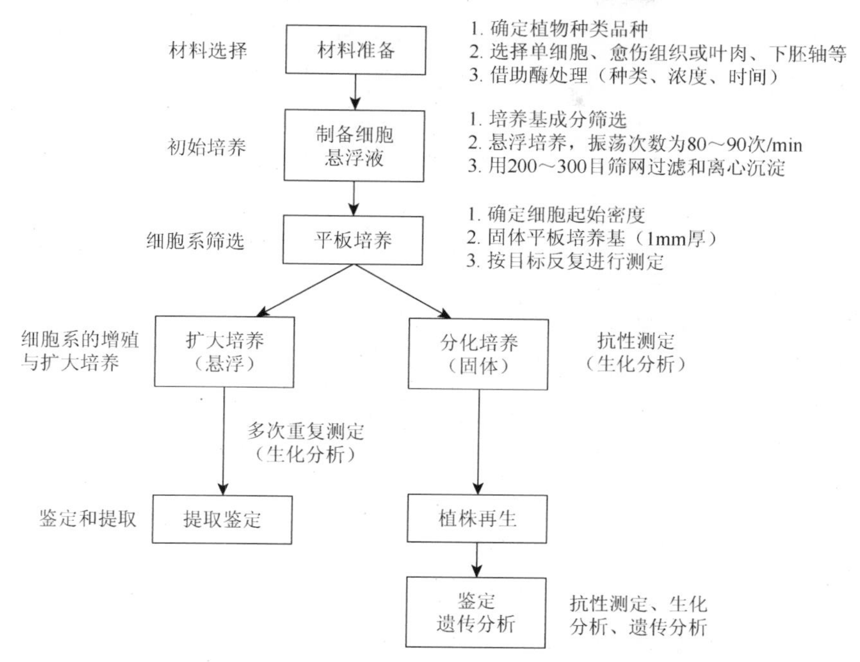

图 4-10　单细胞培养程序（周维燕，2001）

在选择好起始培养材料后，首先应建立培养细胞系，初始培养细胞的来源可以是外植体离体培养产生的愈伤组织，也可由植物的组织、器官等通过酶解获得细胞，由愈伤组织建立悬浮培养细胞系是目前细胞培养中广泛采用的一种方法。在诱导愈伤组织时，一般是选取幼嫩的组织或器官为外植体，如茎尖、幼叶、胚轴、幼胚等。将所选择的外植体经消毒后接种于适宜的培养基上，并附加适当种类和数量的植物激素，在适宜的培养条件下，一般经过 3～4 周的培养即可产生愈伤组织。然后选择颜色浅、生长快、疏松易散碎的愈伤组织进行多次继代，以增加愈伤组织的松散性和扩大愈伤组织的数量。在继代培养中要注意生长素、细胞分裂素及其他附加物的种类和数量，以培养出生长旺盛且质地疏松易于分散的愈伤组织。

在建立悬浮培养细胞系时，细胞来源除由愈伤组织获得外，也可以选择易于分散的花粉为起始材料；或选择叶片、根尖、髓组织等为起始材料，再经酶解得到游离的单细胞。

2. 细胞系筛选

在组织培养中，一般将来自于同一个单细胞的细胞团称为细胞株或细胞系。用于生产次级代谢产物的细胞，应当具有生长快、遗传稳定、有效成分含量高、适合悬浮培养等特点。但在大多数情况下，由起始材料建立起来的培养细胞通常是一个异质的细胞群体，不同细胞间在次级产物合成和积累的能力上存在很大差异。李志勇等（2002）比较研究了 10 个稳定的大蒜细胞悬浮系各自的 SOD 合成能力，发现不同细胞系间 SOD 合成能力存在显著差异，合成能力最高的细胞系是合成能力最低细胞系的 4.56 倍。因此，在细胞规模化培养中，依据细胞合成次级代谢产物能力的不同，筛选高合成能力的细胞系是非常必要的。

高产细胞系的分离通常采用平板培养的方法，即将制备的较为纯净的细胞悬浮液，以一定的培养密度接种在 1mm 厚的薄层固体培养基上，然后在倒置显微镜下找出周围没有其他细胞的单细胞，并在培养皿外相应的位置做好标记，放置适宜条件下培养。待标记的各个单细胞分裂形成细胞团后，将各细胞系分离出来进行分别培养，然后根据不同的培养目的对各细胞系进行鉴定和测定，从中筛选出高抗、高品质、高产，即对某种氨基酸、生物碱、酶类、萜类、甾体类、天然色素类等合成能力强的细胞系。

3. 细胞系的增殖与扩大培养

在筛选获得高产细胞系后，需要通过细胞系的增殖与扩大培养获得一定数量的细胞群体，为细胞的规模化培养准备种子细胞。大规模培养体系的建立是指用生物反应器进行细胞培养，并对各项培养参数进行优化，为目的次生代谢产物的工业化生产做好准备（图 4-11）。

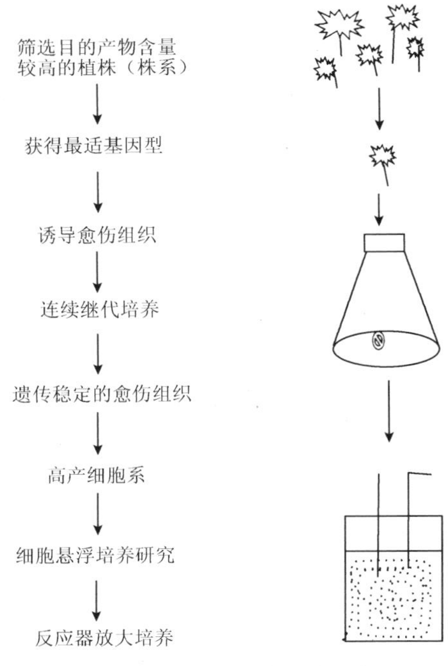

图 4-11　大规模培养体系的建立

在种子细胞系的增殖初期，一般采用液体振荡培养的方法来扩大种子细胞的数量，培养体积一般从几百毫升到几升逐级放大。在细胞系不断扩大培养过程中，应不断检测因培养体积的增大所引起的细胞生长特性和目的产物含量的变化情况。当种子细胞增殖到一定数量后，可将其转入体积较小的生物反应器进行模拟培养，进一步明确规模化培养下的细胞生长特性、次级代谢产物合成规律及培养条件的控制等情况，为利用大体积的生物反应器进行工厂化生产提供技术参数。

根据对单细胞系的鉴定和测定结果，选择相应的细胞系也可用于其他培养目的，如诱导细胞分化形成植株，或用于细胞分裂分化过程的机制研究等。要使单细胞或小细胞团形成再生植株，首先应使其分裂增殖形成愈伤组织，可采用液体悬浮培养、平板培养、看护培养等方法继续培养筛选出来的细胞系，以获得大量具有分化能力的愈伤组织。当愈伤组织直径达到 1.5～2.5mm 时，便可转移到分化培养基上，调节好植物激素的种类和浓度，使其通过器官发生途径形成芽、根或经胚胎发生途径形成胚状体，并经进一步培养获得完整的再生植株。

4. 鉴定和提取

在细胞规模化培养过程中，虽然有一些高产细胞系的产量可以长期保持稳定，但在多数情况下经过连续的长期继代培养，细胞变异是不可避免的。因此，在通过细胞培养生产次级代谢产物时，应及时提取和测定细胞中的生化产物，以确定培养细胞是否合成或是否高效率合成某些有效成分。在细胞的大规模连续培养中，培养细胞在遗传上和后生遗传上常存在不稳定性，为了保证次级代谢产物生产，应对能够合成有效生化产物的细胞进行不断的选择，并淘汰不能合成或合成效率低的细胞。另外，采用超低温保存高产细胞系也是有效的措施之一，在−196℃的超低温保存条件下，细胞系的生活力和高产特性可以长期得以保持。

4.3.2　培养基的选择

培养基中的营养成分应该首先能使培养的细胞或组织达到所希望的生长速度，当然，这与细胞株的选择也有关系。细胞总体的倍增时间（doubling time）一般为 1d 左右，这种速度对微生物而言是很慢的，但对植物细胞来说，已经可以采用了。另外，其组成应有益于次生物质的合成和积累。但许多研究表明，适合细胞生长的培养基并不一定适合目的产物的生产。因此，在植物细胞大规模培养中常采用两步培养法，即首先将细胞培养在生长培养基上，促进细胞快速增殖，然后转移到生产培养基上促进细胞合成目的次生代谢产物。

1. 植物生长物质

植物生长物质对培养细胞中次生物质的合成起着重要作用，但其不同种类和浓度对各种次生产物的产生有不同影响，在使用时应通过实验来确定。例如，在海巴戟（*Morinda citrifolia*）的悬浮培养中，用 2, 4-D 代替同样是生长素的 NAA 可以使其蒽醌的产量增加 30 倍。在紫草属培养中，右旋紫草素的形成受 2, 4-D 或 NAA 抑制，但几乎不受天然生长素 IAA 的影响。

2. 前体

在利用植物细胞培养生产次级代谢产物的过程中，有时目的产物的得率不理想，可能的原因之一就是缺少合成这种代谢物所必需的前体物质。在这种情况下，如果在培养基中加入外源前体，就有可能使目的产物的产量大大提高。例如，将 100mg/L 的胆甾醇加到三角叶薯蓣（*Dioscorea deltoidea*）的培养基中，可使薯蓣皂苷产率增加一倍。但是，由于植物细胞的次级代谢是一个复杂的生理生化过程，对某一产物来讲可能有多种前体，而同一种前体物质又可能有多条代谢途径，从而形成不同的产物。因此，应该在充分了解目的产物代谢途径的前提下，针对其合成的关键生化过程添加相应的前体。当然，要真正做到这一点是十分困难的。例如，在紫草的培养中，加入右旋紫草素的直接前体对羟基苯甲酸，无益于右旋紫草素的增加；而加入结构更简单的 L-苯丙氨酸，却能使右旋紫草素产量增加 3 倍以上。前体加入的时间也常常影响培养效果，在培养长春花细胞时，如果在培养到第 2 周或第 3 周时加 100mg/L 色胺，能促进生物碱的合成；但若在培养一开始就加入前体，则对细胞生长和生物碱的合成有抑制作用。水母雪莲细胞培养中，在培养 6d、细胞进入快速生长期时，加入前体物质比较有利于细胞的生长和黄酮的合成。另外，提供前体的量也很重要。例如，在曼陀罗细胞培养中加入少量的氢醌时，目的产物熊果苷的产量增加；但若加入剂量过大，则会使细胞死亡。在实际应用中还应考虑添加前体的费用问题，若太贵则不实用。

3. 诱导子

诱导子（elicitor）也称为激发子，是指能引起植物细胞某些代谢强度或代谢途径改变的物质。从来源上可以分为非生物诱导子和生物诱导子两类：非生物诱导子（abiotic elicitor）是指紫外线辐射、金属离子、水杨酸和乙烯等；生物诱导子多来源于微生物，如经过处理的菌丝体、微生物提取物和微生物产生的多糖、蛋白质及植物细胞壁的分离物等，目前应用较多的是真菌诱导子。

植物的次级代谢除了与自身的遗传和发育基础有关外，通常还和诱导子有关。

在一些不良环境或有微生物入侵的情况下，细胞的次级代谢活动往往显著加强。而且研究显示，由环境刺激引起的代谢及其积累的产物大多也是培养细胞的目的产物。因此，合理地利用这些诱导子，就有可能提高目的产物的含量。例如，在延胡索植物细胞培养中，以蜜环菌发酵液作诱导子显著促进了原鸦片碱的合成。诱导子促进次生产物积累的作用与其种类和浓度有关，也受添加时间等的影响，不同植物和不同细胞系对不同诱导子的反应不同。

4.3.3　培养条件的选择

1. 光

很多研究表明，细胞培养中光照时间的长短及光质和光强对不少次生产物的生产都有影响。例如，光照通常刺激类胡萝卜素、类黄酮类化合物、多酚类及质体醌类等化合物的形成。欧芹细胞在黑暗条件下可以生长，但只有在光照条件下，尤其是在紫外线的照射下，才能形成类黄酮化合物。又如，芸香培养物在光下和暗中产生的挥发油的化学组成有区别；蓝光或强白光抑制紫草属茎愈伤组织中吉枝烯和前吉枝烯的合成等。

2. 温度

培养植物细胞通常都在 25℃左右的温度下进行，但是不同的细胞培养物的最适生长温度不同，不同次生代谢物的合成和积累在不同温度下也有差异；即使是同种细胞培养物，其产生目的产物的最适温度和细胞生长的最适温度也可能不同。这种情况下，一般是先将植物组织培养在适宜于其生长的温度下迅速增殖，然后在适于次生产物合成的温度下大量产生目的产物。例如，薄荷愈伤组织在 28℃下的叶绿素总量较 25℃下的高。胡萝卜愈伤组织经低温处理后，形成了花青苷。把烟草幼苗保持在 27℃下比分别保持在 21℃和 32℃下生物碱含量要多 100%～200%。草莓细胞在培养的前 3 天温度控制在 30℃，后转为 20℃，经此温度转换的两步培养，花青苷产量提高了 2 倍多。

3. pH

植物细胞培养 pH 一般在 5.6～6.0，但不同植物对 pH 的要求可能会有差异。Veliky（1977）曾报道，如果 pH 稳定在 6.3，甘薯细胞培养物产生的次级代谢产物的量比不控制 pH 时的量几乎高 1 倍。但是，在一般的培养过程中，培养基的 pH 可能有很大变化。显然，这对培养物的生长和次级代谢物的积累是不利的。因此，配制培养基时应注意使其得到良好的缓冲，有时加一些 CH 或 YE 等有机成分也可起到一定的缓冲效果。

4.4　植物细胞的生物反应器

一般来说，适合植物细胞悬浮培养的反应器应该具有合适的氧传递、良好的流动性和低的剪切力等特点。目前已有多种类型的生物反应器被用于植物细胞培养，在实际应用中，应根据植物细胞的种类和特点进行选择。

4.4.1　植物细胞悬浮培养生物反应器

1. 机械搅拌式生物反应器

机械搅拌式生物反应器（stirred tank bioreactor）是在微生物培养时用的搅拌式发酵罐的基础上改进而来的（图 4-12）。其原理是利用机械搅动使细胞得以悬浮和通气。搅拌式反应器一般由罐体、搅拌桨、控温系统、气路、传感器等组成，依靠搅拌器使液体产生轴向流动和径向流动。机械搅拌式反应器能够得到充分的搅拌，高密度培养时其供氧能力和混合效果要优于气升式生物反应器。

2. 气升式生物反应器

气升式生物反应器是利用通入反应器的无菌空气的上升气流带动培养液进行循环，使供氧和混合两种作用融为一体的一类生物反应器。按照结构的不同，气升式生物反应器又可分为内循环和外循环两种形式（图 4-13）。

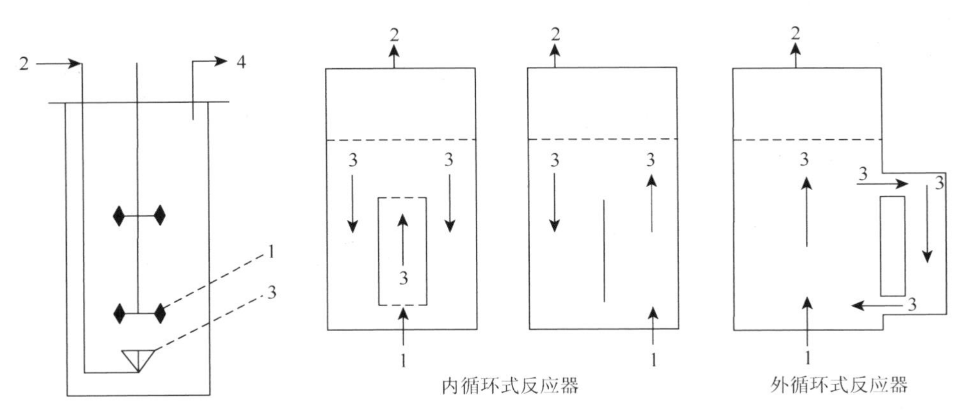

图 4-12　机械搅拌式生物反应器

1. 搅拌器；2. 无菌空气入口；3. 空气分布器；4. 空气出口

图 4-13　气升式生物反应器

1. 进气口；2. 排气口；3. 气流循环方向

3. 鼓泡式生物反应器

鼓泡式生物反应器（bubble column bioreactor）又称为鼓泡塔式生物反应器，是利用从反应器底部通入的无菌空气产生的大量气泡，在上升过程中起到供氧和混合两种作用的一类反应器（图 4-14）。气体分布器一般位于反应器底部中央，气体从底部通过喷嘴或孔盘进入反应器。它不含转动部分，整个系统密闭，易于无菌操作。

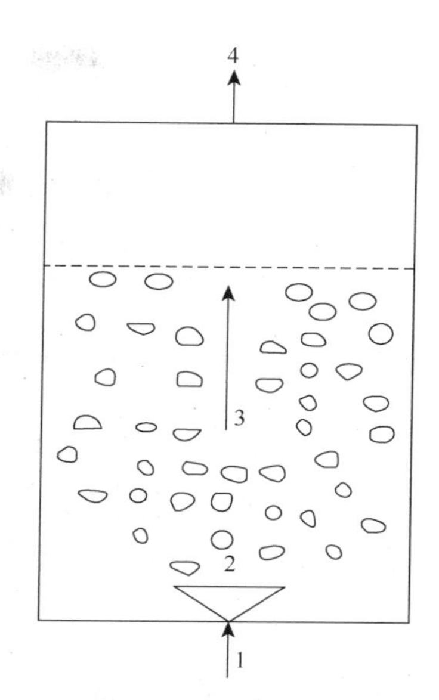

图 4-14　鼓泡式生物反应器

1. 进气口；2. 空气分布器；3. 气流方向；4. 排气口

4. 转鼓式生物反应器

转鼓式生物反应器（rotating drum bioreactor）是一种新型生物反应器，通常是通过转盘或转鼓的旋转达到混合的目的（图 4-15）。其转子的转动促进了液体中溶解的气体与营养物质的混合，所以具有悬浮系统均一、低剪切环境、供氧效率高、防止细胞贴附等优点。

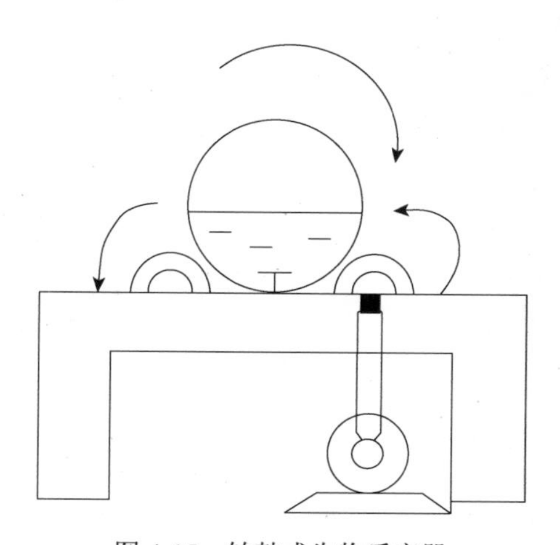

图 4-15　转鼓式生物反应器

4.4.2　植物细胞固定化生物反应器

根据植物细胞固定方法的不同，固定化植物细胞反应器可分为流化床生物反应器（fluidized-bed bioreactor）、填充床生物反应器（packed-bed bioreactor）和膜生物反应器（membrane bioreactor）。

1. 流化床生物反应器

流化床生物反应器是一种循环式反应器，利用流体（液体或气体）的能量使支持物颗粒处于悬浮流化状态，固定化细胞及气泡在培养液中悬浮翻转吸收营养而得以培养（图 4-16）。流化床生物反应器中，细胞包裹于胶粒、金属或泡沫颗粒中，通过空气和培养基在反应器内的流动使固相化细胞呈流态化悬浮。

2. 填充床生物反应器

在填充床生物反应器中，细胞固定于支持物表面或内部，支持颗粒堆叠成床，培养基在床层间流动，实现物质的传递和混合（图 4-17）。填充床生物反应器的优点是单位体积细胞较多，对于具有群体生长特性的植物细胞，由于改善了细胞之间的接触和相互作用，可以提高次级代谢物的产量。

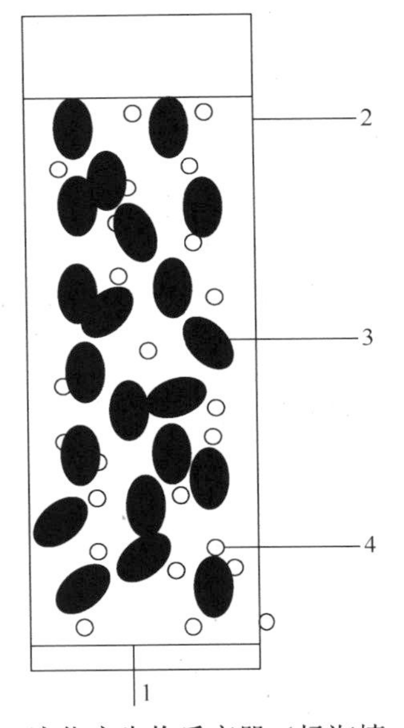

图 4-16　流化床生物反应器（杨淑慎，2009）

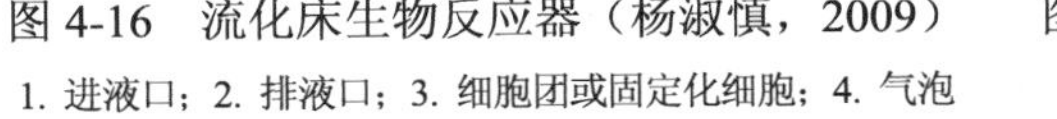
1. 进液口；2. 排液口；3. 细胞团或固定化细胞；4. 气泡

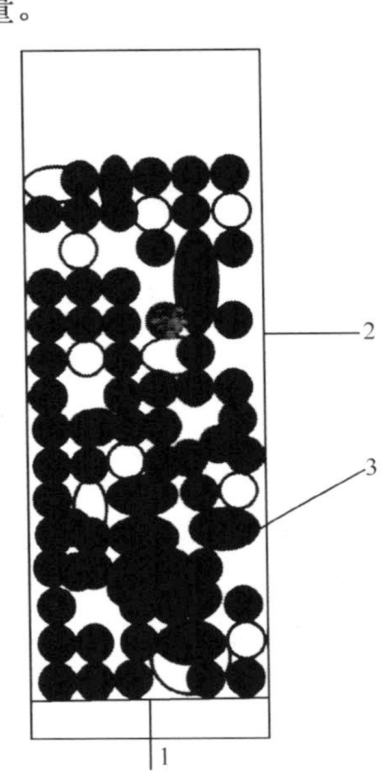

图 4-17　填充床生物反应器(杨淑慎，2009)

1. 进液口；2. 排液口；3. 固定化细胞

3. 膜生物反应器

膜生物反应器是将植物细胞固定在具有一定孔径和选择透性的多孔薄膜中而制成的一种生物反应器。根据细胞与膜的关系，膜生物反应器又分为两种类型：一种是将细胞固定在膜上，如常用的中空纤维膜反应器（hollow fibre reactor），是使细胞生长在膜的外表面，而让培养基从中空纤维管的内膜中循环通过；另一种是将细胞包裹在超滤膜内侧，让营养物和目的产物可自由通过膜交流，而细胞始终留在膜内。

（1）中空纤维膜反应器　中空纤维膜反应器是最常用的固定化细胞设备，是由外壳和乙酸纤维等高分子聚合物制成的中空纤维组成的（图4-18）。通常是在一个外壳内包有一个或多个中空纤维。中空纤维的壁上分布有许多微孔，可以截留植物细胞而允许小分子物质透过。植物细胞被固定在外壳和中空纤维的外壁之间，培养液和空气在中空纤维管内流动，透过微孔供给细胞生长和新陈代谢，细胞生成的次生代谢产物分泌到细胞外以后，再透过中空纤维微孔，进入中空纤维管，随着培养液流出反应器。收集流出液，可以从中分离得到所需的次生代谢产物，分离后的流出液则可以循环使用。

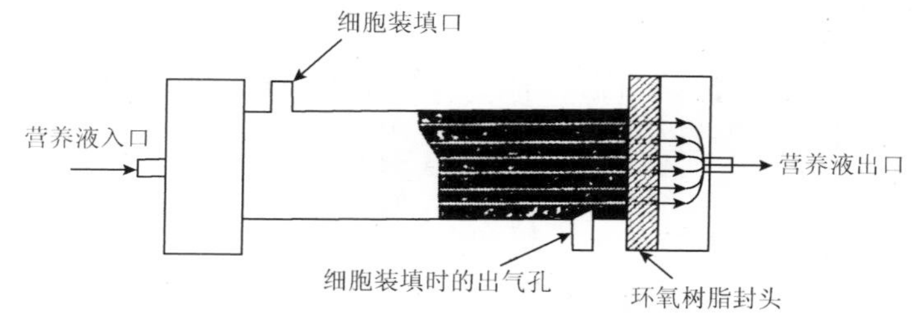

图4-18　中空纤维膜反应器

（2）螺旋卷绕反应器　螺旋卷绕反应器（spiral wound reactor）是将固定有细胞的膜卷绕成圆柱状，实质上是卷成圆筒形的平板反应器（图4-19）。与海藻酸盐凝胶固定化相比，此种膜反应器的操作压下降较低，流体动力学易于控制，易于放大，而且能提供更均匀的环境条件，同时还可以进行产物的及时分离以解除产物的反馈抑制。

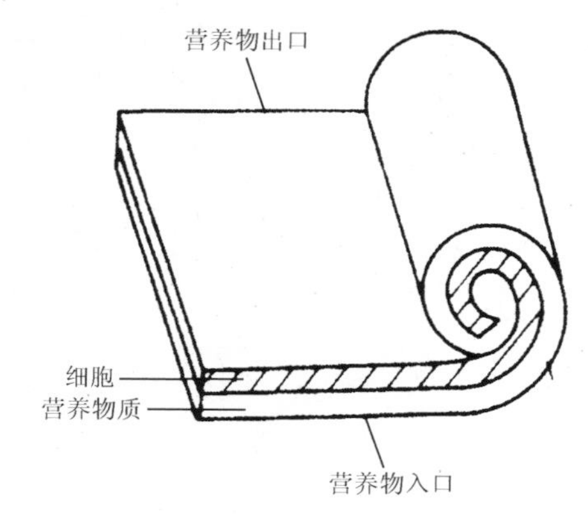

图4-19　螺旋卷绕反应器（杨淑慎，2009）

（3）平板膜反应器　平板膜反应器（flat membrane reactor）同中空纤维膜反应器相比，单位体积的比表面积要小得多，而且通常膜设备没有足够的机械强度，需附加膜支撑物。

平板膜反应器分为单膜式和双模式（图4-20）。单模式反应器膜孔径的大小对传质阻力的影响明显不同，过小（0.4～0.6μm）会造成传质阻力过大，导致细胞营养物供应不足，在操作数天后，细胞会褐化，胞内物质含量减少。选用适当孔径的膜（125μm），可以长时间地进行操作，且细胞可维持良好的代谢状态。

膜反应器是近年来的研究热点，现在开发的膜反应器还有管式膜反应器和多膜反应器等，但构建膜反应器的成本较高。综上所述，不同的反应器有不同的特点，实际应用时，应根据所培养细胞的类型和特性的不同进行设计和选择。

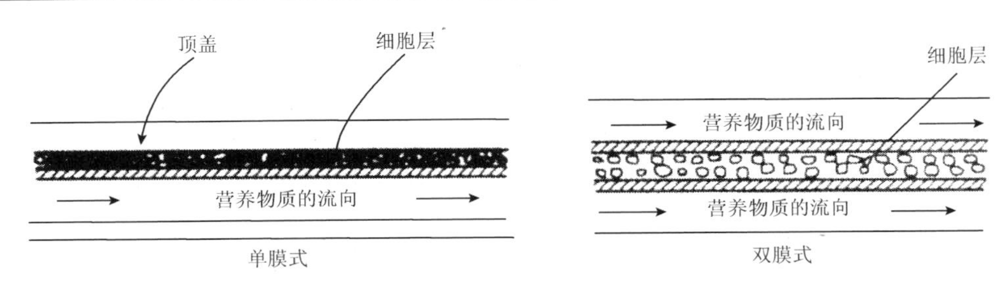

图 4-20 平板膜反应器

4. 植物固定化细胞培养系统

细胞固定化是指游离的细胞包埋在包埋剂如海藻酸盐、琼脂糖、聚丙烯酰胺等中，或使其附着在尼龙网、聚氨酯泡沫、中空纤维等上，培养液呈流动状态进行培养的技术。

（1）细胞包埋固定化方法　植物细胞常用的包埋剂主要是一些多糖和多聚化合物，简介如下。

1）海藻酸盐固定化。海藻酸盐是由葡萄糖醛酸（glucuronic acid）和甘露糖醛酸（mannuronic acid）组成的多糖，在钙离子或其他多价阳离子存在时，糖中的羧基和阳离子之间形成离子键，从而形成凝胶；当加入钙离子络合剂如磷酸、柠檬酸或 EDTA 等时，这种凝胶就能溶解释放出细胞。凝胶的稳定性随聚合物浓度的提高而增加，但若浓度太高，则会导致细胞-海藻酸盐悬液非常黏，从而影响颗粒的形成，因而要在凝胶稳定性和可操作性之间做出折中的选择。海藻酸盐的类型和来源不同，用于固定化的浓度也应进行调整。

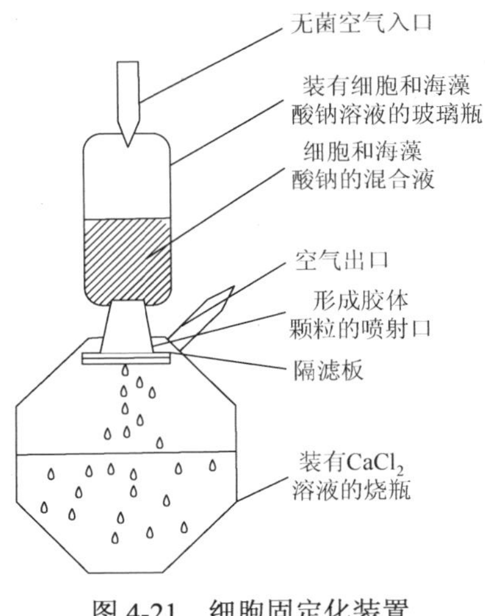

图 4-21 细胞固定化装置

实验室小规模固定化可用无菌注射器进行。首先，选择适合细胞生长的液体培养基，配制 2%～5%的海藻酸钠溶液，高压灭菌。要避免灭菌过度，因为海藻酸钠在加热时会水解，从而导致凝胶强度降低。混合植物细胞和海藻酸钠凝胶，将混合悬液装入塑料注射器中，慢慢滴入盛有 50mmol/L $CaCl_2$ 的三角瓶中，不断轻轻搅拌，以便形成球形颗粒。形成的颗粒在溶液中保持 30min，过滤收集颗粒，用含有 50mmol/L $CaCl_2$ 的培养基清洗后，转入装有培养基的摇瓶中培养。大规模固定化的步骤基本类似，但要采用专门的装置（图 4-21）。

2）卡拉胶固定化。卡拉胶（carrageenan）又称为角叉藻聚糖，是一种在钾离子存在条件下，能形成较硬凝胶的聚磺酸多糖（polysulfonated polysaccharide）。和海藻酸盐一样，植物细胞能包埋于这种聚合物中。不同的是，该聚合物溶液必须在一定的温度下才能保持液态，而且将细胞-卡拉胶悬液滴入含钾离子的培养基中时，所形成的颗粒形状和大小不如海藻酸钠颗粒均匀。根据使用的卡拉胶不同，保持其呈液态的温度也不一样。

（2）固定化生物反应器　适合于植物细胞固定化培养的生物反应器系统主要有流化床生物反应器和填充床生物反应器（图 4-22），一般主要适合向胞外分泌产物的细胞培养。

流化床生物反应器中，通过通入空气使固定化细胞悬浮于反应器中。传质效率高，但剪切力或碰撞会破坏固定化的细胞。

填充床生物反应器中，细胞固定在支持物内部或表面，细胞固定不动，通过流动的培养液实现混合与传质。其优点是单位体积容量大；缺点是混合效率低，易造成传质困难，固定床颗粒或支持物碎片会阻塞液体的流动等。

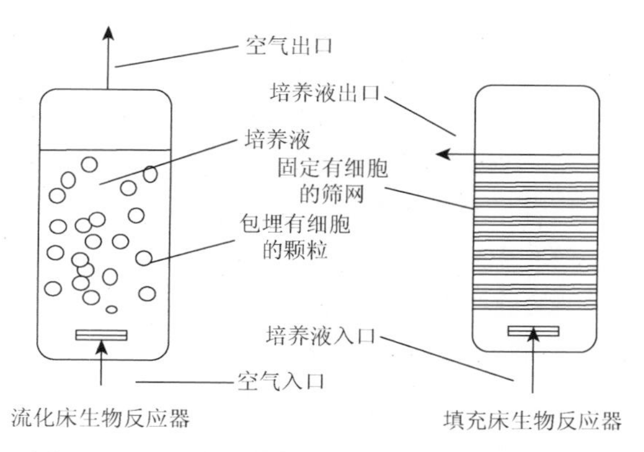

图 4-22　流化床生物反应器和填充床生物反应器

（3）膜生物反应器　膜生物反应器（membrane bioreactor）是采用具有一定孔径和选择透性的多孔薄膜来固定细胞进行培养的生物反应器。常用的是中空纤维反应器（hollow fiber reactor），中空纤维可用聚砜（polysulphone）、纤维素、乙酸纤维素（cellulose acetate）、聚丙烯、聚甲基丙烯酸甲酯（polymethylmethacrylate）等多种高分子聚合物制成。管壁上分布有许多微孔，可以截留细胞而允许小分子物质通过。在中空纤维反应器中（图 4-23），细胞可以固定在中空纤维管外，培养液和空气在中空纤维管内流动，透过微孔供细胞生长和代谢之需。细胞分泌的代谢物可以通过微孔进入管内，随着培养液流出反应器，但这种方法只适用于向细胞外分泌的代谢产物的生产。

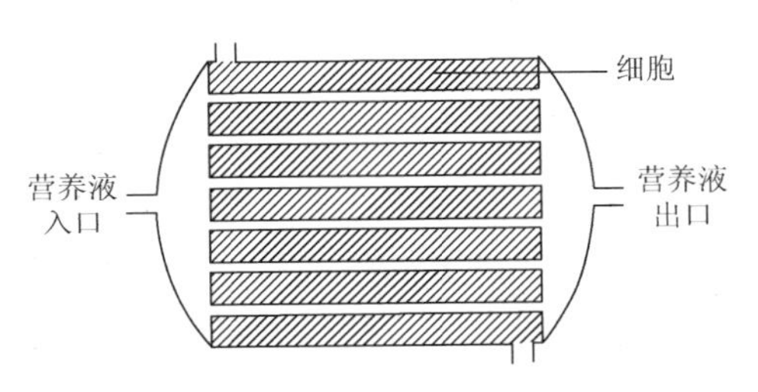

图 4-23　中空纤维反应器

5. 雾化生物反应器

超声波使培养液形成细小的雾滴，雾滴通过气体的带动和重力作用在反应器内流动，为被培养的植物组织、器官（如毛状根）提供营养，这种生物反应器称为雾化生物反应器（mist bioreactor）。由于采用雾化方式提供营养成分，营养液在反应器中能迅速扩散，分布均匀，避免了传统反应器中搅拌桨和通气培养对植物组织产生的剪切力损伤；同时，被培养的植物组织、器官均暴露在气体中，可以减少传质尤其是氧传递的限制，还可避免因长期液体浸没培养物而带来的玻璃化和畸形化现象。雾化反应器相对于传统的生物反应器而言，具有结构简单、操作方便、成本低等特点，且其次生代谢产物的产量高，因此雾化反应器是植物器官培养比较合适的反应器体系。其缺点是培养体系放大比较困难，主要原因是在雾化培养过程中，需要植物材料尽可能地散开，才能不影响营养雾的弥散，这样在相同反应器体积下所培养的材料数量就大大降低了。

1999 年，刘春朝等利用新型的内环流超声雾化生物反应器进行青蒿（*Artemisia carvifolia*）不定芽多层培养生产青蒿素（图 4-24）。在该雾化反应器中，营养雾沿中心导流筒上升并由其顶端和各开孔处溢出后从环隙落下，2～3min 后营养雾便可

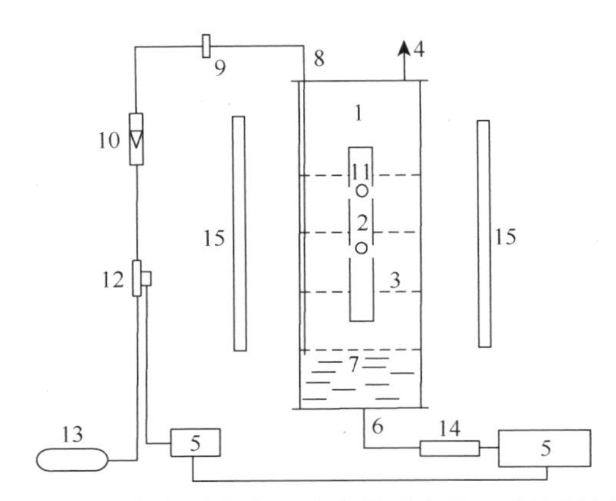

图 4-24　超声雾化内环流生物反应器工艺流程图

1. 反应罐体；2. 导流筒；3. 不锈钢网；4. 出气通道；5. 时间继电器；6. 雾化片；7. 培养液；8. 进气管道；9. 空气过滤器；10. 流量计；11. 导流筒上的小孔；12. 电磁阀；13. 气泵；14. 雾化装置；15. 照明灯

充满整个反应器。青蒿不定芽在此反应器中生长健壮，形态正常，无玻璃化现象产生。在培养后期，青蒿不定芽长满整个培养空间，部分不定芽可生根。当雾化周期为3min/90min（雾化时间/间隔时间）、通气量为0.5L/min时，经25d分批培养，青蒿素产量为46.9mg/L，分别为固体培养和摇瓶培养的2.9倍和3.2倍。

6. 间歇浸没生物反应器

间歇浸没生物反应器（temporary immersion bioreactor system，TIBs）是以经过过滤的空气压力为动力，将培养材料在培养液中间隔浸泡培养的一种设备，由储液槽和培养室两部分构成，一般前者低于后者。在压缩机的作用下将储液槽中的培养液压至培养室，使得培养室中的培养材料浸没在培养液中以吸收养分，当压缩机停止工作后，培养室中的培养液在重力下返回储液槽（图4-25），浸没周期可调。这种培养方式既能保证植物材料合适的养分吸收，又能提供充分的氧气供应，为植物在液体培养过程中提供了一个良好的环境。该生物反应器最大的优点是降低培养液对培养材料的剪切力、避免了悬浮培养时气体交换不充分和组织玻璃化严重等问题，比较适合植物组织和器官培养，已经应用于黄芩等多种药用植物的组织培养中。

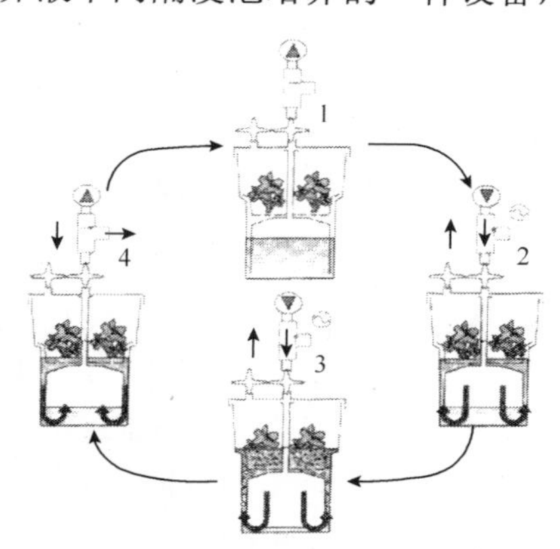

图4-25　间歇浸没生物反应器

1. 培养液和培养材料分离阶段；2. 培养液在气压作用下进入培养室；3. 培养材料浸没在培养液中；4. 培养液在重力作用下返回储液槽

4.5　植物细胞培养生产次生代谢产物

由于资源短缺和需求量不断增加，依靠传统的提取途径来制备植物次生代谢产物已经很难满足人类的需求。随着植物细胞培养技术的发展，各种新型生物反应器的问世，利用生物反应器来大量培养植物细胞生产次生代谢产物成为一个有效的途径。

4.5.1　植物细胞大规模培养生产次生代谢产物的基本程序

基本程序：诱导植物产生旺盛生长的愈伤组织和悬浮细胞系；筛选高产细胞系；在生物反应器中进行大规模培养，从而获得所需的次生代谢产物（图4-26）。

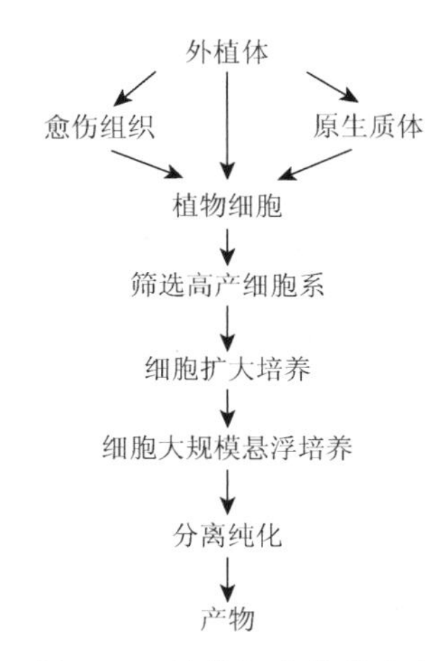

图 4-26　植物细胞培养生产次生代谢产物的一般工艺流程

1. 优良细胞系（株）的建立与筛选

适合工业生产用的细胞株的一般筛选流程如下。

（1）诱导与培养愈伤组织　由于植物次生代谢产物的产生具有组织和器官的特异性，因此取材时应选择目标化合物高产的器官作为外植体，诱导培养形成愈伤组织。在愈伤组织培养成功后，每隔 30～40d 将愈伤组织切割成小块并转接到新配制的与初代培养相同的培养基上继代培养。经过几次继代培养，即可获得大量的愈伤组织。

（2）分离单细胞　选取生长快速而且疏松的愈伤组织，转移到液体培养基中进行振荡培养，可以适量加入少量果胶酶，使细胞团分散成单个细胞。这时培养基中和瓶壁上有大量单个细胞和小细胞团，可以将其收集后，转移到新鲜液体培养基中，放在摇床上进行再次继代培养。

（3）筛选细胞株　为了获得能适合大规模悬浮培养和生长快速并稳定的细胞系（株），应对培养细胞进行反复多次由固体培养转入液体培养，再转入固体培养的驯化和筛选，这样得到的细胞株比原始愈伤组织在悬浮培养中生长快得多。

（4）保存细胞株　筛选得到的细胞株需要很好地保存，可采用三种方法：①继代培养保存法。悬浮培养的细胞每隔 1～2 周换液进行一次继代培养，适合于短期保存。②低温保存法。一般选择 5～10℃的温度下培养，每隔 10d 左右更换一次培养液。③冷冻保存法。包括–20℃低温保存、–196℃超低温保存。

2. 扩大培养

将筛选到的优良细胞株采用逐级增大体积的容器经多次扩大繁殖，得到大量培养细胞，作为大规模培养的生产种。用作扩大培养的容器可以是摇瓶，即 1000～3000ml 的三角瓶。在培养过程中，要经常鉴定细胞株，并进行纯化，防止细胞株退化和变异。

3. 大型生物反应器培养

将得到的优良细胞株接种到大型生物反应器中，采用成批培养、半连续培养或连续培养等方法，生产次生代谢产物。

4.5.2　提高植物次生代谢产物产量的途径与方法

自 20 世纪 70 年代以来，尽管人们对植物细胞培养生产次生代谢产物进行了大量的研究，但植物细胞生长速度缓慢和产生的有效成分含量低而导致生产成本过高限制了该技术的广泛应用。在植物细胞培养的研究、生产中，选择高产细胞系（株），寻求合适的培养条件和培养技术，提高植物细胞生长速度和次生代谢产物的产量是实现植物细胞工业化生产的先决条件。

1. 筛选得到高产细胞系（株）

高产细胞系（株）的选育是提高次生代谢产物的产量、降低其生产成本的重要途径。研究表明，生长迅速且未分化的培养细胞一般不含或很少含有原植物细胞所含有的次生代谢产物。次生代谢产物的合成通常要求某种分化、生长缓慢的细胞，这可能是由于分化细胞、组织的代谢阻断了酶对有用物质的降解，以及分化的某些结构（如液泡、树脂导管、乳胶导管）有利于有用物质的积累。因此，在培养细胞中要筛选出次生代谢产物合成能力强且生长速度较快的细胞株，需要相对较长的时间和细致耐心的工作。为了提高次生代谢产物在细胞中的含量，可以通过细胞诱变和放射免疫测定法相结合的单细胞克隆技术，筛选次生代谢产物合成能力稳定的高产细胞系。

筛选高产细胞系常用的方法有克隆选择（有相同遗传基因的细胞群）、抗性选择和诱导选择等，其中克隆选择应用较为广泛。克隆选择是指通过单细胞克隆技术和细胞团克隆技术，将培养细胞中能够积累较多次生代谢产物且具有相同遗传基因的细胞群挑选出来，并加以适当的培养形成高产细胞系。抗性选择是指在选择压力下，通过直接或间接的方法得到抗性变异的细胞株。诱导选择是通过紫外线照射或化学诱变等各种物理化学方法诱变产生比原亲本细胞次生代谢物合成能力高的细胞系（株），或直接根据代谢工程原理将基因重组技术用于高产植物细胞株的建立，进行有用物质的生产。

2. 培养条件

由于各类代谢产物是在代谢过程的不同阶段产生的，因此植物细胞规模化培养系统必须适宜植物细胞的特性以生产次生代谢产物，其主要因素包括光照、温度、pH、搅拌与混合、通气、营养成分、前体和调节因子等。

5

第 5 章　植物原生质体培养与体细胞杂交技术

具有细胞壁的植物细胞给人们的研究和杂交工作带来诸多不便，20 世纪 60 年代，人们为了解决远缘杂交的不亲和性问题，利用远缘遗传基因资源改良品种而开发完善出一门植物细胞工程的核心技术，该技术就是植物原生质体培养和体细胞杂交技术。

5.1　植物原生质体的分离与纯化

1880 年，德国细胞学家阿尔伯特・汉斯坦首次提出了原生质体这一概念，原生质体是指没有细胞壁的细胞，即一个被原生质膜包裹着的单细胞系统，这样的特质为体细胞的研究和杂交工作提供了诸多便捷。

5.1.1　原生质体的分离

1. 材料的选择

时至今日，原生质体的分离技术已经相当成熟，几乎能从植物的任何部位分离得到原生质体。而且番茄、胡萝卜等几十种植物的原生质体经过培养，还可以再生成完整的植株。一般来讲，在进行原生质体的分离时，会选用植物的种子、果实或者根、茎、叶来作为材料。高质量原生质体的获得，需要选用生命力强的组织作为材料。如果想要保持原来基因的更多特性，则需要选择茎尖或者胚轴等相对幼龄、无菌的部位作为材料。

2. 分离的方法

（1）机械分离法　　获得原生质体的机械分离法主要是借助于利器如刀或者机械磨损等措施迫使细胞壁破裂，促使原生质体的释放。从高等植物中分离原生质体的方法是由 Klerker 在 1892 年进行的，Klerker 首先使用质壁分离，然后切开细胞壁，从藻类 *Stratiotes aloides* 中获得了所释放的原生质体。此后有很多的研究者，运用了各种不同的方法，获得了机械分离的原生质体。

（2）酶解分离法 酶解分离法的原理是将所要分离的材料，置于能分解其细胞壁的酶溶液中，在一定温度下保存一定时间，这段时间内，由于酶的作用，细胞壁被降解，因为没有了细胞壁的束缚，大量的原生质体释放出来，从而获得原生质体。细胞壁的主要成分有果胶质、纤维素、半纤维素和少量蛋白质等，所以酶的选取通常根据植物的种类及其细胞壁的组成而定，一般会选用相应的种类进行混合等渗。一般情况下，分离原生质体常用的酶有果胶酶类、纤维素酶类，还有一些粗制酶，如崩溃酶。在分离一些小孢子的原生质体时，还会用到蜗牛酶。

从根霉中提取得来的果胶酶可以降解细胞间的果胶质，从而把组织中的细胞分离出来。木霉中可以提取出一种复合酶制剂，即纤维素酶，纤维素酶的成分有很多，其总体作用是通过降解纤维素，而得到裸露的原生质体。半纤维素为单糖或单糖衍生物，可以通过半纤维素酶制剂来降解。此外，还有蜗牛酶，它主要含有果胶酶、纤维素酶、蛋白酶、淀粉酶等 20 多种酶，是从蜗牛的消化道和嗉囊中获得的混合酶，主要用于花粉母细胞和四分体细胞。

有一种使原生质体分离的方法叫作二步法降解，它是使用果胶酶与 Onozuka 纤维素酶（日本产）相结合，先使用果胶酶降解果胶，得到分离的细胞，再用纤维素酶处理，降解细胞壁。目前我们常用的商品酶有以下几种，见表 5-1。

表 5-1 常用的商品酶

种类	名称及公司
纤维素酶	Cellulase Onozuka R-10(Kinki Yakult Manuf.Co.Ltd.,Nishinomiya,Japan)
	Cellulase Onozuka RS(Kinki Yakult Manuf.Co.Ltd.,Nishinomiya,Japan)
	Meicelase P(Meiji Seika Kaisha Ltd.,Nisha Ltd., Tokyo,Japan)
	Cellulysin(Calbiochem.,California 92037, USA)
	Cellulase(Sigma,USA)
果胶酶	Driselase(Kyowa Hakko Kogyo Co.Ltd.,Japan)
	Pectolyase Y-23(Kikkoman Shoyu Co.Ltd.,Japan)
	Macerozyme R-10(Kinki Yakult Manuf Co.Ltd.,Japan)
	Macerozyme(Yakult Biochemicals Co.Ltd.,Japan)
	Pectinase(Sigma,USA)
	PATE(Hoechst,Germany)
半纤维素酶	Pectinal(Rohm and Haas Co.,USA)
	Hemicellulase H-2125(Sigma,USA)
	Rhhozyme HP-150(Rohm and Haas Co.,USA)

在进行酶的配制时，通常按已确定使用的酶和稳定剂的量称取酶和各种稳定剂，然后把它们逐步溶解，配制成酶液。之后，酶液用孔径为 0.45μm 的微孔滤膜过滤灭菌后备用。大多数植物分离原生质体时，果胶酶浓度在 0.1%～1.0%，纤维素酶浓度在 1%～3%，但也有很多例外。

对于植物细胞，其细胞壁是非常好的保护组织。去除细胞壁之后，必须使细胞内的渗透压与溶液内的渗透压相近，否则原生质体就会收缩或胀破。因此，在酶液、洗液和培养液中渗透压应大致和原生质体内的相同，或略微大一些。渗透压略大的溶液有利于原生质体的稳定，但也有碍于其分裂。因此，为了避免细胞破裂，保持原生质体膜的稳定，就需要在分离原生质体的酶溶液中加入一定量的渗透稳定剂。常用的有两种方法，第一种是盐溶液，包括 KCl、$MgSO_4$ 和 KH_2PO_4 等。其优点是获得的原生质体不受生理状态的影响，因而材料不必在严格的控制条件下栽培，不受植株年龄的影响，使某些酶有较大的活性而使原生质体稳定。第二种是糖溶液，包括葡萄糖、甘露醇、蔗糖和山梨醇等，浓度在 0.40～0.80mol/L，此方法还可促进分离的原生质体再生细胞壁继续分裂。

5.1.2　原生质体的纯化

经各种酶解处理后，可以得到我们想要的完整无损伤的原生质体，但是与此同时，溶液中还含有未被酶分解的细胞，特别是叶绿体及损伤或破碎的原生质体，这些成分也在刚刚分离好的溶液当中，为了获得优质的原生质体培养液，就要清除这些杂质，这个过程就是原生质体的纯化。

1. 纯化方法

原生质体的纯化主要有三种方法：离心沉淀法、漂浮法和不连续梯度法。

（1）离心沉淀法　离心沉淀法是在具有一定渗透压、低浓度的溶液中，先将酶液处理好的混合物进行过滤，再进行低速离心，使纯净完整的原生质体沉降于试管底部的纯化方法，此方法用分子质量较小的甘露醇作为渗透压调节剂。

将滤液置于离心管中离心，待原生质体下沉，细胞碎片会留在上清液中。去除上清液，把沉淀于试管底部的原生质体再悬浮于配制酶液的具有渗透压稳定剂的培养基中，或者等渗透压的清洗培养基中，再在 50g 下低速离心 3～5min，反复悬浮离心 3～4 次，将沉于管底的原生质体用原生质体培养液悬浮。

此方法对离心力的要求比较低，简单易操作，但是在游离和清洗过程中易损伤原生质体，得到完好无损的原生质体比较少。

（2）漂浮法　利用原生质体与细胞和细胞碎片等的密度不同进行纯化，利用高密度的高渗溶液，使得各种杂质沉到管底，而离心后的原生质体漂浮其上的

纯化方法称为漂浮法。在游离和纯化原生质体过程中始终用分子质量和浮力较大的蔗糖作为渗透压调节剂，原生质体从分离到洗涤纯化全部漂浮在溶液表层，可以避免分离到的原生质体因震荡被组织碎片撞击而破损，并且在多次洗涤纯化过程中也不易被离心力挤压而损坏。该方法所用药品比较简单，成本较低。但是，此法对离心力要求比较严格，如果掌握不好，则原生质体不易漂浮，解决这个问题可采用不同浓度和不同离心速度分次漂浮的方法。

（3）不连续梯度法　原生质体的不连续梯度法是将两种密度不同的溶液混合形成不连续梯度，然后通过离心使原生质体与杂质分别处于不同溶液当中，从而达到去除杂质而纯化原生质体的方法。采用该方法纯化原生质体时，所选两种溶液的浓度与用量应视具体情况而定，一般要求所用溶液的浓度应与分离原生质体时所用的渗透浓度相近。该方法的优点在于所得原生质体的存活率高，因其整个分离与纯化的过程中都有着相近的渗透度，可避免细胞破损。

在原生质体的分离与纯化过程中，以叶肉细胞为例说明其分离与纯化的技术流程（图 5-1）。

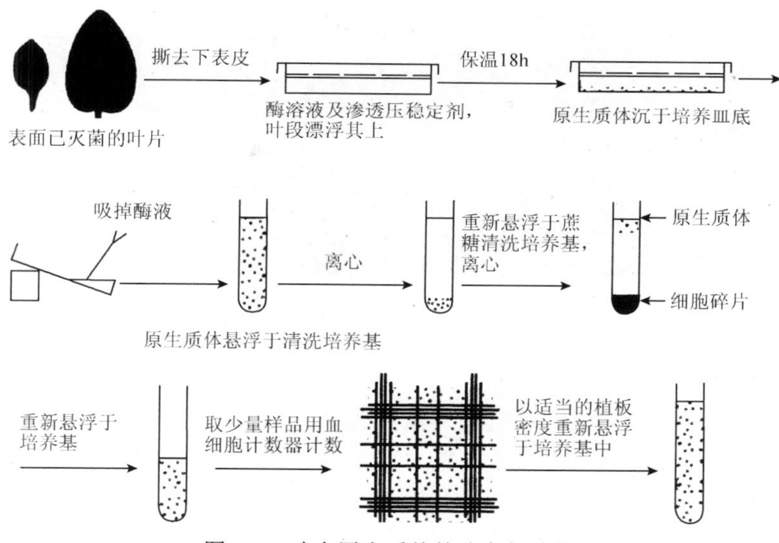

图 5-1　叶肉原生质体的分离与纯化

2. 原生质体的活力测定

刚刚分离得到的原生质体要经过活性检测并调整好起始密度后才能进行培养。原生质体的活力直接决定了原生质体分离和纯化技术的成败。常用检测原生质体活力的方法有相差显微镜观察法、形态识别法和染色法。

（1）相差显微镜观察法　在相差显微镜下观察细胞质环流和正常细胞核的存在与否来鉴别细胞的活性。

（2）*形态识别法*　好的原生质体是一个正常球形，其形态完整、富含细胞质，且颜色鲜艳。如果将其放入低渗溶液，可看到由原来在高渗溶液中缩小的原生质体膨大到原来状态，这种可以正常膨大到原来状态的原生质体就是有活力的原生质体。

（3）*染色法*　用于检测原生质体活力的染色法，其染料有很多种，荧光素二乙酸酯（fluorescein diacetate，FDA）、伊凡蓝（Evans blue）、酚藏红花（phenosafanine）等都可以用于检测。

1）FDA 染色法。荧光素二乙酸酯本身无极性、无荧光，但是有活力的细胞能分解二乙酸酯使其产生荧光，而没有活力的原生质体不能分解荧光素二乙酸酯，产生不了荧光，从而可以测定原生质体的活力，如图 5-2 所示。

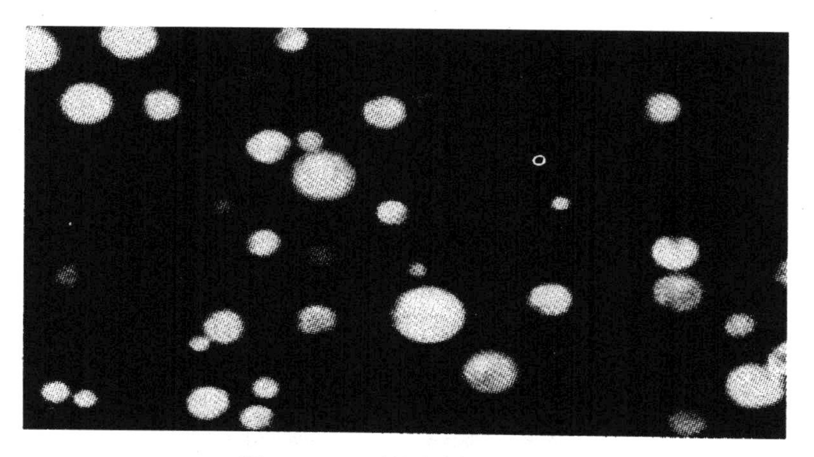

图 5-2　FDA 检测原生质体活力

FDA 染色法测活性的方法：取洗涤过的少许原生质体悬浮于小试管中，加入适量荧光素二乙酸酯溶液，使其最终浓度为 0.01%，室温放置 5min，用荧光显微镜观察。压制滤光片用 JB8，激发光滤光片用 QB24。有活力的原生质体发绿光，绿光周围没有发光的即没有活力的原生质体。但是由于叶绿素的关系，有活力的原生质体发黄绿色荧光，没有活力的原生质体发红色荧光。

2）伊凡蓝染色法。使用伊凡蓝染色时，其浓度应为 0.025%。检测时将悬浮的原生质体取一滴滴于载玻片上，滴一滴伊凡蓝溶液，盖上盖玻片，死细胞或者有损伤的细胞能够摄取这种颜色，而活细胞不会摄取，从而将两者区分开来。

3）酚藏红花染色法。该检测方法与伊凡蓝染色法的检测方法相同，酚藏红花浓度通常是 0.1%，其能使无活力的原生质体染成红色，有活力的原生质体不着色。

获得大量、完整且有活力的原生质体是原生质体培养成功的首要条件。而影响原生质体数量、活力及完整性的因素有很多，材料的选择、酶类的组合及酶解时间、温度、光照、稳定剂等都是影响原生质体的数量、活力及完整性的重要因素。

5.2　植物原生质体的培养

所有利用原生质体进行遗传操作的基础，就是看纯化后具有活力的原生质体能否在培养中实现全能性表达。一般情况下，原生质体在适宜的培养基上和适宜的培养条件下，获得可再生细胞壁只需要 2～4d，而且很快就能进行细胞分裂，30～60d 就能出现肉眼可见的细胞团，紧接着细胞进行分裂繁殖，几个月后就会形成愈伤组织或胚状体，进而形成完整小植株。多年来，大量的实验证明，影响原生质体离体培养再生植株的因素有很多，除植物基因型和原生质体来源外，培养基、培养条件和培养方法也是重要因素。

5.2.1　植物原生质体培养基的选择

培养原生质体用的培养基成分主要是模仿细胞组织的基本要求来制订的。但是，原生质体在没有细胞壁的情况下，其生理功能和细胞还是有显著差异的。因此，制作的培养基的基本成分与培养细胞的培养基有诸多相似，但是加入了渗透压稳定剂。所用的渗透压稳定剂种类基本与分离时所用的类似。但是，不同来源的原生质体有不同的营养要求。例如，豆科和十字花科植物大多以 B5、KM8 和 KM 为基本培养基，茄科植物的原生质体培养大多以 MS、NT 和 K3 为基本培养基，禾谷类植物大都以 MS、N6、KM 和 AA 为基本培养基。但是不管哪一种培养基，它们的成分一般都包括大量及微量元素、维生素、激素和有机物及必不可少的碳源。

1. 营养成分

原生质体的培养基中钙离子的浓度通常是细胞培养基中的 2～4 倍，因为钙离子可以保持原生质体质膜的稳定性，同时能够明显地改变细胞质内外的离子交换，有助于细胞壁的再生，而铁离子和锌离子的浓度比较低。

原生质体的培养效果与培养基中氮源的种类及浓度有着密切联系，培养基中的 NH_4^+ 浓度不能过高。通常，原生质体培养基中的氮源以硝态氮为主，NH_4^+ 的浓度比较低，低浓度的 NH_4^+ 有利于原生质体的存活。有机氮对一些原生质体的培养有促进作用。

原生质体细胞壁的形成及细胞的分裂，通常都需要生长素与细胞分裂素的刺激，但是对于不同的原生质体，其培养基的需求也是不同的，也有一些植物的原生质体不能在含有生长素和细胞分离素的培养基中生长分裂。另外，还有研究表明，在原生质体或细胞不断分裂的过程中，有时还有降低外源激素浓度的必要，以免破坏其正常生长。

在培养基中添加碳源是必不可少的，而且通常都会选择葡萄糖，因为葡萄糖是比较可靠的碳源，也可以选择蔗糖等一些其他糖类。但是，如果单独使用蔗糖的话，效果往往不尽如人意，所以可以将蔗糖与葡萄糖相互配合添加到培养基中，这种情况下原生质体的生长也是良好的。也有一些培养基中将核糖或者其他戊糖作为辅助碳源添加，以满足细胞生长需求。

2. 渗透压稳定剂

原生质体培养基中的渗透压也是一个值得注意的问题，原生质体需要一定浓度的渗透压来稳定。渗透压稳定剂的浓度应该和酶液中的渗透剂浓度一致，但是特别要注意的是，随着细胞壁的生成和细胞分裂的发生，应当及时降低培养基中渗透剂的浓度，直至与细胞培养基中的浓度一致，如果不及时降低渗透剂浓度，会抑制细胞生长；而培养基浓度过低的话会导致再生细胞的破裂。一般在选择渗透压稳定剂时，会选择葡萄糖、麦芽糖、甘露醇和山梨醇等作为渗透压稳定剂，因为这些物质在作培养基稳定剂的同时，还为原生质体细胞的生长发育提供了碳源。正因如此，在原生质体不断成长的过程中，渗透压也会逐步降低，但还是应该持续关注渗透压，以保证原生质体健康、快速生长。

3. pH

在各种组织培养中，一个适当的 pH 是相当重要的，原生质体培养基的 pH 一般在 5.6～6.0，pH 过高或过低都会对原生质体的生长产生不利影响。

由于原生质体无论在结构上还是在代谢上都与细胞有着诸多差异，因此在选择培养基进行原生质体的培养时，不能够单纯地模仿细胞培养基，需要考虑到原生质体的特殊性质，下面给出几种比较常见的原生质体培养基，如表 5-2、表 5-3 所示。

表 5-2　几种原生质体培养基　　（单位：mg/L）

成分	培养基类型		
	NT	DPD	D2a
NH_4NO_3	825	270	270
KNO_3	950	1 480	1 480
$CaCl_2 \cdot 2H_2O$	220	570	900
$MgSO_4 \cdot 7H_2O$	1 233	340	900

续表

成分	培养基类型		
	NT	DPD	D2a
KH_2PO_4	680	80	80
$FeSO_4 \cdot 7H_2O$	27.8	27.8	27.8
EDTA-Na_2	37.3	37.3	37.3
$MnSO_4 \cdot 4H_2O$	22.3	7.2	5.0
$ZnSO_4 \cdot 7H_2O$	8.6	1.5	1.5
KI	0.83	0.25	0.25
H_3BO_3	6.2	2.0	2.0
$Na_2MoO_4 \cdot 2H_2O$	0.25	0.1	0.1
$CuSO_4 \cdot 5H_2O$	0.025	0.015	0.015
$CoCl_2 \cdot 6H_2O$	0.03	0.01	0.01
肌醇	100	100	100
烟酸	—	4.0	4.0
甘氨酸	—	1.4	1.4
生物酸	—	0.04	0.04
椰子汁	—	—	5%
叶酸	—	0.4	0.4
葡萄糖	—	—	0.4mol/L
盐酸硫胺素	1	4.0	4.0
盐酸吡哆醇	—	0.7	0.7
2, 4-D	—	1.3	—
NAA	3	—	1.5
6-BA	1	0.4	0.6
2, 4, 5-T	—	—	0.5
蔗糖	10 000	17 100	17 100
甘露醇	127 520	55 000	—
pH	5.8	5.8	5.7

表 5-3　原生质体培养的两种加富培养基　（单位：mg）

	成分	KMP_8	V-KM
无机盐	KNO_3	1 900	725
	NH_4NO_3	600	288
	$CaCl_2 \cdot 2H_2O$	600	685
	$MgSO_4 \cdot 7H_2O$	300	560

续表

	成分	KMP_8	V-KM
无机盐	KH_2PO_4	170	68
	KCl	300	—
	$MnSO_4 \cdot 4H_2O$	10.0	10.0
	KI	0.75	0.75
	$CoCl_2 \cdot 6H_2O$	0.025	0.025
	$ZnSO_4 \cdot 7H_2O$	2.0	2.0
	$CuSO_4 \cdot 5H_2O$	0.025	0.025
	H_3BO_3	3.0	3.0
	$Na_2MoO_4 \cdot 2H_2O$	0.25	0.25
	EDTA-Na_2	37.3	37.3
	$FeSO_4 \cdot 7H_2O$	27.8	27.8
糖类	葡萄糖	68 400	68 400
	甘露醇	250	250
	纤维二糖	250	250
	蔗糖	250	250
	鼠李糖	250	250
	核糖	250	250
	木糖	250	250
	果糖	250	250
维生素	山梨醇	250	250
	抗坏血酸	2	2
	泛酸钙	1	1
	氯化胆碱	1	1
	叶酸	0.4	0.4
	核黄素	0.2	0.2
	对氨基苯甲酸	0.02	0.02
	维生素 B_{12}	0.02	0.02
	维生素 D_3	0.01	0.01
	生物素	0.01	0.01
	维生素 A	0.01	0.01
有机酸	苹果酸	40	40
	柠檬酸	40	40
	反丁烯二酸	40	40
	丙酮酸钠	20	20

续表

	成分	KMP_8	V-KM
有机添加物	酪蛋白氨基酸	250	250
	椰子乳	20（ml）	20（ml）
生长调节剂	NAA	1	1
	6-BA	0.5	0.5
	2, 4-D	0.2	0.2
pH		5.6	5.6

5.2.2　原生质体的培养方法

培养原生质体的方式，对原生质体的生长、分裂至关重要。植物原生质体的培养方法大致可以分为三种类型，即液体浅层培养、固体薄层培养和固液双层培养法，另外由此还扩展出来其他多种方法。不同植物的原生质体，其培养所需的培养环境可能不同。一般情况下，液体浅层培养和固体薄层培养的方式比较适宜容易生长、分裂的原生质体；而对于不容易生长、分裂的原生质体，通常采用固液双层培养的方式进行培养。

1. 液体浅层培养法

液体浅层培养法就是用吸管将没有加凝胶剂的培养液中的原生质体吸附出来，转移到培养皿中密封，将培养皿放入适宜温度的培养室，静止培养的方法，如图 5-3 所示。

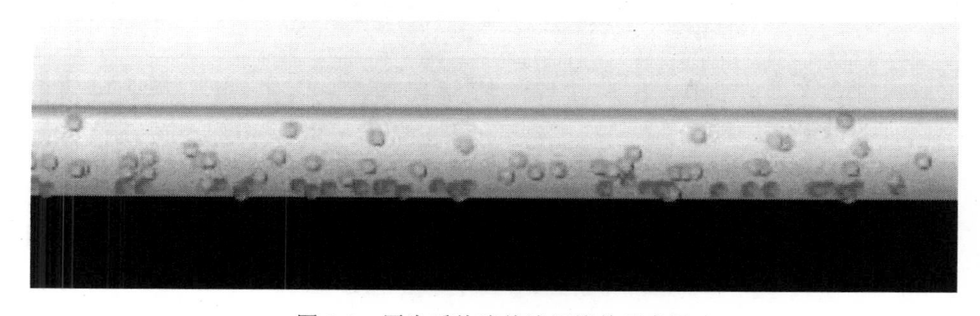

图 5-3　原生质体液体浅层培养示意图

一般 6cm 的培养皿加 2～3ml 培养液即可，这样的方式可使培养皿底部形成一层薄薄的原生质体培养液。在培养期间，每天轻轻晃动培养皿几次，以利于空气流通。这种方法操作简单，对原生质体伤害较小，是目前培养原生质体方法中应用比较广泛的一种。其优点是便于添加新鲜培养基和转移培养物，而且在液体的培养环境下，原生质体吸收营养的能力较强，表现出很强的细胞分裂能力。但是其缺点也是显而易见的，此方法难以跟踪观察某一个特定细胞的发育情况，而且原生质体在培养基中分布不均匀，容易造成局部原生质体密度过高，因此而发生原生质体之间互相粘连的情况，而影响生长发育。

液体浅层培养法的广泛应用也发展出了另一种培养法，即微滴培养法。该方法是用吸管吸取 0.1ml 左右的悬浮有原生质体培养液，滴在清洁干燥且无菌的培养皿上，由于表面张力的作用，所滴液体在培养皿上以半球形附着，用 Parafilm 封口，以防污染。此时将培养皿反转过来，即形成悬滴培养。其优点是由于液滴体积小，可以在培养皿中培养多种培养基进行对照。即使其中几滴被污染也不会殃及其他，而且新鲜培养基的添加也很容易操作。但是其缺点也是原生质体分布不均，而且由于液滴较小且与空气接触面积大，容易造成液体蒸发，导致培养基成分浓度的提高。

2. 固体薄层培养法

固体薄层培养法又称为平板培养法，即将一定体积（3～4ml）的原生质体按照一定细胞密度（10^4～10^5 个/ml）与等体积的处于 45℃的琼脂培养基混合，在培养皿内制成薄层（1mm）固体平板的方法，如图 5-4 所示。

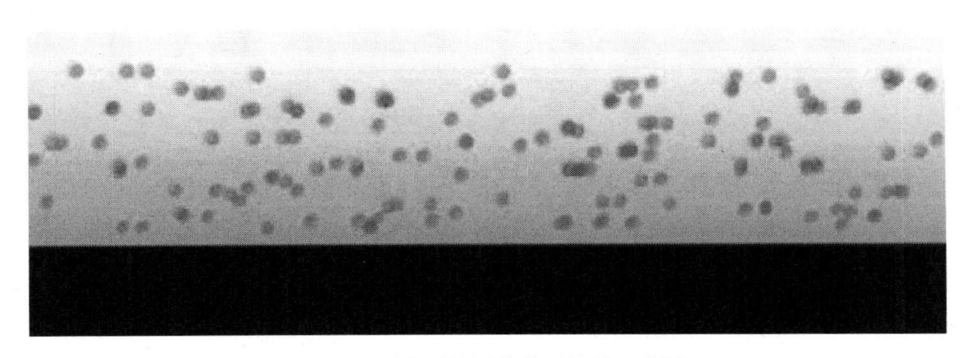

图 5-4　原生质体固体薄层培养示意图

琼脂糖是一种很好的培养基凝固剂，并且具有促进原生质体细胞分裂的作用，因此我们一般选择琼脂或琼脂糖作为凝固剂。

该方法的优点是固定了原生质体的位置，避免了原生质体的漂浮游动，既便于定点观察，又有利于对单个原生质体的细胞壁的再生及细胞团形成的全过程进行定点观察。但是此种方法对操作技术要求比较严格，培养基温度对薄层质量和原生质体分布有一定影响，而且转移再生愈伤组织和添加低渗透压的培养基也比较困难。另外，固体中单细胞生活能力比较弱，空气流通不畅，因此，第一次细胞分裂时间一般都会推迟 2d 左右，而且培养的原生质体极易褐变死亡。

3. 固液双层培养法

固液双层培养法是指将一定浓度的原生质体悬浮液分布在固体琼脂培养基表面的培养方法。这也是目前应用比较广泛的培养方法，如图 5-5 所示。

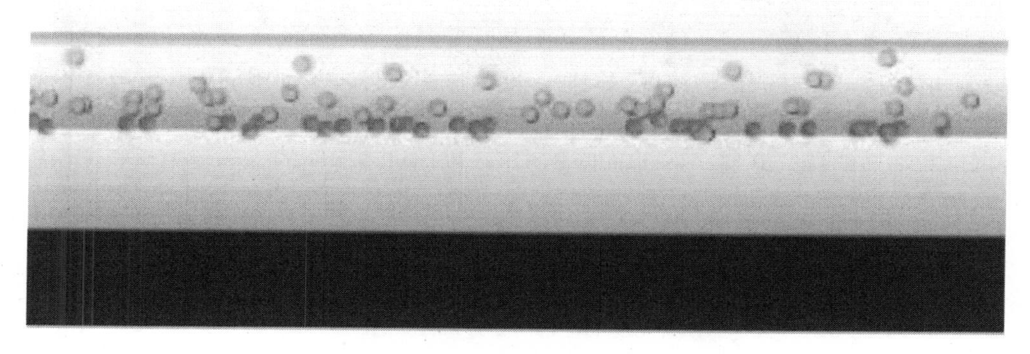

图 5-5　原生质体固液双层培养示意图

固液双层培养法是固体薄层培养和液体浅层培养两种方法的结合，该方法有利于固体培养基中的营养成分缓慢地扩散到液体培养基中，以补充培养物对营养的消耗。而且当液体培养基蒸发消耗完时，分裂的小细胞团会落在固体培养基上而被固定，细胞分散性好。同时，如果在下层培养基中添加一定量的活性炭，则还可以有效地吸附培养物产生的一些有害物质，促进原生质体的分裂和细胞团的形成。但是，该方法不利于观察细胞的发育过程。

另外，还有其他由上述培养技术派生出来的其他单细胞培养的技术也在原生质体培养中得到应用，如饲养层培养法、琼脂糖珠培养法、微室培养等技术。

5.2.3　影响植物原生质体培养的因素

（1）原生质体的活力　大量且有活力的原生质体是进行原生质体培养的基础，如果制备的培养基中原生质体的活力不高，则培养很难成功。

（2）原生质体的起始密度　培养之初原生质体的密度对它能否在进一步培养中生长、分裂起重要的作用。过高或过低，都不利于细胞的生长与分裂。密度过高时，由个体形成的细胞团常常在培养早期就彼此交错生长在一起，若不同原生质体群体在遗传上具有异质性，就会形成嵌合体组织，而且有可能造成培养物的营养不足；而密度过低时，细胞代谢物有可能扩散到培养基中，从而妨碍培养物的正常生长，即使原生质体能进行细胞壁再生，细胞分裂能力也会因此受到很大影响，大大减少分裂次数。一般液体培养基中常用的原生质体密度为 10^4～10^5 个细胞/ml，固体培养时采用 10^3～10^4 个细胞/ml 的密度，在微滴培养中至少也要保持 10^5 个细胞/ml 左右。但是更重要的是，应根据原生质体再生细胞的发育状态和需要，调节各发育时期的营养和碳源的成分，特别是那些难以再生分裂的禾谷类植物原生质体培养。

（3）渗透压稳定剂　原生质体培养时，在其没有形成细胞壁之前，必须要有培养基渗透压保护，使其处于一个等渗或稍低于细胞内渗透压的外界环境，这就用到了渗透压稳定剂。稳定剂的种类和浓度对原生质体的培养效果影响较大。为了能保持培养基的渗透浓度，同时又能为原生质体再生细胞的生长发育提供碳源，一般选择葡萄糖等作为其稳定剂。在原生质体培养基中，应当随着细胞壁的再生和细胞的持续分裂，不断降低渗透压，以促进细胞团的进一步生长和愈伤组织的形成。

（4）培养基　原生质体培养常用的基本培养基为 MS、B5、NT、N6、MT 和它们的衍生培养基。无机盐是组成培养基的主要成分，根据其含量可分为大量元素和微量元素，但是在原生质体培养的研究中，主要涉及的是大量元素的作用及其影响。一般来说，原生质体的培养基中无机盐（主要指大量元素）浓度应低于组织或细胞培养的培养基，在大量元素中，Ca^{2+}、Mg^{2+}的浓度和氮源的种类及其浓度对原生质体培养效果影响是最大的。适当提高 Ca^{2+}、Mg^{2+}含量而降低 NO_3^- 含量，有助于提高原生质体的稳定性，促进细胞分裂。原生质体培养中所用的维生素与标准培养基中相同，而在培养基中所加的生长激素的种类和组合因植物材料而异。一般由活跃生长的培养细胞分离的原生质体要求较高的生长素/细胞分裂素配比才能进行细胞分裂，而由高度分化的细胞（如叶肉细胞等）得到的原生质体，则需要较高的细胞分裂素/生长素配比才能进行脱分化。有机物丰富的原生质体培养基对细胞分离有利，在培养基中添加有机物可以提高植板率，如酵母提取物和水解酪蛋白等。原生质体培养初期到愈伤组织形成阶段，不同基因型对培养基的专性选择作用不强，但苗分化阶段，不同基因型表现的差异较大，对培养基的要求有较强的专化性。

（5）培养条件　原生质体只有在营养物质、生长调节剂十分完全，培养温度、湿度和光照条件适宜的情况下才会迅速生长和增殖。植物原生质体的培养温度一般都在24～26℃，但是对于不同的物种，其所要求的温度也不尽相同，差异较大。环境的湿度也直接影响着原生质体的生长与繁殖，湿度过高或过低都会影响到培养基的渗透压，在湿度极不适宜的情况下，可能直接导致原生质体的死亡。光照是绿色植物生长发育非常重要的条件，但是对于原生质体培养初期，最好给予微弱的散射光，待到进入分化时加强光照，以满足叶绿体发育需求。由于不同植物的属性不尽相同，因此光照的强度与时间也应根据不同植物的需求，进行区别对待。

5.3　植物体细胞杂交

植物原生质体裸露的细胞具有无识别性融合能力，这一项能力使得植物的无性杂交成为可能，使有性杂交根本无法获得的种间、属间、科间远缘杂交成为现实。而如今快速高效的原生质体培养技术的发展，使植物体细胞杂交技术应运而生。植物体细胞杂交，也称为原生质体融合，是现代生物技术的重要组成部分。通过体细胞杂交，打破了物种间的界限，突破了作物品种改良过程中基因资源重组的局限性，使创造出新的植物类型成为可能。植物细胞融合一般包括两个过程，首先是去壁的细胞融合成一个完整的细胞，其次是由杂种细胞经过细胞的分裂和分化，最终发育成完整的杂种植株。体细胞杂交技术在植物育种中已卓有成效。虽然植物原生质体融合技术有了很快的发展，但是由于种种原因，迄今为止，这一技术只在很少几种植物细胞的杂交中获得某种程度上的成功，在短期内若将此技术用于新品种的培育难度较大，还有很多问题需要解决。但是这一技术对植物育种具有实践意义，并成为体细胞遗传学和遗传工程研究的有力手段。

5.3.1　原生质体融合方法

1. 化学融合

化学融合是指用化学融合剂，促使原生质体相互靠近、粘连融合的方法。

（1）$NaNO_3$融合法　融合原理：原生质体表面带有负电荷，同性质电荷彼此凝聚的原生质体质膜无法靠近到足以融合的程度。$NaNO_3$中的钠离子能中和原生质体表面的负电荷，使凝聚的原生质体的质膜紧密接触，促进细胞融合。

融合方法：将分离的原生质体悬浮在含有0.25mol/L $NaNO_3$和10%蔗糖的混合液中，然后在35℃水浴锅中处理5min；接着在约1200r/min下离心5min，使原生质体下沉；收集原生质体，然后转入30℃的水浴锅中处理30min，其间大部分原生质体进行融合；用额外含有 0.1% $NaNO_3$ 的培养基轻轻取代混合液（不打破原生质体沉淀物）；最后将原生质体沉淀物轻轻打破，再用培养基洗涤 2 次，固体薄层培养。

（2）高 pH-高浓度钙离子融合法　形成高 pH-高浓度钙离子融合法主要是受到了动物细胞研究的启发，其融合机理是在高 pH-高浓度钙离子环境中，原生质体表面所带电荷可以被中和，使得原生质体的质膜紧密接触，从而有利于质膜的接触融合。而用此方法进行植物原生质体融合时，一定要把握好 pH 和钙离子的浓度，因为植物种类的不同，所需 pH 和钙离子浓度也会有所差异。

融合方法：把两个亲本原生质体按 1∶1 比例混合，使终浓度为 2.5×10^5 个细胞/ml，在 50*g* 下离心 3～5min，使原生质体全部沉积在一起。除去上清液，加入 2ml 融合液（融合液含有 50mol/L $CaCl_2$ 和 400mmol/L 甘露醇，用甘氨酸-NaOH 缓冲液调整 pH 到 10.5）。在 50*g* 下离心 3～5min，使原生质体全部沉降，然后把离心管放于 37℃水浴 30min，用清洗介质洗 2 次，将原生质体悬浮在培养基中培养。该方法优点是杂种产量高，缺点是高 pH 对细胞有毒害作用。

（3）聚乙二醇（PEG）融合法　聚乙二醇结构为 $HOH_2C(CH_2OCH_2)_nCH_2OH$，相对分子质量在 200～6000 的均可用作细胞融合剂，常用的是相对分子质量为 2500～6000 的。PEG 分子具有轻微负极性，可与具有正极性的物质形成氢键。PEG 分子能够改变各类细胞的膜结构，使两细胞接触点处质膜的脂类分子发生疏散和重组，对细胞的融合具有促进作用。下面列出目前比较广泛使用的由 Kao 等（1974）建立的 PEG 融合法的一般步骤。

1）几种溶液的制备。

A. 酶洗液：溶解 0.5mol/L 山梨醇（9.1g）、5.0mmol/L $CaCl_2\cdot2H_2O$（75mg）到 100ml 水中，pH 为 5.8。

B. PEG 融合液：溶解 0.2mol/L 葡萄糖（1.8g）、10mmol/L 的 $CaCl_2\cdot2H_2O$（73.5mg）、0.7mmol/L KH_2PO_4（4.76mg）到 50ml 水中，pH 调到 5.8，再加入 25g 的 PEG 溶解。

C. 高钙离子、高 pH 液：溶解 5.0mmol/L 甘氨酸（375mg）、0.3mol/L 葡萄糖（5.4g）、50mmol/L $CaCl_2\cdot2H_2O$（375mg）到 100ml 水中，用 NaOH 滴定到 pH 为 10.5。

2）PEG 融合程序。

A. 先制备融合亲本的原生质体，再将高密度的亲本双方原生质体（仍停留在酶溶液中）各取 0.5ml 混合在一起，加 8ml 酶洗液，1000r/min 离心 4min。

B. 吸去酶洗液，再重复上一个步骤一次，将沉淀的原生质体悬浮于 1.0ml 原生质体培养液中。

C. 放一滴液态硅于 60mm×15mm 培养皿中，再放一片方形载玻片（22mm×

22mm）于液态硅滴之上。

D. 滴 3 滴混合双亲的原生质体于上述载玻片上，静置 4min，让其在载玻片上形成薄薄的一层。

E. 缓缓小心地加入含相对分子质量在 1500～1600 的 PEG 融合液 0.45ml 于上述的原生质体小滴的中央，盖上培养皿盖。

F. 让在 PEG 融合液中的原生质体在室温下静置 10～20min。

G. 用移液管轻轻加入 2～3 滴高钙离子、高 pH 液于中央，静置 10～15min。

H. 以后每隔 5min 加入高钙离子、高 pH 液，每次滴数逐增，共加 5 次，总共加入高钙离子、高 pH 液 1ml，然后在离心管中离心，吸去上清液，用原生质体培养液洗 4～5 次。

（4）PEG 结合高钙离子、高 pH 融合法　高国楠和 Michayluk 于 1974 年创立的 PEG 高分子的诱导融合技术，使原生质体融合率大幅度提高，可达到 40%～50%。PEG 是略带负电性的高分子化合物，可使原生质体凝聚，而钙离子可以促进其粘连。钙离子结合 PEG，可使质膜表面电荷重排，故而导致两个电荷的融合。

2. 电融合法

利用改变电场来诱导原生质体彼此连接成串，再施以瞬间强脉冲使质膜发生可逆性电击穿的方法叫作电融合法。当可逆电击穿发生在两个相邻细胞的接触区时，促使原生质体融合，融合率可达 60%。以马铃薯为例，电融合方法如下：先将两个浓度均为 1×10^6 个细胞/ml 的原生质体悬浮液按 1∶1 的比例与原生质体等渗的甘露醇（0.55mol/L）融合液混合，再用滴管将悬浮液加入融合室电极内。选定正弦波频率，逐步加大其峰电压。当形成 2～3 个原生质体细胞串时，施加瞬时高压直流电脉冲，使细胞串轻微振动而又不断裂。融合完毕后，在 500r/min 下离心 5min，去融合液后进行培养。

电融合方法对原生质体的伤害小、效率高，而且易于控制融合细胞，因此该方法应用广泛。

5.3.2　体细胞杂种选择系统

在经过融合处理后，原生质体群体内既有未融合的亲本原生质体，也有同核体、异核体和其他各种核-质组合。因此，在体细胞杂交中，最重要的是鉴别和选择出杂种细胞。体细胞杂种选择就是要控制区分，得到融合重组类型即异源融合体，淘汰未融合的及同源融合的原生质体。异核体是杂种的来源，虽然有报道说异核体频率可高达 50%，但多数情况下，它们在原生质体混合群体中只占 0.5%～10%，而且随着培养时间延长，杂种细胞系的数目还会进一步减少。杂种细胞选择的方法之一是使用某些可见标志，对融合产物进行鉴别，然后将杂种细胞从混合群体中分离出来，单独进行培养。在不存在可见标志的情况下，就必须采用其他方法进行杂种细胞的选择。下面来介绍杂种细胞的选择与鉴定。

1. 杂种细胞选择

（1）互补选择法　在特定培养条件下，两个具有不同遗传和生理的亲本，只有发生互补作用的杂种细胞才能生长，这种方法就是互补选择法。

1）营养缺陷型互补选择法：在营养缺陷的情况下，只有杂种细胞能在特定的特种培养基上生存，而亲本双方都不能生存，这种方法就是营养缺陷型互补选择法。例如，用一个抗氯酸盐类型的烟草体细胞和另一个不能缺失硝酸还原酶的烟草体细胞融合，培养在只以硝酸盐为唯一氮源的培养基上。由于杂种细胞植株具有硝酸还原酶活性，可以利用硝酸盐正常生长，而它的两种亲本细胞不能生长，从而得到了杂种植株。再如 1976 年，Schieder 用地钱的两个营养缺陷型进行原生质体融合。他用需要烟酸的（♂）和叶绿体缺陷型并要求葡萄糖的（♀）两种原生质体融合，得到的杂种细胞能在缺少烟酸的培养基上自养生长而被选择出来，核型鉴定表明是杂种。由于在高等植物中能够互补的代谢缺陷变体的获取比较困难，因此这一方法的应用受到了限制，但是它在微生物中应用广泛。

2）白化互补选择法：当两个亲本的原生质体的生长条件和颜色不同时，便可采用白化互补选择法。选择一个能在限定培养基上分裂形成白色的愈伤组织但是缺失叶绿素的白化突变体，而具有正常叶绿体的植株不能在上述限定培养基中正常生长。用诱导剂将正常体的原生质体和白化突变体的原生质体诱发融合，并在上述限定培养基上培养融合体。能发育形成绿色细胞团（愈伤组织）的就是杂种细胞，从而可以将真正发生融合的杂种筛选出来。白化互补选择法不需要任何有性杂交的知识，可以广泛用于任何亲缘关系的融合。自然界存在许多白化体（叶绿素缺失），也比较容易诱发白化体，目前有很多物种用这种方法得到杂种细胞。

3）叶绿素缺失突变互补选择法：杂种细胞的选择是在融合细胞具有正常叶绿素并能在特定培养基上生长的基础上进行的，选择培养基为适合白化和杂种细胞增殖的培养基。例如，在进行绿色拟矮牵牛和 3 个不同种白化矮牵牛杂种细胞筛选时，将融合原生质体培养在 MS 培养基上，绿色拟矮牵牛原生质体在培养初期的很小细胞团阶段就死亡，而白化亲本原生质体和杂种原生质体能够形成愈伤组织。在毛叶曼陀罗白化苗与异色曼陀罗和曼陀罗两个种正常苗种间杂种细胞筛选时，也获得了杂种愈伤组织。

4）激素自养型互补法：根据双亲都需要外源激素，而其杂种细胞可以体内合成激素不需要外源激素的特点，在无激素的培养基中培养，从而获得杂种细胞。

由于用本方法的前提是必须知道双亲的这一特性，因此有很大局限性。

5）抗体互补选择法：杂种细胞的选择是在其对某种逆境具有抗性的基础上进行的，因此抗药性有差异，或者有抗性突变体，就有可能用于互补选择杂种。例如，在筛选拟矮牵牛和矮牵牛杂种细胞时，由于这两个物种的原生质体对培养基及放线菌素D的敏感性不同，进而进行选择区分，从而获得了杂种细胞形成的愈伤组织及杂种植株。Maliga曾用抗卡那霉素但失去再生植株再生能力的*Nicotiana sylvestris*突变体和有生长愈伤组织能力的但从未形成过植株的*N. knightiana*野生型烟草原生质体融合，在含有卡那霉素的培养基上恢复再生植株的能力，形成了杂种性质的植株。在进行大豆和水稻融合细胞筛选时，利用水稻原生质体耐高温（37℃）的特性，将水稻与大豆原生质体融合细胞培养在适合大豆原生质体生长的培养基，但培养温度为37℃。用H^3标记胸腺嘧啶，证明杂种细胞能正常合成DNA。

（2）机械选择法　机械选择法是利用融合细胞所具有的可见标记，在倒置显微镜下，用微管将融合细胞吸取出来进行选择的方法。最为常见的是可见标记为叶肉细胞的绿色，也可以应用荧光染料标记。

1）天然颜色标记分离法：天然颜色标记分离法是选择那些在显微镜下能区别的两类细胞为亲本，根据茎、叶、花等组织的特有颜色来鉴别区分，常用的是含有叶绿体或其他色素质体的组织细胞。还有一种区分方式是选用悬浮培养的或固定培养的细胞，它们具有明显的胞质和胞质体，不含其他色素，在异源原生质体融合后能明显识别。

2）荧光素标记分离法：荧光素标记分离法是利用非毒性荧光素标记亲本原生质体选择杂种细胞的方法。其方法是先在两个亲本的原生质体群体中分别导入不同荧光的染料，诱导融合后，根据两种荧光色的存在可以把异核体与双亲和同核体区分开来。

3）DNA分子标记鉴定法：DNA分子标记鉴定法是根据DNA的多态性，在DNA水平上对亲本和杂种植株遗传差异进行鉴定的一种技术。DNA分子标记鉴定技术能准确鉴定出生物个体间核苷酸序列的差异，甚至是单个核苷酸的变异，成为鉴定杂种植株最有效的方法。

2. 体细胞杂种植株的特征

随着原生质体的融合，可以产生许多遗传本质不同的产物。有时在融合体的发育过程中，核及质部分都会发生较复杂的重组现象。体细胞杂种具有变异幅度大的特点，主要是由以下几个原因造成的：①亲本亲缘关系远；②培养时间长，染色体易突变；③染色体易丢失；④随着杂种细胞的不断分裂，重组现象不断发生。

（1）杂种植株的不育性　杂种具有再生能力和可育性，是体细胞杂交应用于作物育种和基因转移的前提。当今我们所获得的具有可育性的体细胞杂种再生植株大多限于种间杂交，远缘杂种再生植株常常不育或育性很低。

（2）细胞分裂和染色体数目的不稳定性　亲缘关系较远的种、属间融合形成的杂种体细胞一般不发生核融合，即使形成核融合，也常常在某一生长环节出现部分或者全部染色体丢失的现象。并且双亲亲缘关系越远，细胞分裂周期差异越大，染色体丢失现象越普遍。

第二篇

动物细胞工程

6

第6章 动物细胞培养与冷冻保存技术

动物细胞培养技术是一门应用型科学技术，已经成为细胞生物学、生物化学、分子生物学及遗传学、免疫学等学科的一种重要研究手段，应用广泛。动物细胞培养是细胞学研究的技术之一，是动物细胞工程的基础。动物细胞培养技术是指将动物组织或细胞从机体中取出，分散成单个细胞，模拟体内的生长环境，使其在体外继续生长与增殖的技术。20世纪50年代，组织培养技术有了更快的发展，培养操作技术有所改进，各种培养瓶、培养基应运而生。1957年，Dulbecco实验室采用蛋白酶消化处理，使成块的组织分散成单个细胞，进行悬液培养，从而开创细胞培养技术。研究者可根据不同的研究内容和目的，十分方便地在细胞培养基中添加或减去某些特殊的物质。为组织和器官培养，以及转基因动物技术、克隆技术、干细胞技术等一系列技术的发展奠定了基础。在动物细胞冷冻过程中，细胞容易受到冰晶的损伤。在快速冷冻时，细胞内易形成冰晶，会对细胞膜和内部结构产生机械性损伤；当缓慢降温时，细胞内的水渗透到细胞外，细胞长时间处于高浓度溶质中，会使细胞受到化学性损伤，如何使动物细胞在经过一系列冷冻与解冻之后还能够完好无损是冷冻技术的关键。

6.1 原代培养

原代培养也称为初始培养，是将动物机体的各种组织从机体中取出，经各种酶、螯合剂或机械方法处理，分散成单细胞，置合适的培养基中培养，使细胞得以生存、生长和繁殖的过程。原代培养是从事组织培养工作人员熟悉和掌握的最基本的技术。

6.1.1 原代培养步骤

1. 取材

取材是原代细胞培养的第一步，细胞的取材是否得当直接关系着原代细胞培养的成功与否。因此，在取材过程中，需要严格要求，严谨得当。

（1）注意事项

1）取材要注意新鲜和保鲜。

2）取材应严格无菌。

3）取材和原代细胞制作时，应尽可能用锋利的器械，尽可能减少对细胞的机械损伤。

4）要仔细去除所取材料上的血液、脂肪、坏死组织及结缔组织，切碎组织时应避免组织干燥。

5）取材应注意组织类型、分化程度、年龄等，尽量选用易于培养的组织进行培养。

6）原代细胞取材时要留好组织学标本和电镜标本，以备以后查询之需。

（2）各类组织的取材技术

1）皮肤和黏膜的取材。上皮组织培养的主要材料就是皮肤和黏膜，主要取自于手术过程中的皮片。培养上皮细胞时取材不要太厚，如果想要培养纤维细胞，则不必去除材料上所携带的其他组织，取材时要严格消毒。

2）内脏和肿瘤的取材。内脏除消化道外基本都是无菌的，但是取材时要明确和熟悉所取组织的类型和部位。人体肿瘤组织主要来源于外科手术或活检组织，体积较大的瘤体中央多有坏死或变性，取材时应尽可能取外层的新鲜组织。对于带菌瘤块，特别是开放器官的肿瘤组织，应尽可能除去混杂的结缔组织，用适量的青霉素和链霉素的磷酸缓冲盐溶液（PBS）反复清洗 7～8min。

3）血液细胞的取材。取材时一般抽取静脉外周血，或者从淋巴组织中分离细胞，取材时应注意抗凝，一般采用肝素抗凝，如果从血站取材，要注意千万不能用含钙离子、镁离子的洗液来处理细胞，因为血站不用肝素抗凝剂，钙离子、镁离子会影响所取细胞。

（3）动物组织的取材

1）鸡胚组织。鸡胚组织培养细胞的研究比较广泛，在鸡的病毒与防疫研究中经常使用。选取受精新鲜鸡蛋置于 38℃孵化箱中孵育，每天翻动两次，为了保证孵化箱内湿度可放置一水碟。

2）鼠胚组织。鼠胚组织是较为常用的培养材料，基因与人相似，且易于取材。但是小鼠皮毛中容易隐藏细菌微生物，而且不宜清洗消毒。首先用引颈法或气管窒息法处死所需胎龄的怀孕母鼠，然后将母鼠整个身体浸入盛有 75%乙醇的烧杯中 3～4s。取出后固定在已经消毒的木板上，然后用眼科剪和止血钳剪开皮肤解剖取材。取出含有鼠胚的子宫，放入事先准备好的平衡盐溶液（BSS）培养皿中，简单清洗后转入另一培养皿。

3）人体组织。人体组织的取材方法与鼠类相同，要注意的是在局部取材时，应先用碘酒，再用酒精棉球消毒，无菌法取材。

2. 细胞分离

动物体内各种组织均由多种细胞和纤维成分组成，这些细胞紧密结合，非常不利于各个细胞在体外培养中的生长繁殖，为了能够获得大量细胞，就必须把现有的组织块充分散开，使细胞解离出来，常用方法如下。

（1）机械法　机械法是通过科学的物理手段，把动物细胞解离分散成单个细胞的方法，有离心分离法、切割分离法和机械分离法等。

1）离心分散法。此方法适用于血液、羊水、胸水、腹水等细胞悬液的细胞分离，一般采用 500～1000r/min 离心 5～10min 即可。根据实际情况也可适当延长时间，但是速度不易过快，否则容易使细胞受挤压破损或死亡。

2）切割分离法。在进行组织块移植培养时可用手术刀或保险刀片交替切割组织，然后分离培养。

3）机械分离法。有些纤维性成分含量很少的软组织如胚胎、脑组织、脾脏、胸腺和间质成分少的软肿瘤组织等，都可用机械分离法进行分散。这类方法易对细胞造成损伤，但不受化学成分影响，所需时间较短。常用两种方法，一是挤压组织通过一系列筛孔逐渐缩小的筛网，直到组织解离为单细胞或小组织块；二是将软组织反复修剪后加 BSS 液或基础培养液，然后用吸管反复吹打，直至组织基本分散或刚好分散。该方法对于纤维成分相对较少的软组织比较适用，如图 6-1 所示。

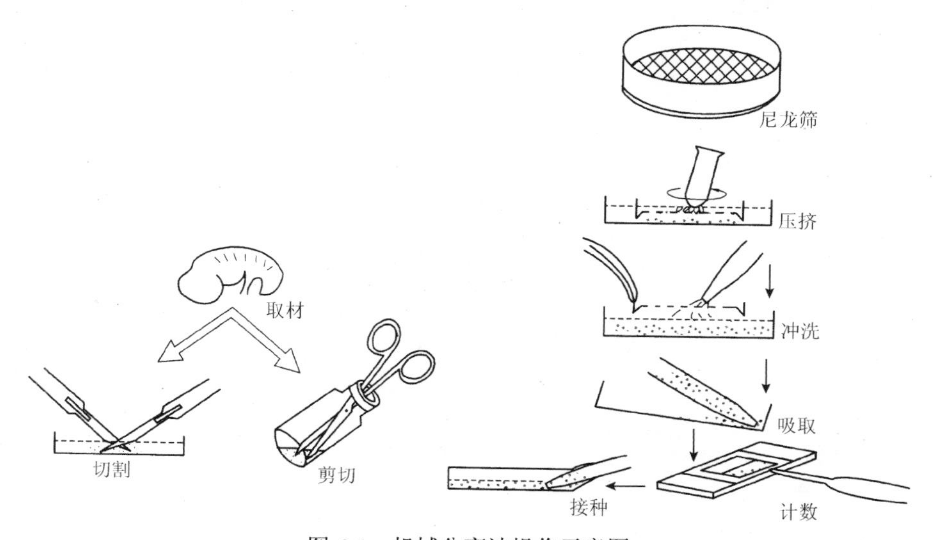

图 6-1　机械分离法操作示意图

（2）消化法　消化法是把组织剪切成较小团块，再用酶作用于小团块，将块状变成絮状，然后与机械法相结合，用吸管吹打，使细胞团块得到较充分的分散，制成细胞悬液，接种培养后，细胞容易贴壁生长。

1）胰蛋白酶消化法。胰蛋白酶是从动物胰脏内分离提取出的一种水解酶，适用于消化细胞间质较少的软组织，是一种广泛应用的消化剂。在常用的蛋白酶中由于产品的活力和纯度不同，对细胞的消化能力也不同，其消化效果与pH、温度、酶的浓度、活力、组织块的大小、无机盐离子、消化时间及细胞类型等都有关系。胰蛋白酶的pH一般为8～9，浓度通常为0.1%～0.5%。在消化细胞间质较少的软组织时，能有效地分离上皮组织、肝、肾等细胞。在酶浓度较高、组织块较小、温度高时，消化时间很快，反之则时间较长。但是如果酶浓度过大、时间过长地把细胞消化掉，也达不到所需目的。胰蛋白酶有冷热两种处理方式，分别在4℃和37℃，如图6-2所示。

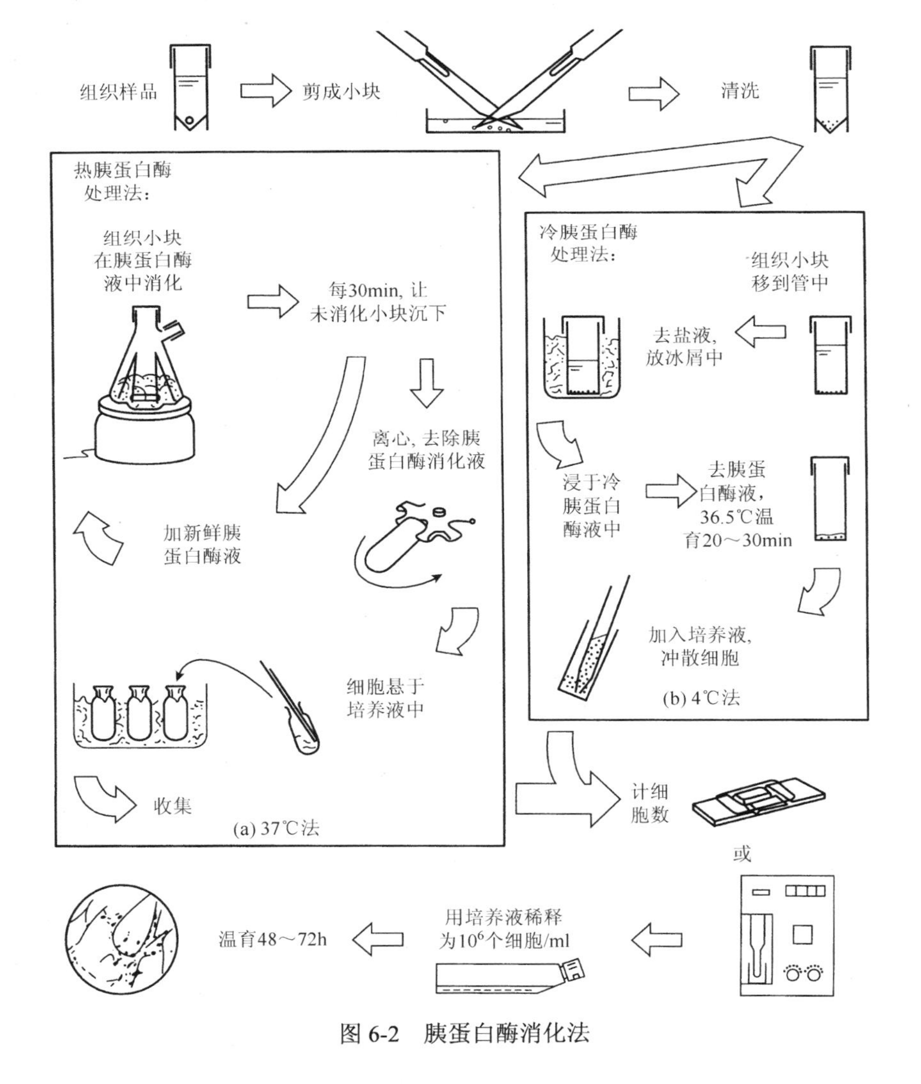

图 6-2　胰蛋白酶消化法

2）胶原酶消化法。胶原酶是从一种细菌中提取出来的酶，对胶原有很强的消化作用。该酶消化纤维性组织、上皮组织及癌组织时，表现出良好的消化作用，但是对上皮组织影响不大。胶原酶在含有钙离子、镁离子的溶液下仍有活性，血清也不易使其失活，因此可用含有钙离子和镁离子的 BSS 配置或溶于含有血清的培养液中。胶原酶也可与胰蛋白酶混合使用。

3）其他消化酶消化法。胰蛋白酶和胶原酶是最常见的两种消化酶，除此之外，还有蜗牛蛋白酶、木瓜蛋白酶、透明纸酸酶、链霉蛋白酶、胃蛋白酶、溶菌酶、中性蛋白酶、弹性蛋白酶及黏蛋白酶等其他消化酶，应根据欲分离组织的具体成分而选择它们中的一种或者几种组合。大多数情况下都是联合几种不同的消化酶一起使用，特别是将几种消化酶与机械分离法结合起来使用。

4）螯合剂消化酶。细胞培养经常使用的螯合剂包括柠檬酸钠（枸橼酸钠）、乙二胺四乙酸（EDTA-Na_2）等。它们都是一种非酶性消化物，常用不含钙离子和镁离子的 BSS 配成 0.02%的工作液。该化学物质与细胞上的钙离子、镁离子结合形成螯合物可分散细胞或使贴壁细胞从瓶壁脱离，缺点是细胞易裂解或贴壁细胞从瓶壁上脱离时呈片状，有团块，常不单独使用。

6.1.2　原代培养常用方法

原代细胞往往由多种细胞组成，比较混杂，各方面差异较大。原代细胞生物特性上不稳定，如果供体不同，即使组织类型、部位相同，个体差异也照样存在，因此在做较为严格的对比性实验研究时，还需进行短期培养。

1. 组织块培养法

组织块培养法是原代培养常用的基本方法之一，是 Harrison 和 Carrel 等最早建立和发展的体外组织培养方法，也称为外植块培养法。其技术要点是将从动物组织体内所取材料切割成称为植块的一定大小的组织块，再将植块接种到培养皿内，加入培养液，然后用组织培养法将培养皿置入培养箱中进行培养，其具体步骤如图 6-3 所示。

2. 组织消化培养法

该方法利用机械法和消化法获得细胞悬液后，接种到细胞培养皿内，贴壁型细胞很快就会粘壁生长，形成单层细胞，如图 6-4 所示。本法适于细胞建系和大量组织的培养，用于小量培养工作稍显烦琐。

3. 悬浮细胞培养法

悬浮细胞培养是指细胞悬在培养液中生长增殖的培养方式，对悬浮生长的细胞可采用低速离心直接接种进行原代培养，如图 6-5 所示。

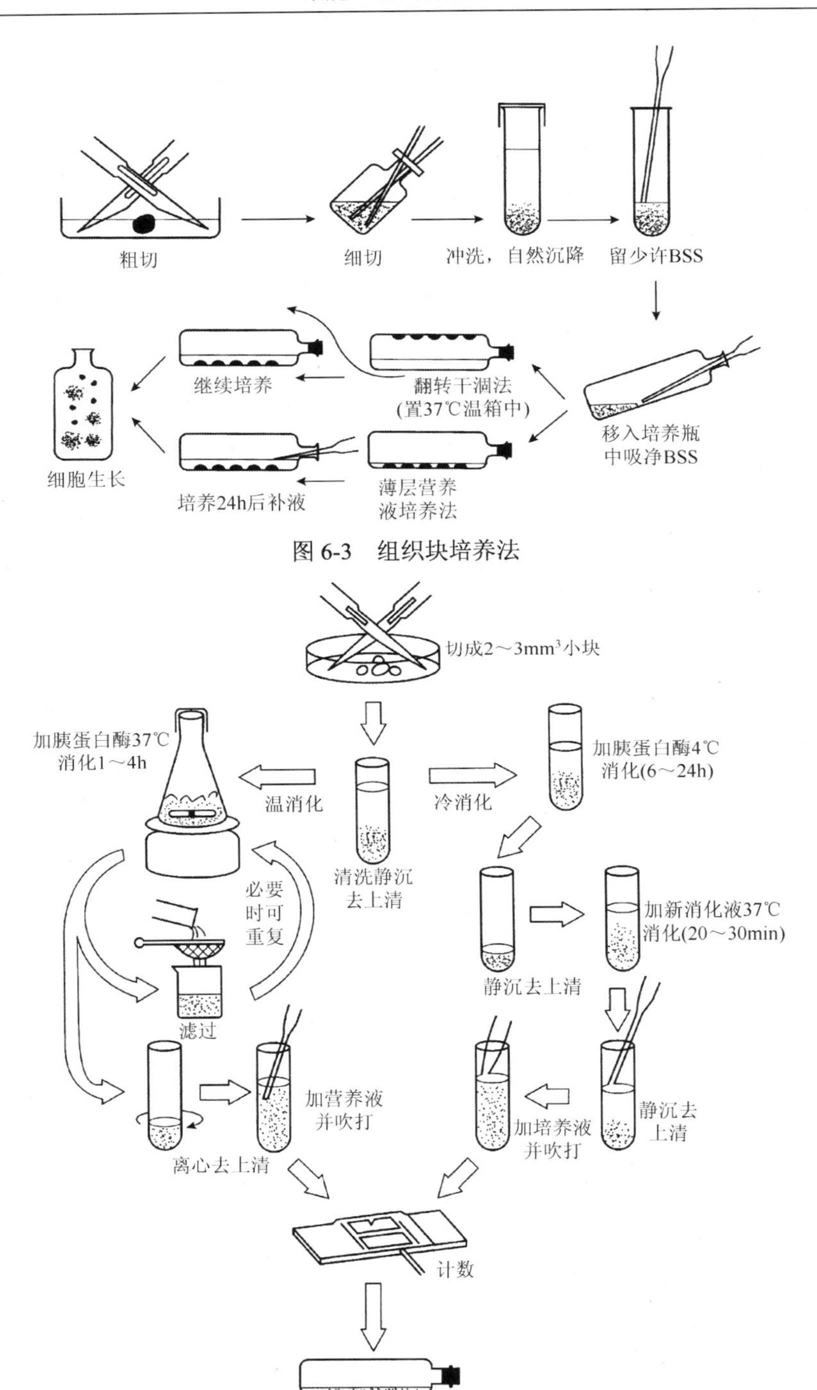

图 6-3　组织块培养法

图 6-4　组织消化培养法

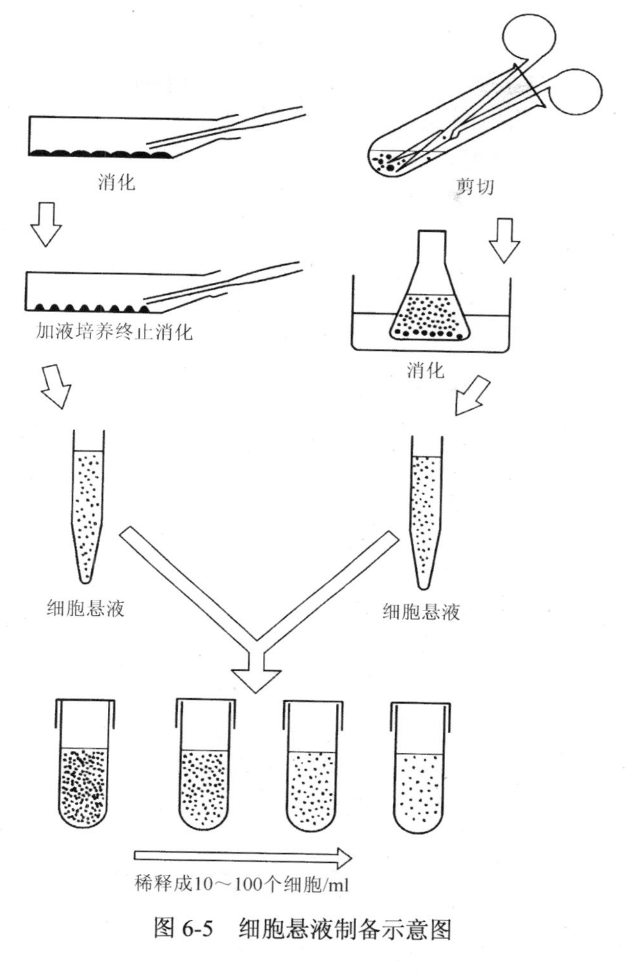

图 6-5　细胞悬液制备示意图

6.2　传 代 培 养

细胞在培养皿长成致密单层后，已基本达到饱和，细胞之间会相互抑制，导致生长减慢或停止。因此，细胞就需要再培养，也就是传代，使细胞继续生长，同时扩大细胞数量。

6.2.1　贴壁细胞生长传代

贴壁生长的细胞传代必须采用消化法。根据细胞贴壁的牢固程度，选用不同浓度的胰蛋白酶液或螯合剂消化液，或者在需要的情况下结合其他酶消化液使用。常用的有 0.05%～0.25%的胰蛋白酶液、0.10%～0.20%的螯合剂消化液和 0.25%胰蛋白酶和 0.02%螯合剂的混合消化液。具体步骤如下。

1）选取生长状态良好的细胞，吸去或倒掉旧培养液，用 PBS 溶液轻缓漂洗培养物一遍，倒掉。

2）根据细胞贴壁的牢固程度，加入适量消化液，使贴壁的细胞游离，在倒置显微镜下观察，当发现细胞间隙增大时，倒掉消化液。

3）加入蛋白酶抑制剂或者血清培养液终止消化，用吸管轻轻吹打壁上的细胞使其从支撑物上脱落。

4）离心，弃去上清液及混合其中的胰酶等，换入新鲜培养液，重新悬浮细胞，计数并调整细胞密度进行分瓶扩大培养。

6.2.2 半悬浮生长细胞传代

此类细胞贴壁生长不牢靠，且只有部分贴壁生长，进行传代时直接用吸管吹打使细胞从瓶壁脱落即可。吹打时动作要轻柔，尽量避免细胞损伤。

6.2.3 悬浮生长细胞传代

悬浮生长细胞不必采用酶消化的方式，因其不贴壁，故可直接传代或者离心收集。直接传代时，让悬浮的细胞慢慢沉淀到培养器底部，吸去 2/3 上清液，然后用吸管轻轻吹打，形成细胞悬液后再接种传代。离心收集时，将培养物转移到离心管内，1000r/min 离心后弃去上清液，收集细胞，加入新的培养液后再混合均匀，接种到新的培养瓶进行培养传代。

6.3 细胞系与细胞克隆

动物体内或胚胎组织是体外培养细胞的细胞源，其体内的细胞往往含有多种类型，因此在传代的过程中通过纯化才会获得较为均一的细胞群体。

6.3.1 细胞系的建立

传代培养的过程就是细胞系的建立过程，原代培养开始的第一次传代后的细胞，就称为细胞系。因此，细胞系就是指从原代培养物经传代培养后得来的一群不均一的细胞。原代培养所含的细胞类型比较多，所以在培养初期，会出现多种多样的细胞类型。传代后所得细胞系的生存期有的有限、有的无限，生存期有限的称为有限细胞系（finite cell line），获得无限繁殖能力能持续生存的细胞系称为连续细胞系（continuous cell line）或无限细胞系（infinite cell line），以前也称已建成的细胞系（established cell line）。

国际上也没有统一要求体外培养的细胞群中已被鉴定的细胞（certified）是什

么样的，一般视具体情况而定。在只用作初代培养细胞时，只要取材部位及组织种类等条件稳定，供体性别、年龄等统一，做鉴定的项目能说明细胞的相关性状即可，无须很多。但是，如果用于其他研究或长期保存时，就要注意说明组织来源、培养条件和方法及细胞生物学检测等。由于细胞系和细胞株组成比较均一，生物性状比较清楚，能传代培养，已被广泛应用于生命科学研究和生物医药的生产中。

6.3.2　细胞克隆

细胞克隆（cell cloning）又称为单个细胞分离培养技术，即把单个细胞从群体中分离出来进行单独培养，使之繁衍成一个新的细胞群体，这个由单个细胞所形成的细胞群体称为克隆。理论上，各种培养细胞都可用来进行克隆培养，但实际上，能够进行克隆培养的细胞一般只有那些细胞活力、增殖能力及对体外生长环境适应能力强的细胞。原代培养细胞和有限细胞系克隆培养比较困难，无限细胞系、转化细胞系和肿瘤细胞则相对容易。细胞克隆有很多方法，常见的有稀释铺板法、软琼脂克隆法、胶原模板或血纤维蛋白膜层板克隆法、饲养层克隆法、单细胞显微操作法等。

1. 稀释铺板法

先制备低浓度细胞悬液，在多孔塑料培养板的各孔中分别接种细胞悬液，使每个孔只含有一个细胞。置于 37℃、5% CO_2 培养箱内培养，待细胞下沉并贴附于培养板孔底后，取出在倒置显微镜下观察，标记含有单细胞的孔，然后放回 CO_2 培养箱中继续培养。数日后，凡在已标记的孔中生长增殖的细胞即克隆细胞。等到孔中细胞增殖 500～600 个时，将克隆分离，重新扩大培养，其操作过程如图 6-6 所示。

2. 软琼脂克隆法

软琼脂层可帮助细胞贴附生长，但琼脂中含有酸性硫酸多糖，对多数细胞有一定的抑制作用。可是对有些细胞，特别是病毒转化及恶性转化细胞却无太大影响。因此测试细胞能否在软琼脂上生长，已成为测试转化细胞恶性程度的重要指标。软琼脂克隆法的一般步骤如下。

取对数生长期细胞，用 0.25%胰蛋白酶消化，使之分散成单个细胞，调整细胞密度至 10^3 个/ml，然后根据实验要求做梯度倍数稀释，制备细胞悬液。取 5%琼脂置于沸腾水浴中使琼脂完全融化，取 4 份 5%琼脂，移入小烧杯中，待冷却至 50℃，迅速加入 9 份预温 37℃的新鲜培养液中，混合均匀，立即浇入 24 孔培养

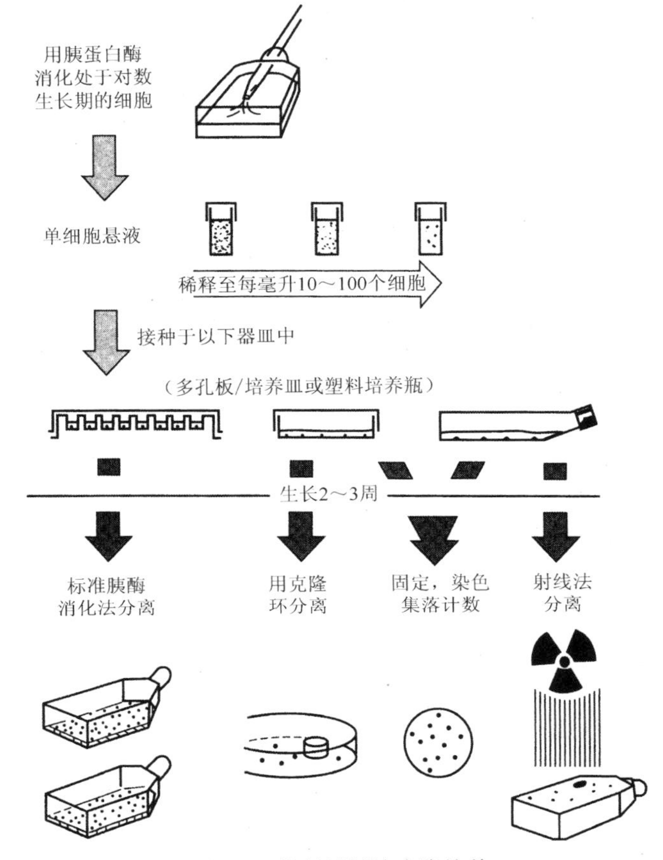

图 6-6　稀释铺板法克隆培养

板中，每孔含 0.5%琼脂培养基 1ml，置于温室使琼脂凝固备用。取 50℃的 5%琼脂 0.6ml 与 9.4ml 37℃保温的不同密度的细胞悬液混合倒入小烧杯，即配成 0.3%琼脂培养基。立即浇入铺有底层琼脂的 24 孔培养板中，每孔加 1ml，置于室温使琼脂凝固。每孔细胞数量可根据细胞生长速度和试验目的来确定，一般情况下，可调整每孔含 25 个、50 个和 100 个细胞的梯度浓度。然后把培养板移入 CO_2 孵箱，在 37℃、5% CO_2 及饱和湿度环境下培养 2～3 周。把培养板放置在倒置显微镜上，镜下计数直径大于 75μm 或含 50 个细胞以上的克隆，并计算克隆形成率。进行软琼脂克隆形成试验时，务必使培养液与琼脂液混匀，避免局部结块。此外，制好底层琼脂后，使之充分凝固，再浇上层琼脂，这样可防止上层琼脂培养基中的细胞进入底层琼脂。

3. 胶原模板或血纤维蛋白膜层板克隆法

原代培养细胞容易黏附于胶原膜层或血纤维膜层等生长基质之上。在细胞克隆中，用胶原膜层或血纤维膜层代替饲养细胞可帮助单个细胞和密度极低的分散细胞黏附和贴壁、存活并逐渐增殖。

血纤维蛋白膜板层的制备方法：取 0.2μg 凝血酶溶于 100ml 克隆培养液中作为 A 液；取 250mg 牛血纤维蛋白原、800mg NaCl、25mg 柠檬酸钠溶于 1000ml 重蒸水中作为 B 液。取 B 液 1ml 和 A 液 4ml 放入组织培养器皿内混合，几分钟之内便可形成透明胶层。取对数生长期培养物用胰蛋白酶消化后制成细胞悬液，用克隆培养液稀释细胞悬液，一般以每个培养皿可生长 1～10 个克隆的细胞浓度为最适。将细胞悬液按所需数目接种入铺有基质层的培养器皿内，置 CO_2 培养箱内培养。每周更换培养液，几周后可见有由 500～1000 个细胞形成的群落，检测并计克隆数目。

4. 饲养层克隆法

细胞的生长增殖不仅取决于培养体系、培养条件及细胞特性，还需要一定的细胞密度。为促使刚刚克隆化的极少量细胞生长增殖，可使用饲养细胞来促进克隆的形成。饲养细胞也称为滋养细胞，是一层经过丝裂霉素 C 处理或射线照射后失去分裂能力，但仍存活，能促进克隆细胞生长的细胞层，常用的有成纤维细胞、胸腺细胞和巨噬细胞等。因为饲养细胞制备较为烦琐，在应用稀释铺板法克隆培养细胞后，已很少再用，但是作为生长基质用来培养某些难培养的细胞时仍有一定的应用价值。

饲养层的制备方法：取人或动物胚胎成纤维细胞等用胰蛋白酶消化后接种入培养瓶内。待细胞长到半汇合时，按 2μg/10^6 个细胞的量加入丝裂霉素 C 后过夜，或者用剂量为 30～50Gy 射线照射处理培养物。以 BSS 漂洗培养物后换新鲜培养液再培养 24h。用胰蛋白酶消化后，再用培养液制成细胞悬液，一般按 10^4 个细胞/cm^2 接种到培养皿内，放置于 CO_2 培养箱内培养 24～48h 后，倒掉旧培养液，细胞层作为克隆化的饲养层。将稀释为每毫升有 20～30 个细胞的细胞悬液接种到具有饲养层的培养皿内，另外将细胞悬液接入没有饲养层的培养器皿内作为对照。接种后放置于 CO_2 培养箱内培养，每周或 2～3d 更换培养液，培养 2～3 周观察克隆的形成，最后检测并计克隆数目。

5. 单细胞显微操作法

借助显微操作器，将单个细胞逐个吸出并转移到含饲养细胞的 96 孔培养板中扩大培养。本方法准确性好，如果没有显微操作器可自制毛细吸管代替，如图 6-7 所示。

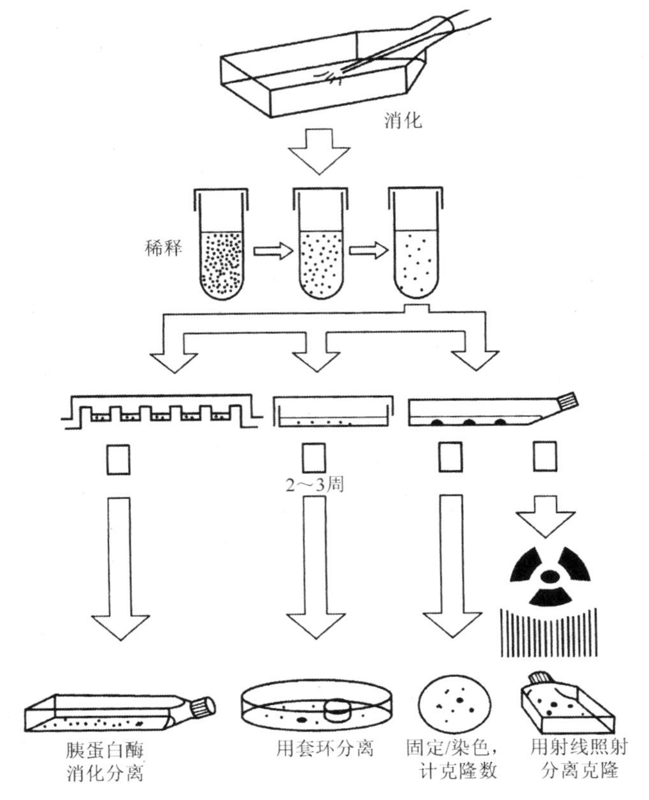

图 6-7　单细胞克隆

6.4　动物细胞的大规模离体培养

动物细胞的大规模培养是在生物反应器中高密度大量培养有用的动物细胞，以生产珍贵的生物制品的技术。动物细胞的大规模培养与实验室常规培养的主要区别，不仅表现在培养规模的不同，还表现在采用的培养及培养工艺的不同。由于动物细胞表达的产品种类繁多，生物合成各具特点，其培养工艺过程也千差万别，因此动物细胞培养工艺的设计要根据动物细胞本身的生长特点、生长形式、目标产品的表达量、稳定性等诸多因素进行综合考虑，以选择相应的生物反应器系统，确立培养条件、培养环境和各种参数控制指标等。动物细胞培养技术能否大规模工业化、商业化，关键在于能否设计出合适的生物反应器。

由于动物细胞无细胞壁，且易受外力损伤，对剪切力敏感，适应环境能力差，而且对温度、pH 和溶解氧等环境条件也很敏感，对营养要求高，生长缓慢，因此对培养技术的要求比较高。目前，世界众多研究集中在优化细胞培养环境、改变细胞特性、提高产品的产率并保证其质量和一致性。随着对细胞生长和产物生成之间相关性研究的深入，大规模动物细胞培养技术不仅在生产药用蛋白质方面逐渐成熟，还在基因治疗、人工器官、基因疫苗用的病毒载体的生产和组织移植用分化细胞的培养等研究领域也具有广阔的应用前景。

6.4.1　动物细胞大规模培养方法

在动物细胞的大规模工业化培养中，一般细胞的培养密度直接决定了生产率的高低，细胞的生长速率不仅决定了细胞达到理想密度所需的时间，同时也反映了细胞的生理状态，是过程控制和工艺优化的基础。动物细胞大规模培养的工艺流程如图 6-8 所示。

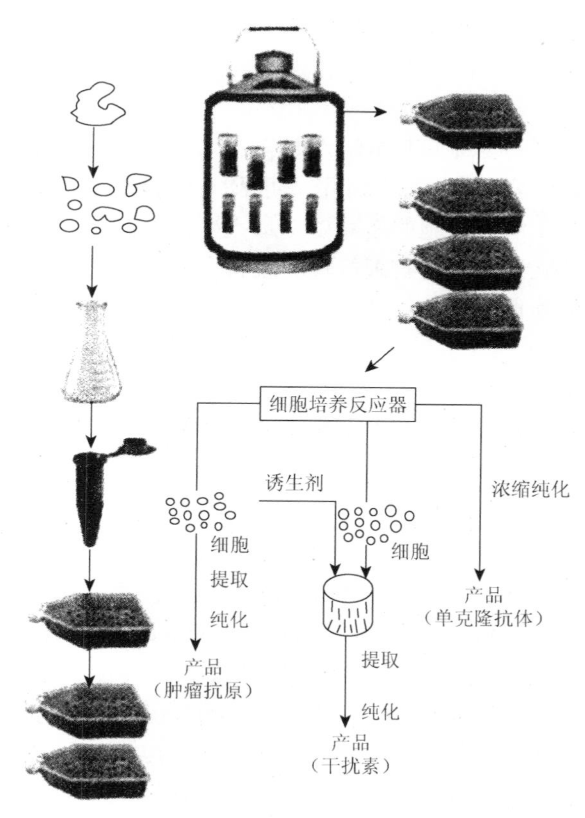

图 6-8　动物细胞大规模培养工艺流程图

1. 悬浮培养

让细胞在反应器中自由悬浮生长的培养方式就是悬浮培养。悬浮培养主要用于如杂交瘤细胞这样的非贴壁依赖性细胞。对于贴壁生长的细胞也可进行细胞生长形式的驯化，使其适应悬浮培养后进行悬浮培养。其优点是在大规模生产时操作简单方便，可及时在线监控细胞生长，且在传代时可免遭损伤等。缺点是设备投入资金大，不适合二倍体细胞培养等。

2. 贴壁培养

贴壁培养是指细胞贴附在一定的基质表面进行的一种培养方法，适用于一切贴壁细胞，也适用于兼性贴壁细胞。其优点是容易更换培养液，可直接倒去旧培养液，清洗后直接添加新培养液即可。不需过滤系统，可采用灌注培养，比悬浮培养维持的培养周期长。但是其操作烦琐，不能有效检测细胞生长，传氧差、占地面积大、投资大等因素使其大规模培养受到限制，因此在实际生产中培养规模较小。

3. 固定化培养

固定化培养是将动物细胞与水溶性载体在无菌条件下结合起来进行培养的方法，具有抗污染、抗剪切力，细胞生长密度高，细胞易与产物分开，有利于产物分离纯化等优点。在动物细胞的培养中，最重要的目的是利用细胞来合成和分泌蛋白，因此保持细胞活性是动物细胞培养中特别要注意的。动物细胞的敏感性极高，在采用固定化处理的为前提的情况下，动物细胞的固定化主要采用吸附、包埋等方法。

6.4.2　动物细胞大规模培养的生物反应器种类

1. 气升式培养系统

气升式生物反应器是利用通入反应器的无菌空气的上升气流带动培养液进行循环，起供氧和混合两种作用的一类生物反应器。主要有内循环式和外循环式两种类型，动物细胞的大规模培养多采用内循环式，其结构如图 6-9 所示。

英国的 Celltech 公司是最早成功应用气升式生物反应系统进行动物细胞培养的。该公司在 1985 年用 100L 的气升式生物反应器培养杂交瘤细胞生产单细胞克隆抗体，而后逐级放大，现已开发出 10 000L 规模的气升式生物反应器用于各类单细胞克隆抗体的大量生产。在气升式生物反应器内，气体为细胞生长提供了足够溶解氧的同时，也为细胞提供了混合均匀的营养环境。和传统的培养瓶、滚瓶等培养方式相比，利用气升式生物反应器能够大大提高抗体产量。目前，利用气升式反应器培养哺乳昆虫细胞、动物细胞、杂交瘤细胞生产生物产品已广泛应用。

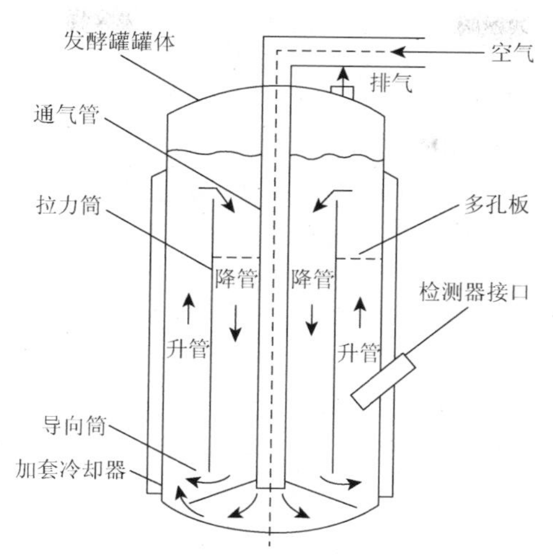

图 6-9　内循环气升式生物反应器结构

2. 微载体培养系统

微载体培养技术是 van Wezel 在 1967 年首先创立的，微载体培养系统是利用固体小颗粒作为载体，使细胞在载体的表面附着，通过连续搅拌悬浮于培养液中，并成单层生长繁殖。

微载体是指直径在 50μm 到数百微米不等、适合动物细胞贴附和生长的微珠。制作微载体的材料主要有葡聚糖类、明胶、纤维素、玻璃及各种各样的高分子聚合物等，目前已经商品化。

由于微载体培养系统具有单层细胞培养和悬浮培养的双重优点，既能使贴壁依赖性细胞贴附在微载体表面进行生长，又可将贴附着细胞的微载体像非贴壁依赖性细胞一样在生物反应器中进行大规模悬浮培养，因此大多数生物制品的生产及细胞生物学研究都用微载体培养系统来提供细胞，微载体系统的主要特点如下：①单位体积培养液的细胞产率高；②生长环境均一，条件易于控制；③细胞与培养液易于分离，较容易收获细胞、取样及计数；④对微生物发酵罐或气升式深层培养系统稍加改进，即可进行大规模培养；⑤适合包括原代细胞和二倍体细胞株在内的多种贴壁依赖性细胞的培养。

该技术也有很多弊端，微载体价格一般较贵，且不能重复使用。而且生长在微载体表面的细胞易受剪切损伤，不适合贴壁不牢的细胞生长。另外，即使是贴壁细胞，在培养后期，由于细胞老化贴壁能力下降，也容易从微载体上脱落。为了克服这些不足，人们又开发了一系列多孔微载体用于动物细胞培养。多孔微载体又称为大孔微载体，它不仅能培养贴壁细胞，也适合于悬浮细胞的固定化连续灌流培养。它增加了细胞的固定化稳定性，能使细胞免受机械损伤，同时又可以提高搅拌强度和通气量，还可以减少血清用量。

3. 中空纤维培养系统

1972 年，Knazek 等模拟体内循环，设计了小型中空纤维细胞培养装置，自此以后，该技术得到了不断的改进和完善，应用这种生物反应器已经培养了多种动物细胞并获得了珍贵的生物产品。如图 6-10 所示，是中空纤维反应器培养的一些细胞类型及其分泌产物。

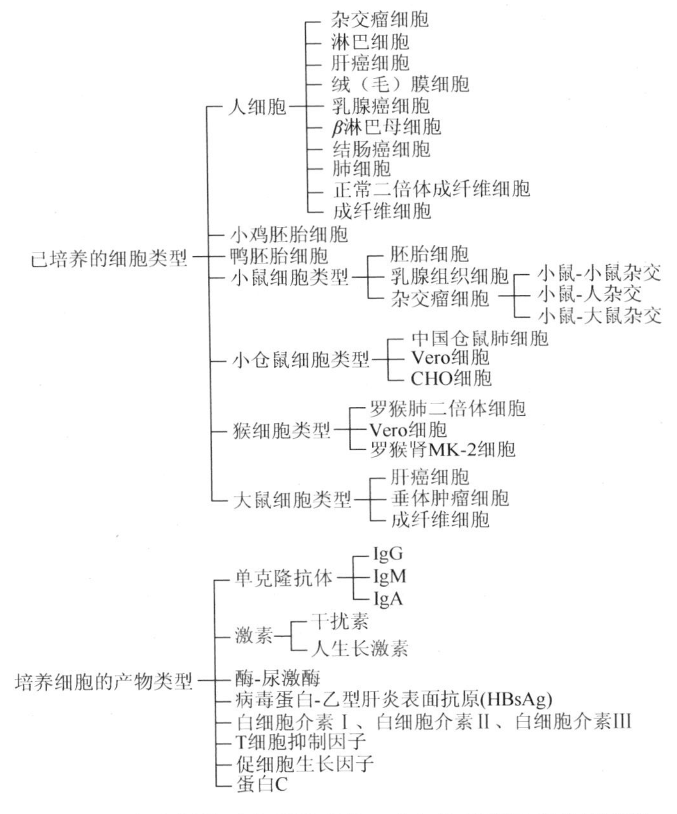

图 6-10　中空纤维反应器培养的一些细胞类型及其分泌产物

中空纤维反应器是一个特制的容器，犹如一个圆筒，培养筒内可以封装数千根用聚矾或丙烯的聚合物制成的中空纤维。该反应器是把细胞限制在具有半透膜性质的中空纤维内生长，培养液从中空纤维管中流过，细胞主要通过半透膜获得营养物和氧，如图 6-11 所示。中空纤维反应器中物质交换示意图如图 6-12 所示。

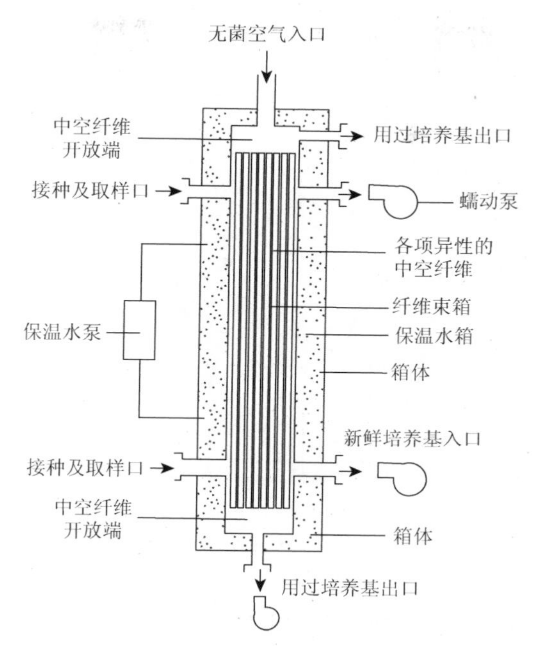

图 6-11　中空纤维反应器结构示意图

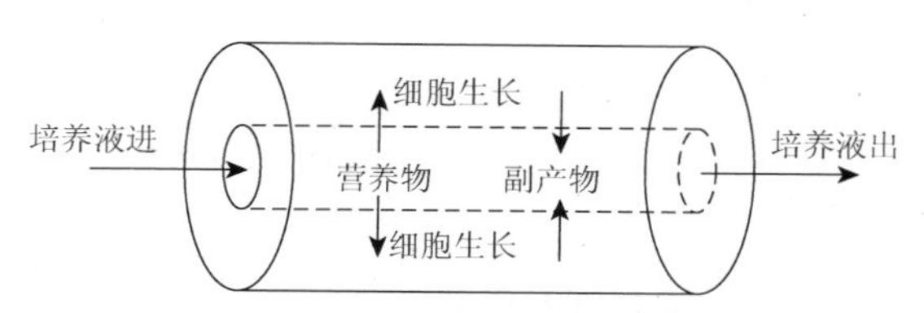

图 6-12　中空纤维反应器中物质交换示意图

该系统中细胞可以向三维空间生长繁殖，繁殖后的密度可达 10^9 个/ml。当达到最大细胞密度时，就可以用无血清培养液代替含有血清的培养液。

中空纤维培养系统的规模放大，可通过多单元组件的并联来实现。中空纤维反应器传质效率高、无剪切的优点使培养细胞的密度和产物浓度都达到了较高水平。而且细胞周期长，培养系统占用空间小，既可以培养悬浮细胞，也可以培养贴壁依赖性细胞。但是它不能重复使用，而且反应器内存在培养液成分和代谢产物浓度梯度，大规模动物细胞的体外培养中应用的潜力不大，但在人造器官方面有较好的应用前景。

4. 微囊培养系统

20 世纪 70 年代，Lin 和 Sun 创立了微囊技术，该技术是在无菌条件下，将活细胞悬浮于海藻酸钠溶液中，通过特制的成滴器将含有细胞的悬液形成一定大小的小滴，滴入 $CaCl_2$ 溶液中，形成内含活细胞的凝胶小珠。然后用多聚氨酸将凝胶小珠包被，形成坚韧、多孔、可通透的外膜。再用柠檬酸处理，重新液化凝胶小珠，使其成胶物质从多孔膜流出，活细胞留在多孔膜内，即可放入适当的培养系统中进行培养，如图 6-13 所示。

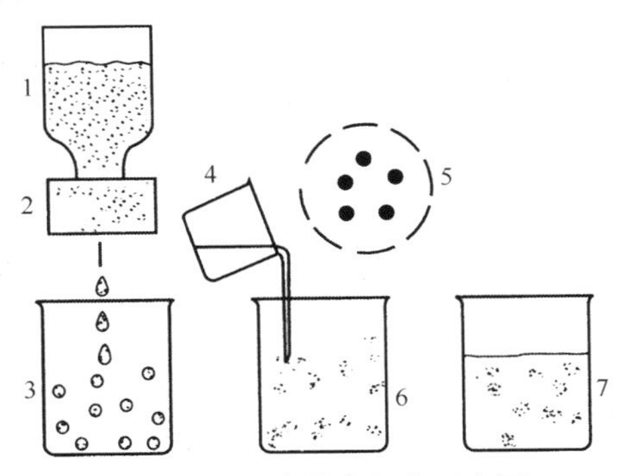

图 6-13　微囊技术操作示意图

1. 悬浮细胞胶液；2. 成滴器；3. 胶化小珠；4. 包被溶液；5. 显微镜下微囊；6. 多孔微囊膜；7. 完成操作后的微囊

微囊技术的优点有很多，微囊膜可以保护细胞免受或少受非理想外力的影响，因此可以加大搅拌速度和通气量。而且微囊技术还可实现细胞的高密度培养，从而提高产物浓度。微囊化细胞还可重复使用，连续培养。由于微囊膜的通透性，可将产物截留在膜内或扩散在膜外，易于分离纯化，抗污染效果好。但微囊成功率不高，且制作过程复杂，培养液用量大，囊内部分死亡的细胞会污染产物等问题还需要进一步解决。

利用生物反应器大规模培养动物细胞，生产有重要价值的产品已经成为现代生物医药产业的重要组成部分。由于动物细胞把目的蛋白分泌到培养液中，从而简化了蛋白质的分离和纯化过程，而且还能精确地转录、翻译和加工较为复杂的蛋白质，因此利用动物细胞大规模培养技术生产相关生物制品越来越受到人们的重视。然而，大规模培养动物细胞依旧存在很多问题，培养成本高、价格贵、细胞代谢和生长特性的研究欠缺、在线检测技术不完善等都阻碍了优良培养系统的开发。但是随着相关培养技术和设备的不断完善，动物细胞工程在人类医学中，将会发挥越来越大的作用。

6.4.3　大规模培养技术的操作方式

从培养方式来看，动物细胞无论是贴壁培养、悬浮培养还是固定化培养，从生物反应器的操作方式来看，主要分为以下四类。

1. 分批式操作

分批式操作是动物细胞规模培养发展中较早采用的方式，也是其他操作方式的基础。分批式操作培养中，细胞不断生长的同时，产物也不断生成，待到时间成熟后终止培养。不再往培养系统内添加营养而只通入氧，这样的方式能够控制的参数只有溶氧量（DO）、温度和 pH。而细胞所处的生长环境一直随着营养物质的变化而变化，因此细胞始终不能一直处于最优条件下，所以分批式操作培养不是理想的培养方式，其过程如图 6-14 所示。

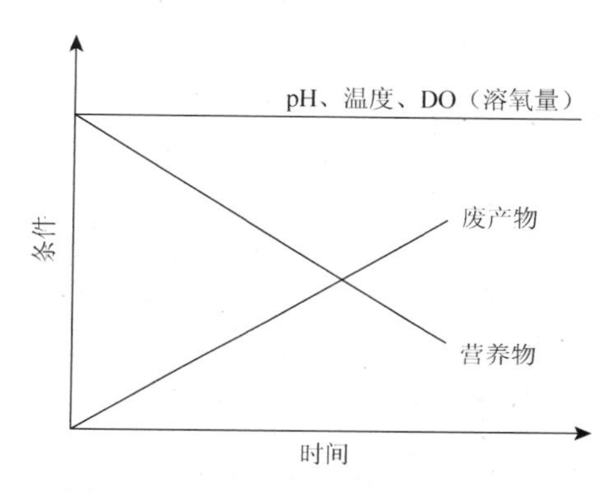

图 6-14　分批式操作培养过程特征图

分批式培养法的工业反应器规模可直接放大，且操作简单，培养周期短，染菌和细胞突变的风险小，可直观地反映细胞生长代谢的过程等。分批式培养的生长曲线与微生物细胞的生长曲线基本相同，其培养随时间变化曲线如图 6-15 所示。

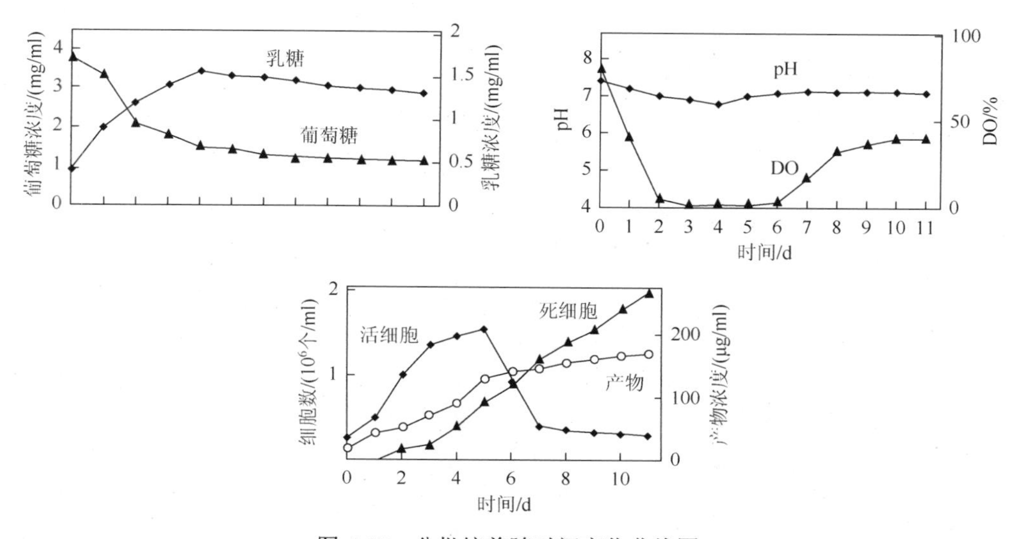

图 6-15　分批培养随时间变化曲线图

2. 流加式操作

流加式操作是在分批式操作的基础上，采用机械搅拌式生物反应器系统悬浮培养细胞或悬浮微载体培养贴壁细胞的一种操作方式，如图 6-16 所示。

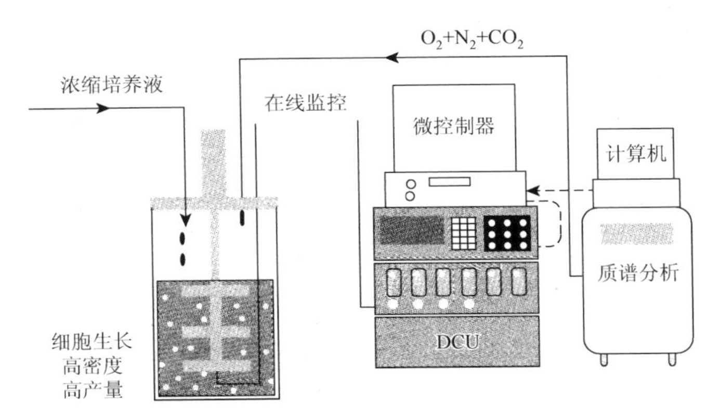

图 6-16　流加式培养

在整个过程中，由于新鲜培养液的加入，反应体积也是变化的。流加式培养过程的特征图如图 6-17 所示。

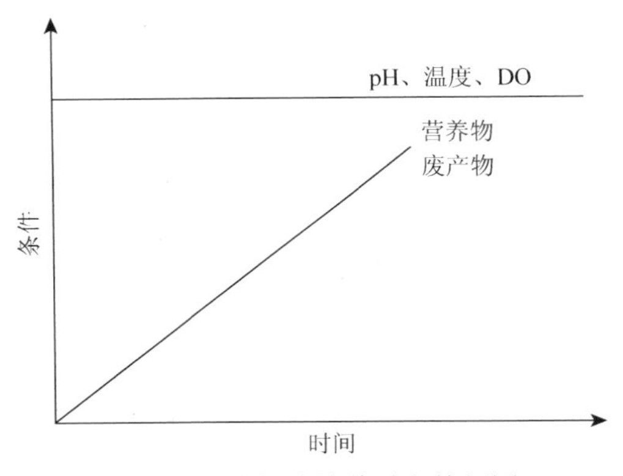

图 6-17　流加式培养过程特征图

3. 半连续操作

半连续操作又称为重复分批式操作或换液操作，其原理是在分批式操作的基础上，取出部分分批培养的培养液，并重新加入等量的新鲜培养液，从而使反应器内培养液总体积保持不变的培养方式。这种类型的操作是将细胞接种到一定体积的培养液，让其生长至一定的浓度，在细胞生长至最大密度之前，用新鲜培养液稀释培养物，以维持细胞对数生长状态，随着稀释率的增加，培养体积逐步增加。此操作方式简单便捷，生产效率高，可长时间进行生产，多次收获。

4. 连续灌流式操作

连续式培养是指将细胞种子和培养液一起加入反应器内进行培养，在不断向反应器加培养液的同时，以相同流量从反应器中流出培养液，使反应条件处于一种恒定状态。连续式操作的最大特点是反应器的培养状态一直处于恒定，可以使细胞一直保持在最优的状态下生长。

灌流式操作相对于分批式操作完全是另一种概念的培养方式，其与连续操作的不同在于，连续稳定地加入新鲜培养液的同时采用截留装置，该装置确保了产物的回收率，多用于固定化培养系统。灌流式操作常用的生物反应器培养系统主要有以下两种形式。一种是具有多种形式的透析系统或沉降系统的悬浮搅拌式连续灌流培养系统，如图 6-18 所示。该系统采用的中空纤维半透膜将绝大多数细胞截留在了反应器中，非常适用于产物分泌性动物细胞的生产，现在主要用于培养杂交瘤细胞生产单抗。另一种是固定床式连续灌流培养系统，如图 6-19 所示。该系统的灌流速度大，主要是通过流体的上升使固体颗粒维持在悬浮状态进行反应，适用于固定化细胞的培养。

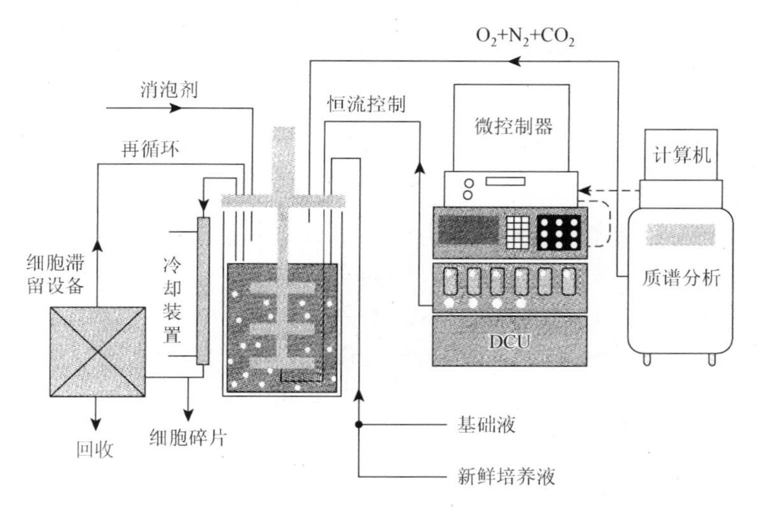

图 6-18　悬浮搅拌式连续灌流培养系统

灌流式操作的特点是可以使细胞处于较好且稳定的环境中生长，可以保持产品活性、目标产品回收率高、可以提高产品产量，但是其需要培养液的量比较大，且原材料价格较高，营养成分利用率低，而且其污染率较高，对于规模的放大也有诸多限制。

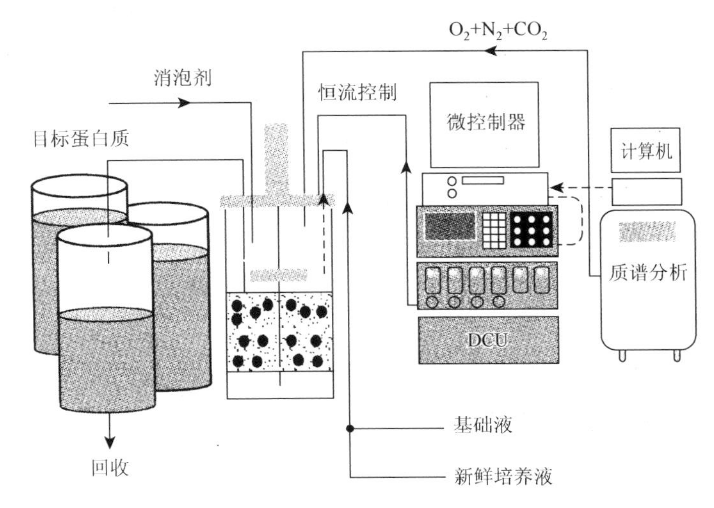

图 6-19　固定床式连续灌流培养系统

6.5　动物细胞的冷冻保存

细胞系在反复传代过程中许多生物学性状容易发生变化，为了防止性状变化的发生，通常采用冷冻技术进行保存。冷冻保存技术是用特殊的保护剂和降温措施，使细胞新陈代谢减缓或停止，当恢复到正常温度时，又能够继续发育，从而能长期保存的一种生物技术。

6.5.1　冷冻保护剂

冷冻保护剂是为了保存细胞活力，防止细胞在冷冻、解冻过程中形成结晶，对细胞造成损伤而添加的一种物质。不同类型的保护剂有不同性质，常用的有甘油和二甲基亚砜（DMSO），但 DMSO 有副作用，有时也采用两种混合使用的方法。另外还有一种在耐寒鱼或昆虫体内发现的一种具有特殊功能的抗冻蛋白，在低温和超低温下可与细胞膜相互作用，抑制细胞内冰晶的形成，从而保护细胞免受低温损伤，增强动物抗寒能力。

6.5.2　冷冻方法

1. 常规冷冻

常规冷冻也称为逐步降温法或慢速冷冻，是目前最为广泛的冷冻方法。动物细胞的冷冻和复苏的原则是慢冻快融，慢冻时结冰在细胞外形成，不致损害细胞。不同细胞的冷冻过程、冷冻剂的种类和用量及最适冷冻速率都不尽相同。复温时，从冷冻液中取出冻有动物细胞的细管，投入 37℃水浴中，1min 后取出。将动物细胞移入含 0.2mol/L 蔗糖的 PBS 液中脱除冷冻保护剂，使细胞复水。以一定复温速度将冻存的培养物恢复到常温的过程称为复苏。

2. 玻璃化冷冻法

玻璃化冷冻法是 20 世纪 80 年代发展起来的一种快速冷冻的方法，该方法对动物细胞、皮肤和角膜等组织，特别是对胚胎有很好的效果。所用玻璃化溶液在低温下黏稠、不结晶，有一种特殊的“玻璃化”状态，大大减少了低温对细胞的伤害。

6.5.3　冷冻鉴定

解冻后需要鉴定细胞是否有活力来判定其是否适合移植。

在显微镜下观察解冻后的细胞，若其能恢复到冷冻前的状态，则可认为冷冻成功，适于移植。如果其不能恢复到冷冻前大小，则不适宜移植。

还有一种染色法，根据所选染料的不同，判别方法也不一样。若用荧光染色，则能发出淡绿色荧光的为有活力的细胞，不能发光的为无活力或低活力细胞。若用台盼蓝染色，有活力的细胞不着色，而死亡的细胞内充满台盼蓝颗粒。

冷冻保存技术使胚胎移植不再受时间、地域限制，简化了引种过程，为医学研究和测试工作带来了极大便利，使其在畜牧业生产及其他生物技术方面研究方面发挥了重大作用。

7

第 7 章　动物细胞融合、杂交瘤及单克隆抗体生产技术

自然细胞融合（cell fusion）现象最初是在动物细胞中发现的，如受精过程中雌雄生殖细胞间的融合；骨骼肌在分化过程中通过几个成肌细胞的融合形成多核的肌细胞而发育成为成熟的肌纤维；在机体的防御反应中，巨噬细胞吞噬感染因子或异物时，也是通过膜的包裹和融合而完成的。细胞融合技术最有意义的成果之一就是单克隆抗体的制备。单克隆抗体（monoclonal antibody，McAb）在生物、农业、医疗、制药等众多领域得到极为广泛的应用。单克隆抗体的制备是一个复杂、精细的工艺，本章主要描述动物细胞融合、杂交瘤及单克隆抗体生产技术。

7.1　动物细胞融合技术

细胞融合是 20 世纪 60 年代发展起来的一门技术，它不但在生命科学的基础研究中具有重要作用，而且在动物品种改良、基因治疗和疾病诊治等领域也展现出了广阔的应用前景。1975 年，Köhler 等用细胞融合技术创建了淋巴细胞杂交瘤技术并制备了单克隆抗体，这被称为免疫学史上的一次技术性革命。目前，细胞融合技术已成为动物核移植、McAb 生产的重要技术环节。

7.1.1　细胞融合概述

1. 细胞融合的概念和类型

（1）细胞融合的概念　　细胞融合又称为体细胞杂交或细胞杂交，是指在离体条件下用人工方法将不同生物或同种生物不同类型的单细胞通过无性方式融合成一个杂交细胞的技术。细胞融合技术的出现标志着细胞工程的诞生。

（2）融合细胞的类型

1）同核体。同核体（homokaryon）是由同一生物个体的亲本细胞融合所形成的含有同型细胞核的融合细胞。

2）异核体。异核体（heterokaryon）是由不同种属或同一种属的不同生物个体的亲本细胞发生融合所形成的含有不同细胞核的融合细胞。

2. 人工诱导细胞融合方法

人工诱导细胞融合的方法有病毒诱导融合、化学方法诱导融合和电诱导融合三种。目前使用最多的是化学方法诱导融合法和电诱导融合法。

（1）病毒诱导融合　常用的能诱导细胞融合的病毒有疱疹病毒（herpes virus）、牛痘病毒（cowpox virus）和副黏液病毒科病毒等，其中属于副黏液病毒科的仙台病毒（sendai virus）（图 7-1）应用最为广泛。

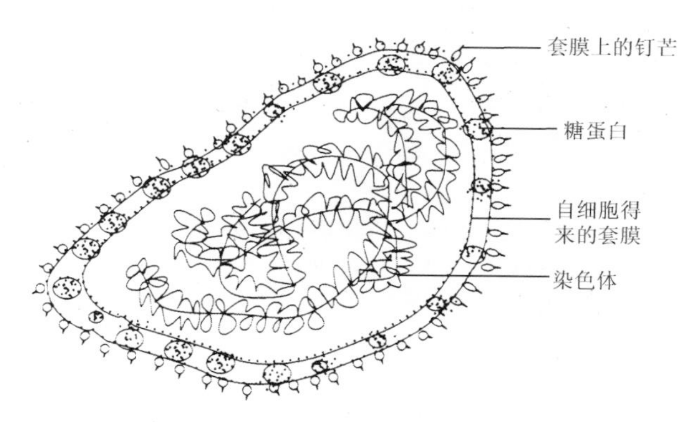

图 7-1　仙台病毒示意图

仙台病毒为多形性颗粒，其囊膜上有许多具有凝血活性和唾液酸苷酶活性的刺突（spike），它们可与细胞膜上的糖蛋白起作用，使细胞相互凝集，再通过膜上蛋白质分子的重新分布，使膜中脂类分子重排，从而打开质膜，导致细胞融合（图 7-2）。

此方法建立较早，操作较烦琐，融合效率和重复性不够高。但目前对病毒通过融合入侵细胞的过程及病毒膜融合蛋白的作用机理等方面的研究仍然是热点问题。

（2）化学方法诱导融合　化学方法诱导融合是利用一些化学物质如聚乙二醇（polyethylene glycol，PEG）、Ca^{2+}、溶血卵磷脂等诱导细胞融合的方法。其中，PEG 结合高 pH 的高浓度 Ca^{2+}的融合方法成为一种较常用的细胞融合方法（图 7-3）。选择 PEG 作为诱融剂时，PEG 溶液的 pH 为 7.4～8.0，平均相对分子质量为 1000～4000，使用浓度为 30%～50%。在融合过程中，开始逐滴加入 PEG，而且在作用期间需不断振摇，以防止细胞结团。短期温育后再缓慢加入不含血清的培养液终止 PEG 作用。

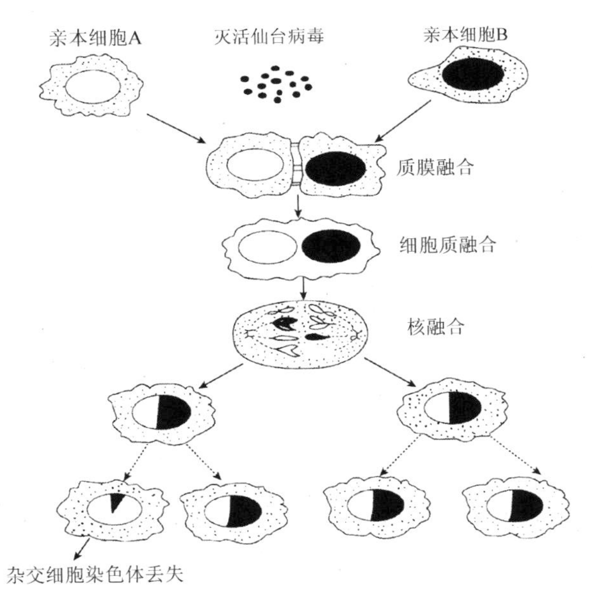

图 7-2　仙台病毒诱导细胞融合示意图

单核细胞 A 和单核细胞 B 在灭活仙台病毒诱导下融合成双核异核体；双核异核体分裂产生两个单核杂交细胞；AB 杂交体连续分裂并逐渐失去亲本细胞 B 的多数染色体

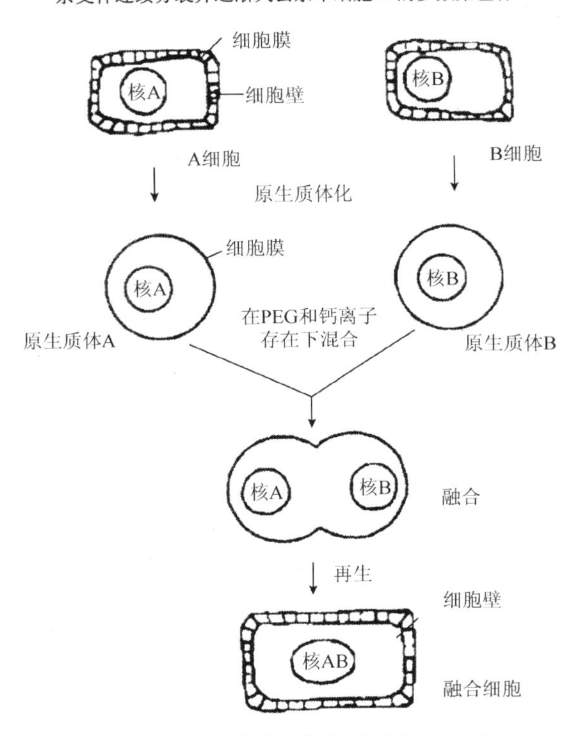

图 7-3　PEG 法诱导原生质体融合过程

用 PEG 诱导细胞融合是 Potecrvo 在 1975 年获得成功的。该方法的优点是简便、融合效率高。因此，很快取代了仙台病毒法而成为诱导细胞融合的主要手段。

（3）电诱导融合　1981 年，Scheurich 和 Zimmermann 发明了电诱导细胞融合法，简称电融合。电融合是指将亲本细胞置于交变电场中，使它们彼此靠近，紧密接触，并在两个电极间排列成串珠状，然后在高强度、短时程的直流电脉冲作用下，相互连接的两个或多个细胞的质膜被击穿而导致细胞融合（图 7-4）。细胞桥的形成是细胞融合的关键一步，两个细胞膜从彼此接触到破裂形成细胞桥的具体变化过程如图 7-5 所示。融合细胞如果没有细胞核的融合，仅发生了细胞质的融合，则可能成为嵌合细胞。嵌合细胞具有两个母本细胞方向发育的能力，最终形成嵌合植株。

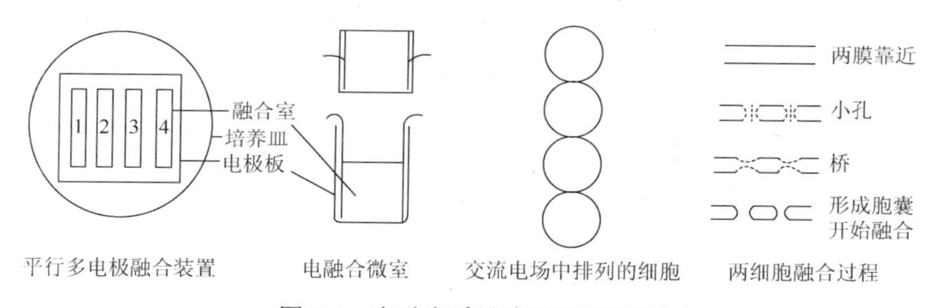

图 7-4　电融合诱导法原理示意图

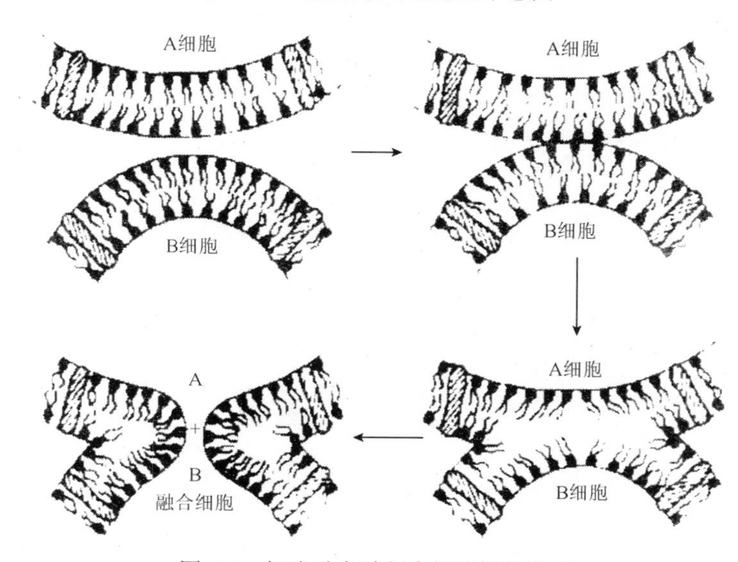

图 7-5　细胞融合过程中细胞桥的形成

电诱导细胞融合法的优点是融合效率高、对细胞的毒性小、参数也较易控制。

但需要注意的是，由于不同细胞的表面电荷特性有差别，因此需要进行预实验，以确定细胞融合的最佳技术参数。

此外，最近还发展了新的细胞排队融合技术，如激光剪和激光镊技术，这些新的融合方法可以进行一对细胞的融合。目前，这些方法在大多数实验室还未展开使用，但已显示了这些技术独特的应用潜力。

3. 细胞融合的机理

细胞融合的关键步骤是两亲本细胞的质膜发生融合，形成同一的质膜（细胞膜）。膜融合是细胞生命过程中的重要事件，关于质膜融合的分子机制目前已有了大量的研究结果，其典型的事例就是转运泡（transport vesicle）与质膜融合。

转运泡在细胞融合过程中起重要作用，它是由高尔基体产生的。在转运泡与质膜（是转运泡将要到达的目的膜，也称靶膜）相互融合的过程中，有一些分子和分子复合体起了关键作用，如 SNARE、连接蛋白和 Rab（一类单体 G 蛋白）等。连接蛋白和 SNARE 负责转运泡和质膜之间的识别与融合；其中，SNARE 的作用是介导转运泡与靶膜的停靠和融合（图 7-6）。另外，在转运泡的膜上有 v-SNARE（v 代表 vesicle）蛋白，在质膜上有 t-SNARE（t 代表 target）蛋白，这两种蛋白质都含有螺旋状结构域。这一结构域在 Rab 的帮助下能相互缠绕形成跨 SNARE 复合体（trans-SNARE complexe）。细胞发生融合时，转运泡的膜与质膜通过该复合体拉在一起，随后两细胞紧密接触，形成穿孔，继而发生膜的融合（图 7-7）。

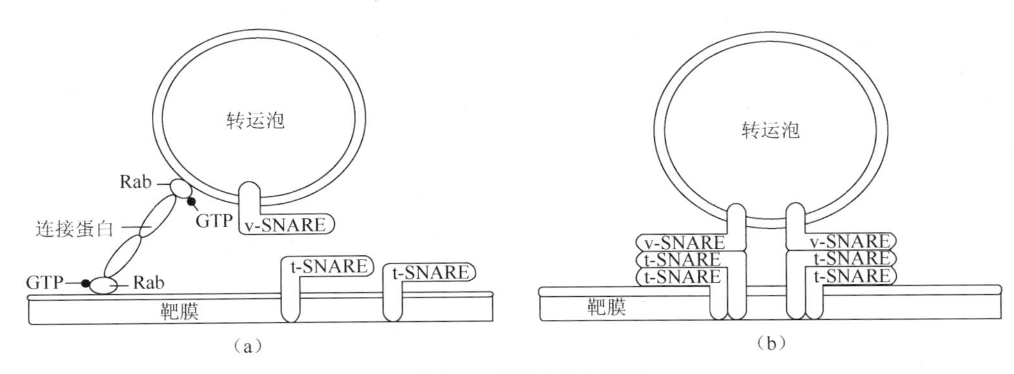

图 7-6　细胞内转运泡与靶膜的连接与锚定（Karp，2005）

（a）转运泡的连接（tethering）：转运泡通过连接蛋白（tethering protein）和 Rab 蛋白与即将发生融合的靶膜识别并连接，该过程通过连接蛋白的识别和结合完成。（b）转运泡的停泊或锚定（docking）。通过转运泡上的 v-SNARE（soluble NSF attachment protein receptor）与靶膜上的 t-SNARE 发生连接，使转运泡与靶膜密切接触

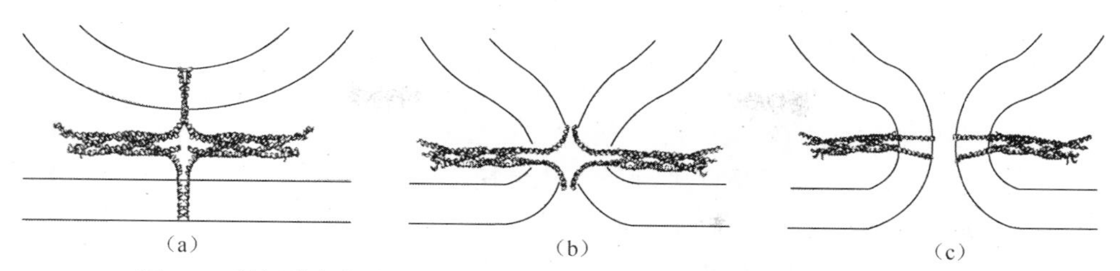

图 7-7　转运泡与靶膜融合过程中 v-SNARE 与 t-SNARE 相互作用的模型

(a) 当转运泡通过 v-SNARE 与 t-SNARE 锚定在靶膜上后，这些相关蛋白的分子通过形成四条链索的 α 跨膜螺旋相互缠绕，使转运泡的膜与靶膜密切接触；(b) 推测的膜融合时的瞬间状态，两个即将融合的膜之间出现一个充水的小腔；(c) 原先位于两种分开的不同膜上的跨膜螺旋现在处于同一膜脂双层中，融合孔在转运泡和靶膜之间打开，完成两种膜的融合过程

7.1.2　杂交细胞的筛选

细胞融合是一个随机的过程，融合后，大批的细胞紧张且烦琐地筛选就成为劳动强度很大的实验室工作。筛选杂交细胞时应根据其细胞特性来选择适当的筛选方法。杂交细胞的筛选可分为非选择性筛选和选择性筛选两种，这里主要讲述选择性筛选的方式。

通过改变培养基成分或添加药物对杂交细胞进行筛选的方式称为选择性筛选，是利用杂交细胞在生理上的选择标记（如基因缺陷互补、抗性标记、营养缺陷、温度敏感突变特性等标记）筛选杂交细胞的方法。

1. 利用基因缺陷互补的筛选

（1）药物抗性突变型　　对核苷酸合成的酶类进行突变，就可以人为控制细胞的存活。在核苷酸合成的补救途径中，次黄嘌呤磷酸核糖转移酶（hypoxanthine guanine phosphoribosyl transferase，HGPRT）负责催化磷酸核糖焦磷酸和嘌呤基形成嘌呤单磷酸核苷酸，而胸腺嘧啶脱氧核苷激酶（thymidine kinase，TK）可将培养基中的胸苷转变为 5′-单磷酸胸苷，以作为胸苷脱氧核苷酸合成的材料。当 HGPRT 或 TK 发生突变并丧失催化功能时，核苷酸合成的补救途径就被阻断。如果使用药物阻断核苷酸从头合成途径，细胞就可以利用其补救途径继续存活，但细胞缺乏补救途径的相关酶类时则会死亡。而杂交细胞的特点是它具有双方的基因组，而且核苷酸合成补救途径的基因缺陷能够互补，因此能够在选择培养基中生存和增殖。

常用的阻断嘌呤和嘧啶从头合成核苷酸途径的药物有次黄嘌呤、胸苷、氨基蝶呤和氨甲蝶呤。

（2）选择培养基　　HAT 选择培养基法是动物杂交细胞筛选中最常用的方法。HAT 培养基是根据细胞内嘌呤核苷酸和嘧啶核苷酸的生物合成途径设计，用于筛选杂交瘤细胞的特殊培养液。HAT 培养基是在 DMEM（高糖/低糖）或 RPMI-1640

培养基中加入了次黄嘌呤（hypoxanthine，H）、氨基蝶呤（aminopterin，A）和胸腺嘧啶核苷（thymidine，T）3 种关键成分。

细胞的 DNA 合成有两条途径，一条是生物合成途径（de novo pathway，D 途径），即从头合成途径，由氨基酸和其他小分子化合物合成核苷酸开始，进而合成 DNA 的过程，在此途径中，叶酸衍生物作为必不可少的辅酶，参与嘌呤环和胸腺嘧啶甲基的生物合成（图 7-8）。HAT 培养液中的氨基蝶呤（A）是叶酸拮抗剂，因此可阻断瘤细胞利用正常途径合成 DNA。另一条是补救途径（图 7-9），或称替代途径（salvage pathway，S 途径），需要 TK 和 HGPRT 的参与。它们可以分别利用次黄嘌呤（H）催化产生的肌苷酸和胸腺嘧啶核苷（T）催化产生的脱氧胸苷酸来合成 DNA。

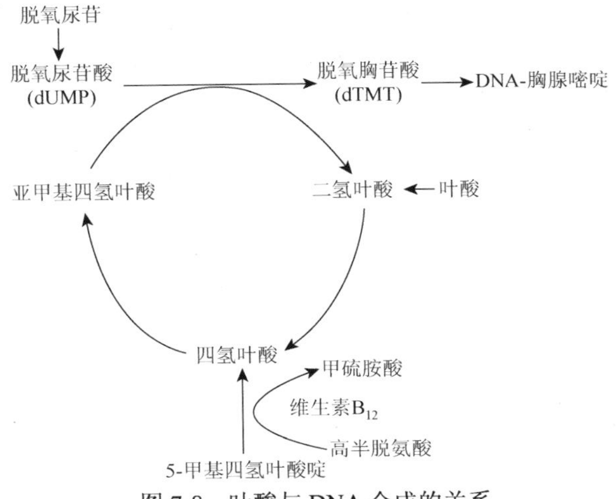

图 7-8　叶酸与 DNA 合成的关系

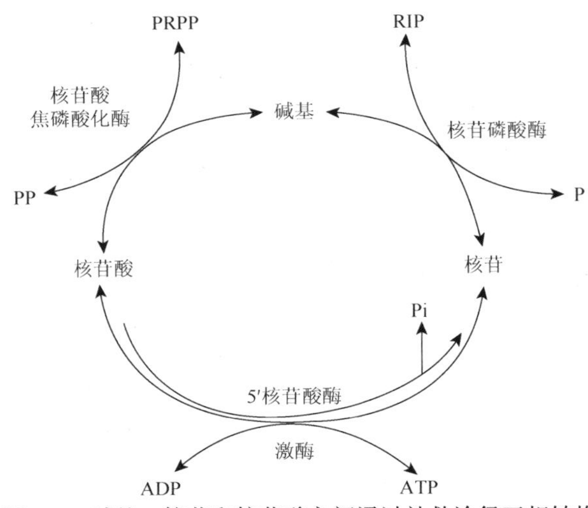

图 7-9　碱基、核苷和核苷酸之间通过补救途径互相转换

HAT培养基的选择原理：在HAT的培养基中，DNA从头合成的途径被氨基蝶呤阻断。同时，当HGPRT⁻和TK⁻的亲本细胞经杂交成为融合细胞时，由于基因互补的作用，融合细胞获得了HGPRT⁻和TK⁺，这样在有次黄嘌呤和胸腺嘧啶脱氧核苷存在的情况下，融合细胞可以通过补救途径来完成DNA的合成。所以，融合细胞在HAT培养基中能繁殖，以HGPR⁻和TK⁻为亲本的细胞由于缺少这两种酶，而不能利用补救途径，而从头合成途径又被氨基蝶呤所抑制，亲本细胞在HAT培养基中死亡（图7-10、图7-11，表7-1）。

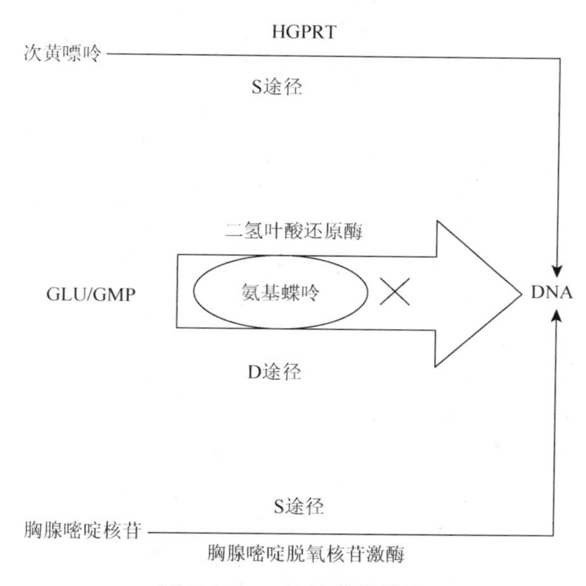

图7-10　HAT培养基筛选

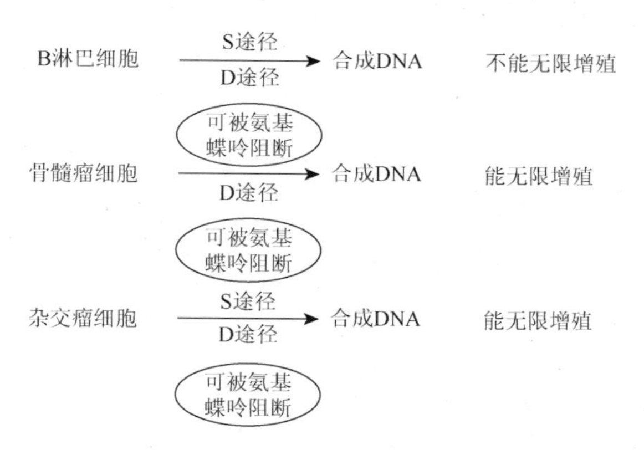

图7-11　选择培养基筛选杂交瘤细胞的基本原理

表 7-1　HAT 培养基的作用

细胞类型	正常培养基	HAT 培养基
亲本细胞	+	+
TK 缺陷细胞	+	−
HGPRT 缺陷细胞	+	−
杂交瘤细胞	+	+

在抗药性研究中发现，某些细胞系在一些毒性的核苷酸类似物中，会产生某些酶缺乏的突变株。例如，在嘌呤类似物 8-氮杂鸟嘌呤（8-azaguanine，8-AG）或 6-硫基鸟嘌呤（6-thioguanine，6-TG）存在的条件下会产生 HGPRT 酶缺乏的突变株，而 5-溴脱氧尿嘧啶核苷（bromodeoxyuridine，BrdU）诱生的突变株则缺乏 TK 酶，称为 BrdU 抗性细胞。所以，可以通过这些方法建立酶缺陷型的细胞株和其他选择培养基。

在体外培养系统中，动物细胞有时也能通过自发突变产生抗药性，但其突变频率很低。紫外线、电离辐射或化学诱变剂处理可增加细胞基因突变的频率。将诱变处理和含嘌呤类似物或嘧啶类似物的选择培养结合起来，可以获得以抗药性为选择标志的缺陷型突变细胞株。

2. 利用抗性标记的筛选

利用抗性基因标记（如新霉素或潮霉素等）也可以筛选杂交细胞。此法的基本原理是抗生素的抗性基因可通过基因转染方式导入细胞并在其中稳定表达，这时细胞就具备了针对某种抗生素的抵抗能力。用这种细胞进行细胞融合，并将融合后的细胞在加入两种抗生素的培养基中进行培养时，杂交细胞因同时带有两个亲本细胞的抗性基因，能够在含有抗生素的培养基中继续生存。但未融合的细胞或同核体细胞由于缺少另一亲本细胞的抗性基因而不能存活，因此利用此法能够筛选出所需要的细胞类型。

3. 利用营养缺陷的筛选

在体外培养条件下，有些细胞由于缺乏某些营养物质（如嘧啶、嘌呤、氨基酸、糖类等）而不能存活，因此必须在培养基中添加这些营养物质才能继续生存并增殖。此法是利用这一原理设计选择性培养基，使具有基因互补的融合细胞可在选择性培养中生存，而其他细胞则死亡的方法。

4. 利用温度敏感突变特性的筛选

一般情况下，体外培养的动物细胞可以在一定的温度范围（32～39℃）内生存。如果引入合适的突变环境，有些细胞仅能在允许的温度范围内生存。这样，利用细胞生存的合适温度范围可以设计筛选方案。因此，将细胞放在非允许温度范围进行培养时，未融合的亲本细胞由于处于非允许温度下无法生存而死亡，但杂交细胞能继续生存和增殖。

综上所述，对杂交细胞的选择性筛选均是通过改变培养条件，仅允许融合产生的杂交细胞生长，而淘汰群体中的其他细胞，从而保证生长相对较慢的杂交细胞在传代过程中不至于染色体丢失，最终获得杂交细胞系。

7.1.3　融合细胞的克隆化培养

克隆化培养是指使单个杂交细胞在一个独立空间中生长增殖，最终扩增为一群相对较纯的且能够稳定表达某些特定性状的细胞群体的培养方式。用这种方法得到的细胞群体由于均来源于同一个祖先细胞，因此可认为其遗传特性较为一致。常见的克隆化培养方法有如下三种。

1. 半固体培养基法

此法是将细胞接种于半固体培养基里使细胞以分散的方式单个生长，增殖后的细胞后代不能迁移，只是在祖先细胞邻近形成细胞集落（细胞克隆），然后挑出这些细胞集落再进行扩大培养，获得纯化的杂交细胞群体的方法。半固体培养基最常见的有软琼脂培养基和甲基纤维素培养基等。

2. 单细胞显微操作法

这一方法是通过显微操作分离单个杂交细胞，然后将其植入单个培养空间，最终获得单个杂交细胞的后代。用于显微操作的杂交细胞应具备可辨认的独特形态学特征。挑选杂交细胞时可以用倒置显微镜，也可用显微操作仪。

3. 荧光激活分选法

荧光激活分选是采用荧光激活分选仪进行的，该方法是用荧光物质标记待选的杂交细胞，然后将细胞悬液通过分选仪上的细胞喷嘴，可形成单个细胞液滴。此法的基本原理是被荧光物质标记的待选细胞在激光照射下能够发射荧光，再通过调整仪器参数使发射不同荧光的单个细胞液滴带有不同电荷，这些具有不同电荷的细胞液滴在电场中的偏转度不同，因此利用这一原理通过电脑处理，可分离不同的杂交细胞。最后将分选得到的单个杂交细胞依次加入各自独立的培养器皿中，进行单克隆培养。

杂种细胞在传代过程中发生突变的机会很高，特别是淋巴瘤杂交细胞更为明显。因此，得到的克隆细胞要尽快冷冻保存。

7.1.4 细胞融合的应用

自20世纪60年代以来，细胞融合技术在生命科学的各个领域发挥了巨大作用，无论在基础研究还是应用研究领域，细胞融合技术均取得了长足的发展。

1. 淋巴细胞杂交瘤

杂交瘤（hybridoma）是指肿瘤细胞与正常细胞的融合。目前，杂交瘤这一名词专指淋巴细胞杂交瘤。获得淋巴细胞杂交瘤的目的主要是用来生产单克隆抗体。具体方法是将一个经免疫可产生抗体的B淋巴细胞的效应细胞——浆细胞，与一个肿瘤细胞（骨髓瘤细胞）进行融合，获得既可以产生抗体，又可以获得永生化增殖能力的杂交细胞。例如，体内因免疫应答形成的可分泌抗体的淋巴细胞寿命只不过是数天，但该细胞与骨髓瘤细胞进行杂交，可得到持续产生McAb的永生化细胞克隆。

2. 体细胞杂种的致瘤性分析

体细胞杂种的致瘤性分析主要用于检测病毒转化细胞与肿瘤细胞致瘤遗传特性变化研究。

20世纪70年代，研究人员证实，若将一系列高度恶变的小鼠肿瘤细胞与正常体细胞或低恶变的小鼠细胞融合，许多杂种细胞的恶性都会发生不同程度的抑制。而且在体实验中发现，这些融合后的杂交细胞在动物（如小鼠）体内的致瘤率明显降低，这说明了正常细胞中存在着肿瘤抑制现象。随后，这一技术在肿瘤致病基因的寻找与功能研究中得到应用，并为致癌基因和抑癌基因的研究提供了重要的手段。

3. 制作疫苗

通过细胞融合技术可以生产抗肿瘤疫苗。目前，虽然单一的肿瘤抗原也可诱导体内产生抗肿瘤的免疫细胞，但是若肿瘤组织不再表达该抗原时，就会逃脱免疫细胞的杀伤，使肿瘤复发，这就是所谓的肿瘤“抗原逃逸变种”（antigen escape variant）。例如，使用肿瘤细胞作为疫苗免疫动物或人体，由于肿瘤细胞表面含有广谱的肿瘤抗原，诱导机体产生针对多个抗原的大量不同种类的特异性免疫细胞，以消除或抑制肿瘤的生长。又如，用肿瘤细胞与激活的B淋巴细胞进行融合，也能诱发特异性的抗肿瘤免疫效应。利用细胞融合技术生产细胞疫苗，在肿瘤治疗中将会有良好的应用前景。

哺乳动物与人体内的免疫系统中有一种专门向淋巴细胞提供特异性抗原的树突状细胞（dendrite cell，DC）。树突状细胞能启动机体的T细胞免疫，它是抗原提呈细胞（antigen presenting cell，APC）中专门提呈外源的或内源的抗原给淋巴细胞的一类 APC。如果用树突状细胞与肿瘤细胞进行融合，就可以生产提供全部肿瘤抗原的 DC-肿瘤细胞疫苗。另外，树突状细胞能大量表达 T 细胞活化所需要的共刺激信号，因此它可以有效刺激免疫系统消除肿瘤的生长，有助于肿瘤的治疗。

4. 体细胞核移植培育新品种

体细胞核移植（克隆）技术是将细胞核移植到另一细胞的细胞质中的生物技术，是 20 世纪 50 年代初由美国学者 Briggs 和 King 首创的。他们以豹蛙为材料，将囊胚期动物的细胞核移入另一去核的卵子中，获得了正常发育的胚胎，从而引起了国际上的重视。而后，这一技术广泛地应用于细胞分化、核质关系和发育机制等重大生物学问题的研究。当体细胞移入除去细胞核的成熟卵内时，体细胞仍然由独自的细胞膜包围着，只有通过细胞融合，两者才能成为一个完整细胞以供继续培养发育。可见，细胞融合在体细胞核移植技术体系中起着至关重要的作用。因此，利用融合技术与移核技术相结合有可能创造出生物新品种。核移植技术的原理和步骤见图 7-12。

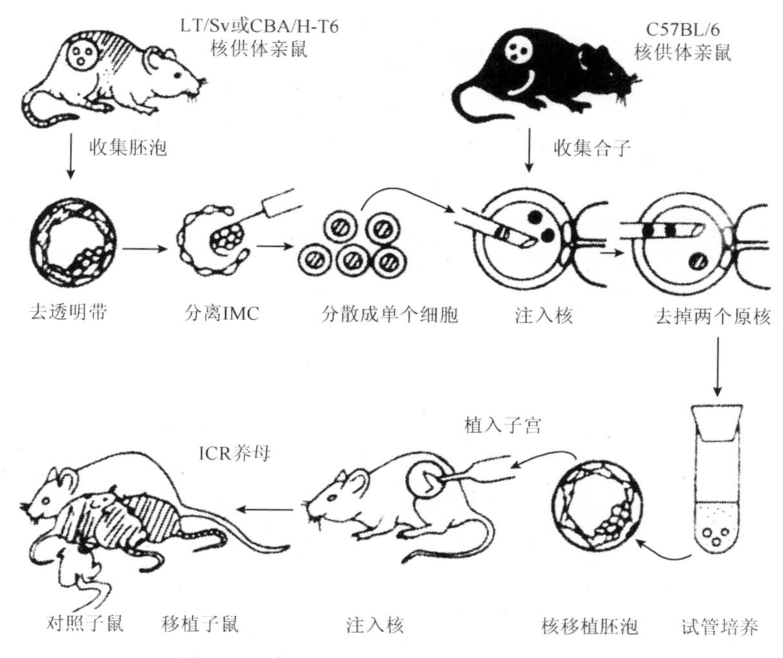

图 7-12　核移植技术的原理和步骤示意图

5. 在基础理论方面的应用

（1）基因定位　基因定位是指某一特定基因在染色体上的位置被确定的过

程。在 PCR 技术和 DNA 自动化测序技术发明之前，确定人类基因在染色体上的定位主要依赖细胞融合技术。对于一个特定基因来说，不同个体细胞内核苷酸组成会有差异（称为等位基因的多态性），因此确认该基因在基因组中的位置就十分重要。当某一基因的位置被确定后，就可以较为方便地了解该基因在细胞内的表达调控模式及其生物学功能。

细胞融合技术用于基因定位的原理是不同来源的细胞特别是不同种属来源的细胞融合时，常会发生染色体丢失的现象。这是因为细胞在增殖过程中很难维持四倍体的状态。若不人为干预，融合细胞中的染色体丢失被认为是随机发生的。杂种细胞在传代过程中可以使亲本细胞一方的染色体首先丢失，仅保留其中另一亲本的大部分染色体，即所谓的染色体选择性丢失现象。例如，人类的细胞和啮齿类的细胞融合后形成的杂种细胞会优先丢失人类的染色体。因此，筛选不同种属杂交细胞，即可得到只含有亲本一方某条特定染色体或染色体片段的不同细胞克隆。然后再根据这一细胞克隆是否出现这条染色体亲本的特征表型，以及该表型与这一染色体或染色体片段是否同时出现，就可以确定某种性状的基因是否定位在这条特定的染色体或染色体片段上。

（2）遗传基因缺陷的互补　基因缺陷是指基因功能的缺陷，包括基因突变、基因缺失、基因的异常表达等，人类的遗传疾病就是由基因功能的缺陷引起的。

基因功能缺陷可通过导入有正常功能的基因来弥补，细胞融合技术则可能以正常基因来取代突变或功能缺失的基因，或关闭异常表达的基因，或使这些基因的表达水平上调或者下调，使其维持在正常范围内。

（3）分化功能的表达调控研究　利用细胞融合技术，将不同分化状态的细胞或不同组织类型的细胞构建成为可存活的种内或种间杂种细胞。然后对构成杂种细胞的两个亲本细胞的基因组和细胞质的彼此相互作用机理进行研究，并观察来源不同的细胞质与细胞核之间相互作用后，会产生什么样的结果；原有的分化性状是消失还是保留；原先表达的基因是沉默还是激活，或是不变，并分析其中的可能原因。这一技术现在已经成为真核细胞基因表达与细胞分化机制研究的有效手段之一，在组织特异性分化功能表达的调控机制方面，已经取得很多有意义的成果。

（4）其他方面的研究　细胞融合技术在研究细胞质与细胞核遗传、核质相互关系与细胞拆分、重建和融合，以及创造微核融合技术等方面的应用十分广泛，对深入研究和了解细胞生命活动的基本规律具有重要意义。

7.2　杂交瘤技术

杂交瘤技术的基本原理是通过融合两种细胞（B 淋巴细胞和经抗原免疫的小鼠细胞）而同时保持两者的主要特征。B 淋巴细胞的主要特征是它的抗体分泌功能和能够在选择培养基中生长，小鼠骨髓瘤细胞则可在培养条件下无限分裂、增殖，即所谓的永生性。

7.2.1　杂交瘤技术的基本原理和过程

1. 细胞的选择与融合

建立杂交瘤技术的关键是制备针对抗原特异的单克隆抗体，所以融合细胞一方必须选择经过抗原免疫的B细胞，通常来源于免疫动物的脾细胞。收集脾细胞过程中要严格进行无菌操作，使整个操作过程都处于无菌状态。

在分离的脾细胞中所含对抗原具有特异性的B细胞比例相对较少，且PEG诱导的细胞融合又是一个相对低效的偶然过程。为增加具有抗体活性细胞的融合，一些研究者在融合前先富集对抗原具有特异性的B细胞，然后再进行细胞融合。作为亲本的骨髓瘤细胞虽然具有无限的繁殖能力，然而长期体外培养可能会对以后的融合产生不利影响。因此，对产生较高融合率的亲本骨髓瘤细胞应培养扩增一批，并及时冻存以用于下一次融合。可用精密的细胞冷冻仪进行细胞冻存，也可用简单的方法进行冻存而获得良好效果。使用细胞融合剂造成细胞膜一定程度的损伤，使细胞易于相互粘连而融合在一起。最佳的融合效果应是最低限度的细胞损伤而又产生最高频率的融合。

2. 融合细胞的筛选和克隆

（1）融合细胞的筛选　可用于筛选杂交瘤的方法大致有第二抗体法、抗原结合法和功能筛选法三类。

第二抗体法测定较容易，也是最为常用的方法，包括固相放射免疫测定法（RIA）、酶联免疫吸附测定法（ELISA）和荧光活化细胞分类器法（FACS）等。将抗原固相化于微量滴定板孔中，抗原未结合部位用牛血清白蛋白（BSA）或明胶等封闭，再加入含抗体的杂交瘤培养上清，洗去未结合抗体，结合于抗原的抗体被标记的第二抗体特异结合。第二抗体可用荧光素（如异硫氰酸荧光素、罗丹明B200、异硫氰基四甲基罗丹明等）、酶（如辣根过氧化物酶、碱性磷酸酶、葡萄糖氧化酶等）或同位素标记，也可用经过标记的对抗体Fc段有特异结合能力的蛋白A或蛋白G来替代。

当有大量抗原可利用时，抗原结合法也不失为一种选择。将抗原直接滴加到硝酸纤维膜或微量滴定板上，未被结合的部位用BSA等封闭，除去封闭液后的硝酸纤维膜或微量滴定板可保存于−70℃备用。

还可利用抗体与细胞表面某些抗原特异结合，或经丙酮/甲醇固定的细胞来检测抗体与亚细胞结构反应情况，以抗体检测抗原定位，但这种方法很少用于杂交瘤筛选。

（2）融合细胞的克隆　克隆是指单个细胞繁殖而形成的性状均一的细胞集落的过程。一个抗原往往有多个抗原决定簇，故融合后在培养板上可形成多个克隆，产生多种针对不同抗原决定簇的抗体，如它们竞相生长，势必会对产物形成有所影响。因此，克隆是确保杂交瘤细胞所分泌的抗体具有单克隆性和具有稳定型表达的关键一步。

克隆这一过程应及早进行，以免无关克隆过度生长。若一旦克隆成功，就要对这一克隆再连续克隆几次，并同时检测血清中抗体特异性。有时原先有阳性抗体分泌，但克隆过程中却找不到任何阳性孔，原因可能是杂交瘤细胞分泌表型不稳定，或不分泌细胞或无关细胞过度生长。为避免有价值克隆丢失，应备份或冻存原培养孔中细胞。

在杂交瘤细胞培养过程中，有大量非融合细胞或同核体融合细胞死亡，少数或单个杂交瘤细胞很难存活，培养时可以加入饲养层细胞（feeder cell），如小鼠腹腔巨噬细胞、小鼠或大鼠胸腺细胞、小鼠脾细胞、成纤维细胞等。一般认为，饲养层细胞可释放某些生长刺激因子到培养液中，促进了杂交瘤细胞生长，并能满足杂交瘤对生长密度的需要，从而提高杂交瘤细胞存活率，若选用小鼠腹腔巨噬细胞作为饲养层细胞还能起到清除死亡细胞的作用。

7.2.2　杂交瘤技术制备单克隆抗体的方法

单克隆抗体的制备是一个复杂、精细的工艺。图 7-13 为制备单克隆抗体技术流程，表 7-2 列出单克隆抗体制备过程中的各个阶段。一般将全过程分为三个阶段：动物免疫阶段；方法建立阶段；杂交瘤细胞生成阶段。

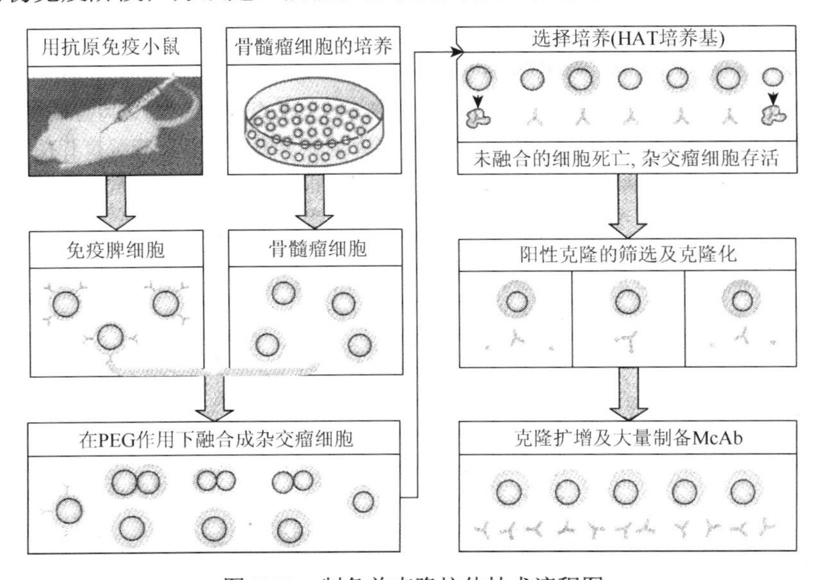

图 7-13　制备单克隆抗体技术流程图

表 7-2　杂交瘤细胞生成的各个阶段和所需时间

<table>
<tr><td rowspan="3">动物免疫阶段</td><td></td><td>初始免疫</td><td rowspan="2" colspan="2">2 周</td><td rowspan="3">1 个月到 1 年</td></tr>
<tr><td rowspan="2">10d</td><td>强化免疫</td></tr>
<tr><td>血清测试</td><td colspan="2"></td></tr>
<tr><td rowspan="2">方法建立阶段</td><td rowspan="2"></td><td>筛选方法的建立与测试</td><td></td><td rowspan="2">最少 2 周</td><td rowspan="2">大约 1 个月</td></tr>
<tr><td>最后一次强化免疫</td><td rowspan="3">3d</td></tr>
<tr><td rowspan="6">杂交瘤细胞
生成阶段</td><td rowspan="2">大约 1 周</td><td>细胞融合</td><td></td><td rowspan="6">大约 1 个月</td></tr>
<tr><td>筛选阳性克隆</td><td></td></tr>
<tr><td></td><td>阳性克隆扩增及冻存</td><td colspan="2"></td></tr>
<tr><td rowspan="3">大约 1 周</td><td>单细胞的克隆生长</td><td colspan="2"></td></tr>
<tr><td rowspan="2">筛选</td><td colspan="2">部分阳性细胞扩增</td></tr>
<tr><td colspan="2">大部冻存（保留最后所得的
杂交瘤细胞）</td></tr>
</table>

以上每一阶段都有可能迅速顺利完成，但各阶段也都有其本身的问题，需在实验开始前予以充分考虑，以免影响全局。动物在注入抗原后，一旦出现良好的体液免疫应答，同时又已建立合用的筛选方法，并已通过血清对所建立筛选方法进行评价、确定方法，可开始杂交瘤细胞的制备。其过程大致为在细胞融合前数日，用抗原免疫动物；将从免疫动物得到的分泌抗体的细胞与骨髓瘤细胞相混，进行细胞融合（有效的细胞融合约可得 $1/10^5$ 存活的杂交细胞）；其后，将融合细胞用所选择的培养基限定稀释，置多孔培养板进行培养。在细胞融合后 1 周，即可对杂交瘤进行测试，从阳性培养孔所取的细胞先增殖，然后进行克隆化（即单克隆生长），杂交瘤的生成与克隆需要时间，很少的实例只需要 2 个月，有的甚至要 1 年时间。由于制备单克隆抗体过程中的每一步都对其后各步影响很大，因此均需注意选择最适宜的条件。例如，要注意抗原的选择及其性质，如细胞、蛋白质、半抗原等；根据抗原得性质和得量和对抗体得要求等，计划及建立免疫的途径和方式；选定抗体筛选的测试方法必须简单、可重复、特异，并可适用于单克隆抗体的最终使用（即免疫荧光、免疫沉淀、功能试验等中的应用）；要确定细胞培养的条件；细胞融合的方式应考虑杂交方法，细胞的选择和克隆的方式（限制性稀释或软胶法）等。

7.3　单克隆抗体生产技术

7.3.1　细胞工程单克隆抗体技术

1. 人-鼠杂交瘤单克隆抗体

人-鼠杂交瘤的融合方法基本与鼠-鼠杂交瘤相同，用于人-鼠杂交瘤融合的亲本骨髓瘤细胞主要有小鼠骨髓瘤细胞 p3/X63-Ag8.653、NS-1、SP2/0，大鼠的骨髓瘤细胞 Y3-Ag1.2.3；亲本 B 细胞则来源于人外周血淋巴细胞、淋巴结细胞、脾细胞。

研究资料显示，人-鼠杂交瘤的人单克隆抗体分泌性能很不稳定，多数情况下杂交瘤会很快失去抗体分泌能力，其原因可能是人染色体的丢失。人免疫球蛋白重链基因在 14 号染色体上，而 K 和 λ 轻链基因分别定位于 2 号和 22 号染色体上。因此，人-鼠杂交瘤至少要保留两条人染色体才能维持人抗体产生和分泌，染色体丢失的结果造成抗体分泌不稳定。也有的研究者认为，抗体分泌中断不是人结构基因丢失，而可能与信号传递缺乏有关，因为用类脂多糖（LPS）刺激那些不分泌的人-鼠杂交瘤细胞，抗体分泌能力又有所恢复。

2. 人-人杂交瘤单克隆抗体

除人-鼠杂交瘤外，还可建立人骨髓瘤或其他人细胞系制备人单克隆抗体。人源性融合亲本细胞需具备与人淋巴细胞产生较高的融合率、产生的杂交瘤核型稳定并能产生一定量的、具有特异性的抗体特征。研究表明，人-人杂交瘤核型稳定，然而遗憾的是可供利用的人类骨髓瘤细胞种类非常有限。在小鼠中可很容易地用注射矿物油方法产生浆细胞瘤，但人类只能从骨髓瘤患者中培养筛选和建立细胞株。虽然很多研究人员在致力寻找和建立可用于制备人-人杂交瘤的各种细胞系，但迄今为止也只有人骨髓瘤细胞系、人 B 淋巴母细胞系和淋巴瘤细胞三大类共三十几株细胞可用作人-人杂交瘤。人骨髓瘤和淋巴瘤细胞种类很少，实际应用时融合率低，形成的杂交瘤分泌抗体很少，不能与用作鼠单抗的融合亲本骨髓瘤细胞相比。目前实验室用得较多的是由 EBV 转化的 B 细胞筛选出来的淋巴母细胞系。

3. EBV 转化-融合技术

EBV 转化效率低、克隆困难、抗体分泌不稳定、产量低，因而在实际应用中难以推广，但转化后的 B 淋巴细胞具有无限的繁殖能力，而用融合技术制备杂交瘤融合率及抗体产量又都不太高。因此，人们考虑将这两种技术联合起来应用。

Kozbor 等（1982）报道，将分泌抗破伤风类毒素抗体的转化人淋巴母细胞 B-6 与一株不分泌的小鼠浆细胞瘤 p3/X63-Ag8.653 融合，用含 10^{-5}mol/L 乌本苷（Ouabain）的 HAT 培养基筛选融合细胞取得良好效果。其筛选原理在于，小鼠细胞能耐受较高浓度的乌本苷（10^{-3}mol/L），而人的细胞对乌本苷敏感（10^{-7}mol/L）。由于杂交瘤细胞保留了两种细胞的抗性，因此能在含 10^{-5}mol/L 乌本苷的 HAT 培养基上存活。而小鼠浆细胞瘤 p3/X63-Ag8.653 由于对 HAT 敏感在筛选中死亡，转化的人淋巴母细胞因对乌本苷敏感也很快停止生长而死亡（图 7-14）。

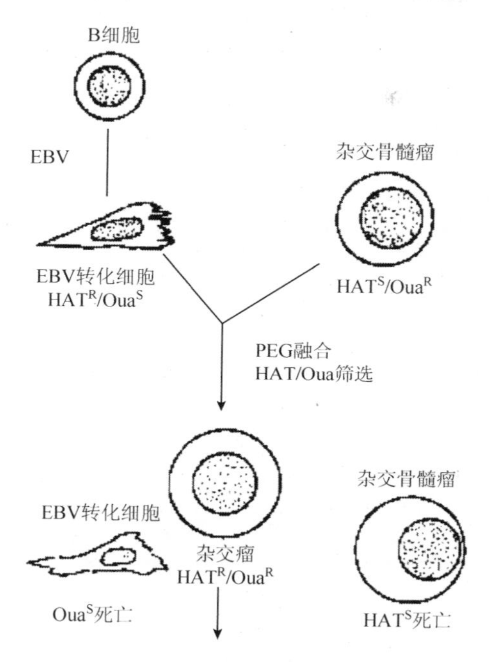

图 7-14　EBV 转化融合过程示意图

这种技术产生的杂交瘤在融合后 3 周即可进行克隆，克隆细胞 70%可分泌抗体，其中大部分细胞分泌 IgM，有 4 株融合细胞抗体分泌能力比亲本细胞高 10 倍。杂交瘤细胞核型稳定，保留了全部小鼠染色体和大部分人染色体，抗体分泌长达 6 个月。其最大的优点在于转化的分泌特异性抗体的细胞可在体外长期存活，可反复多次用作融合，直到出现有特异性抗体杂交瘤为止。此外，融合频率较高（10^{-5}）、抗体分泌特异性稳定、产量高。

EBV 转化-融合技术综合了两种技术的优点，但涉及操作环节多，给实际工作带来一定困难。同时，这种人鼠种间杂交瘤不稳定性仍然存在。因此，不少研究者采用异源性杂交瘤细胞来制备人单克隆抗体。

Teng 等用 *SV-2 neo*^{r} 基因转染 Fu-266 细胞，使其获得 G418 抗性，产生的转染细胞 Fu-266 EI 与小鼠骨髓瘤 p3/X63-Ag8.653（预先经 500 拉德放射性照射）融合，产生系列人鼠杂交瘤细胞系（series of human-mouse hybridization，SHM）。SHM 细胞系融合率较高，具有 Oua 抗性和 G418 抗性，对 HAT 敏感，大部分不分泌免疫球蛋白，生长快，易克隆。将这种异源性杂交瘤与来自人体的淋巴细胞融合，杂交瘤生长快，含较多人抗体，抗体分泌稳定。

4. 转基因动物制备单克隆抗体

一些研究人员试图将改造过的人的抗体基因导入小鼠胚胎，以得到在免疫后能产生人抗体的转基因小鼠。这种改造过的抗体除了构成抗原识别与抗原结合部位的轻、重链各三个互补决定区（complementarity determining region，CDR）是鼠源性的以外，其余部分均是人源性的（图 7-15）。

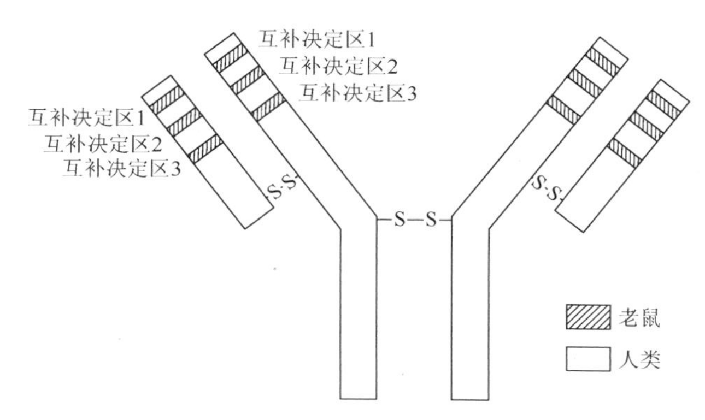

图 7-15　转基因动物制备单克隆抗体的结构示意图

抗体的抗原识别位点由轻链和重链可变区（variable region）6 个 CDR 组成，每个功能区都包括 7 个反向平行的 β 链形成一个带环的 β 桶（β-barrel）连接这些 β 链，这些链之中就是 CDR。将 CDR 从一个 β 桶移到另一个 β 桶改变抗体特异性理论上是完全可行的。但实际上仅将鼠源抗体 CDR 与人抗体其他部分结合起来抗体活性会显著降低或消失，故通常是将与 CDR 接触的鼠源性基团的基因同 CDR 一起导入人的抗体基因构件中。由于这些 CDR 区域本身也是不断变化的，因此经过这种改造的抗体几乎 100%是人源性抗体。在获得转基因小鼠后，就可利用常规的标准杂交瘤方法分离转基因小鼠中能分泌特异性人源抗体的 B 细胞，再从中筛选出分泌由人基因编码的抗体的细胞。Beuggemann 等（1989）将人的 IgM 基因片段构建于质粒的一个小区中，用显微注射法移植到小鼠胚胎中，产生的转基因小鼠脾细胞中有 4%淋巴细胞可分泌 u 链球蛋白，血清中 IgM 抗体浓度达 500μg/ml，并成功地用这种小鼠制备出抗羊红细胞的人 u 链单克隆抗体。此后又有不少用转基因小鼠成功制备人源性单克隆抗体的报道，但同时转化轻链和重链的例子作者尚未见报道。

转入球蛋白基因小鼠的构建为人单抗制备过程解决体内致敏受限问题提供了一条新的途径。转入免疫球蛋白基因动物可用任何抗原免疫而不受医学伦理学限制，可从血清中直接纯化人源性抗体，或获得足够数量的含人抗体基因的 B 淋巴细胞用于制备基因工程抗体，在人单克隆抗体研究中具有重要的科研和商业价值，应用前景很广。

5. 严重免疫缺陷小鼠制备人单克隆抗体

1983年，美国学者Bosma等发现SCID小鼠（severe combined immunodeficient mice，SCID mice）。SCID小鼠是由CB-17纯系小鼠16号染色体突变，破坏了免疫球蛋白基因和T细胞受体基因重组，从而使动物T淋巴细胞、B淋巴细胞功能障碍导致联合免疫缺陷。免疫缺陷使动物可接受人体组织或器官移植，形成人-鼠嵌合体小鼠（Hu-SCID mice）。将人免疫干细胞移植到SCID小鼠体内，SCID小鼠实际上获得了人的免疫系统。这种小鼠可用任何抗原免疫，从激活的淋巴细胞中富集抗原特异性人源性B淋巴细胞，进一步进行细胞融合或制备抗体库，这是近年来发展起来的一条新的单克隆抗体制备路线。

利用SCID小鼠成功制备人单克隆抗体的前提就是要成功地将人的淋巴细胞移植到小鼠体内，移植成功的标志是小鼠中人淋巴细胞表型和功能正常。移植注射途径、接种淋巴细胞数量、接种物成分及种类、抗原免疫量等都对移植是否成功产生一定的影响。Moiser（1991）等经腹腔注射构建Hu-SCID小鼠，体内含有人的Ig，脾脏有大量人淋巴细胞，而经尾静脉注射则不能成功移植。一般在腹腔中注射10^7个细胞。资料显示，低剂量抗原（0.1μg/ml）免疫产生的抗体亲和力比高剂量（10μg/ml）大30倍，原因可能是大剂量抗原会引起免疫耐受。此外，要成功地将人淋巴细胞移植到SCID小鼠体内还必须除去移植物中的T淋巴细胞，否则会导致移植物抗宿主反应。

7.3.2 人单克隆抗体制备技术的发展

利用细胞工程制备人单克隆抗体发展缓慢，技术路线迄今为止一直都不完善。主要原因包括缺乏适合用于融合的亲本细胞系、不能用任意抗原免疫人体并随意从人体中分离淋巴细胞、杂交瘤融合频率低、抗体分泌稳定性差等，而鼠源性抗体应用又有其固有的局限性。于是研究人员想到了利用分子生物学技术制备人源性单克隆抗体。目前已经建立的基因工程抗体技术主要有人-鼠嵌合抗体、改型抗体（reshaping anti body）、组合抗体库（combinatorial antibody library）、噬菌体抗体文库技术（phage display antibody）、表位印迹选择技术（epitope guiding selection）等。

1. 人-鼠嵌合抗体

人-鼠嵌合抗体就是用人源性抗体的一部分代替鼠源性抗体的一部分，使之保留对抗原的特异性，又具备与补体和细胞结合的功能，并减少异源性蛋白的抗原性。研究人员设想，用人源性基因代替鼠源性抗体基因中的Fc区，因为Fc区的主要功能是激活机体免疫反应，也是产生人抗鼠反应的部分。研究人员利用编码人抗体 Fc 区的 DNA 片段替换鼠源性的 Fc 段 DNA（图 7-16）。

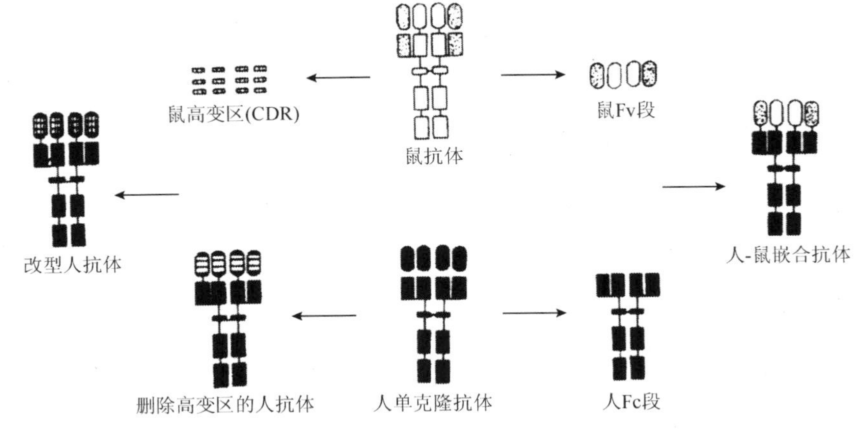

图 7-16　人-鼠嵌合抗体与改型抗体结构示意图

获取编码小鼠单克隆抗体可变区基因（V_H、V_L 基因）常用方法有两种。

1）cDNA 文库法。从杂交瘤细胞中提取总 RNA，用反转录法由 mRNA 合成 cDNA 文库，再用多聚酶链式反应（polymerase chain reaction，PCR）大量扩增小鼠 V_H、V_L 片段，克隆到 M13 质粒中，然后进行 DNA 序列测定。

2）Ig DNA 文库法。从杂交瘤细胞中分离大分子 DNA，用 *Bam*H I 和 *Hin*d III 等限制性内切酶酶解 DNA，经电泳分离大小不同的 DNA 片段，从中获得已完成重排的功能性 DNA，克隆到噬菌体构建 DNA 文库。再用标记 IgJ_H 为探针筛选出小鼠编码 V_H、V_L 的 DNA 片段，扩增后克隆到 M13 质粒中，测定 V 基因序列，然后将克隆的小鼠 V_H、V_L 基因分别与人的 c_h、c_l 基因重组，构成嵌合体基因，再用不同的转染技术将重组基因导入小鼠骨髓瘤细胞中。

嵌合抗体由于未改变小鼠可变区序列而保留了抗原特异性，而引起人抗鼠免疫反应则大大降低，为小鼠单克隆抗体应用提供了更广阔的前景。

2. 改型抗体

嵌合抗体由鼠可变区与人稳定区组合而成，因而仍有一定的免疫原性。为降低来自小鼠可变区中骨架区的免疫原性，Winter 等克隆出鼠源抗体中与抗原结合的三个互补决定区（CDR）基因用以置换人抗体中的相应序列。这种抗体绝大部分为人源性，只有 CDR 区来自小鼠，因而称为 CDR 移植抗体（CDR grafted antibody），这种抗体在人体内免疫性大为降低。改型抗体原理看似简单，但实际制备却困难甚大。虽令人瞩目，然而进展甚微。

3. 组合抗体库技术与噬菌体抗体文库技术

Huse（1989）报道，从构建全套抗体组合文库中成功地筛选出特异性抗体。该技术省去了单克隆抗体制备中细胞融合，即可从表达的表型中筛选出抗体基因型，因而被认为是一个革命性的进展。不久，Winter 和 Lerner 又分别报道了用噬菌体抗体文库技术制备单克隆抗体的技术路线。

噬菌体抗体文库技术常用的表达系统主要包括大肠杆菌丝状噬菌体 M13、fd、f1 等。这些噬菌体都含有单链环状 DNA，DNA 外以螺旋状排列着Ⅷ、Ⅲ、Ⅵ、Ⅶ、Ⅸ五种外壳蛋白。蛋白Ⅷ是噬菌体管状部分，为主要外壳蛋白；Ⅲ、Ⅵ、Ⅶ、Ⅸ分别位于两端，为次要蛋白。将抗体重链或轻链基因与外壳蛋白Ⅲ基因相连形成融合蛋白基因，表达系统中预先形成轻、重链基因任意组合，然后检测其产物及其与抗原结合力（图 7-17）。

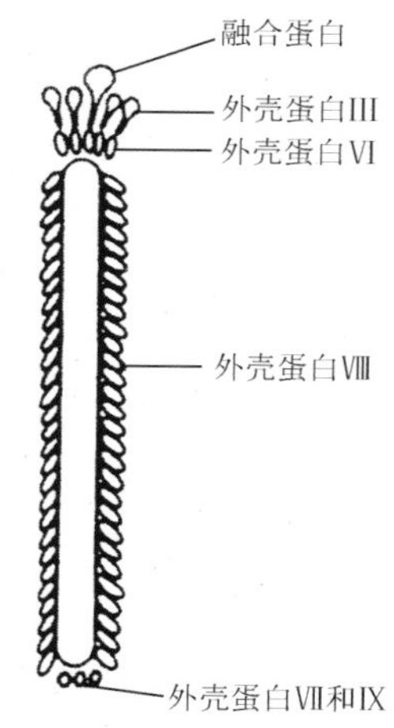

图 7-17　丝状噬菌体表达单克隆抗体

将从人或小鼠 B 淋巴细胞中分离的 mRNA 反转录成 cDNA，用 PCR 扩增编码轻链和重链的 cDNA。然后用限制性内切酶酶解扩增的 cDNA 片段，克隆到丝状噬菌体质粒载体中，与丝状噬菌体蛋白Ⅲ基因连接成融合基因，经辅助噬菌体感染大肠杆菌后，携带有表达载体的大肠杆菌就会释放外壳上带有抗体片段的噬菌体。再用 ELISA 或免疫亲和层析法即可筛选出特异性抗体。噬菌体抗体文库技术具体流程见图 7-18。

噬菌体抗体文库技术改变了单克隆抗体制备的思路，为制备人源性单克隆抗体提供了新的途径。由于抗体多样性基因组合是随机的，用 PCR 法扩增出足够的轻、重链基因，使抗体文库数量足够大时，即可筛选出所需抗体而无须免疫，极大地缩短了单克隆抗体的制备时间。因此，这种技术一经问世就成为基因工程抗体的常用技术。

4. 表位印迹选择技术

由于筛选过程中常常只能鉴别出高亲和力抗体，亲和力较低的抗体一般难以从未免疫的噬菌体抗体文库技术中分离出来。为解决这一问题，Jespers（1994）在噬菌体抗体文库技术的基础上建立了表位印迹选择技术。其基本设想是用特定的已知抗原从抗体组合文库中或噬菌体抗体文库中筛选所需抗体，通过抗体可变区与抗原结合及编码轻、重链可变区鼠源性与人源性基因置换、匹配，从而获得能与抗原特异性反应的人源性抗体，将筛选到的含有轻链、重链基因的质粒转染到 SP2/0 细胞中，该细胞即可产生人单克隆抗体。

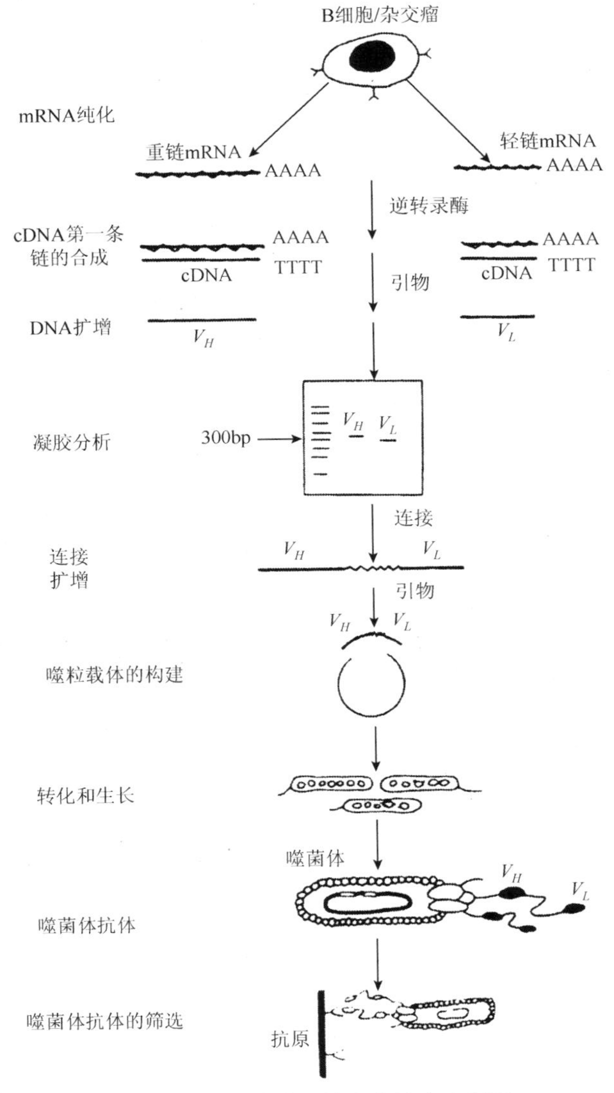

图 7-18　噬菌体抗体文库技术流程图

抗体工程技术已经有了长足的发展，研究人员可以利用各种相关的技术制造人造抗体，将抗体的基因与毒素基因、受体基因、酶基因重组，从而可制造融合蛋白。融合蛋白在抗体组分的引导下，使有生物活性的蛋白趋向于特定的靶部位而发挥生物学效应。因此，抗体工程除本身的理论与技术发展外，其主要任务之一就是用更为简单、更为有效的方法去生产成本更加低廉、并更为实用的抗体。此外，提高抗体的亲和力也是人造抗体的一个关键问题，这将涉及蛋白质工程，如蛋白质折叠构象、糖基化、电荷及氨基酸序列等理论与实际问题。

8

第 8 章 细胞重组、核移植及动物克隆技术

细胞的核质分离是研究细胞核质关系和动物细胞工程的基础，在细胞核质分离研究中具有重要意义的是动物细胞核移植和动物克隆。

8.1 细胞重组技术

细胞重组（cell reconstruction）是细胞工程中将细胞融合技术与细胞核质分离技术结合，即在融合介子诱导下，使胞质体与完整细胞合并，重新构成胞质杂种细胞的过程。

细胞重组技术是现代生物工程中令人瞩目的热点课题，细胞重组结合基因转移可以人为地使细胞表达新的性状和产生新的产物。

8.1.1 细胞重组的方式

把通过细胞核质分离后得到的核体、胞质体或微核体与完整细胞融合，或者把核体引入胞质体，可以获得胞质杂种细胞、杂种细胞（hybrid cell）和重组细胞（图 8-1）。在细胞重组时，提供细胞核的细胞称为供体，供体可以是各种组织或器官的细胞。接受细胞核的细胞称为受体，受体可以是完整的细胞或胞质体，实验中大多用动物的卵子。

（1）动物的细胞重组　以仙台病毒或 PEG 作为融合诱导剂，以分离纯化的核体为供体，以无核的胞质体为受体，获得重组细胞。

（2）动物的细胞杂交　以仙台病毒或 PEG 诱导胞质体与完整细胞融合，获得胞质杂种细胞。

（3）向动物细胞内引入核体　以仙台病毒或 PEG 诱导核体与完整细胞融合，获得杂种细胞。

（4）向动物细胞内引入微核体　以仙台病毒或 PEG 诱导微核体与完整细胞融合，向细胞内引入少而完整的染色体，对分析哺乳动物细胞染色体的基因位置有重要意义。

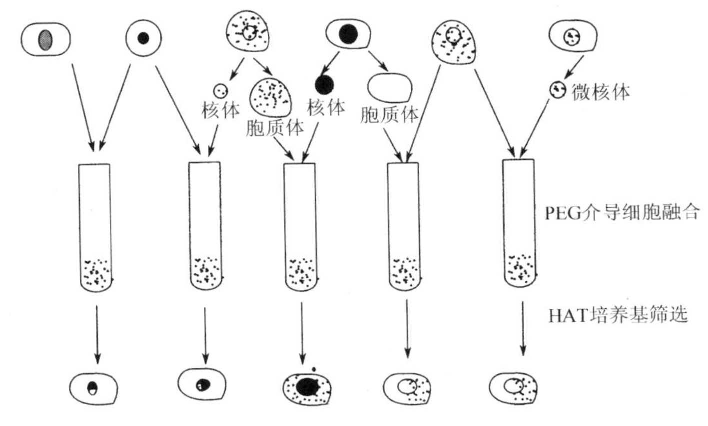

图 8-1　细胞重组的方式

8.1.2　细胞重组的基本方法

最早的核质分离方法是用紫外线或激光照射将细胞的核破坏，再用微玻璃针或微吸管将其他细胞的核送入。紫外线或激光破坏细胞核的操作要求极高，要考虑光束的直径大小、照射距离、照射剂量、照射时间等因素。因此，随着技术的发展，紫外线或激光法被更方便、精确的方法取代。

（1）显微操作技术　显微操作需要借助显微操作仪来完成。用微吸管将细胞核连同周围少量的细胞质吸出，注入已去核的细胞中，使其融合。在这种显微操作的细胞核移植中，供体可以是各种组织或器官的细胞。受体大多是一个动物的卵子，因为其体积大、操作容易，而且含有丰富的细胞质，可为细胞的生长提供大量的营养物质，保证核移植后较高的细胞成活率。

（2）化学拆合法　化学拆合法是利用化学物质使细胞的核和细胞质分离，用于细胞重组，最常用的化学物质是细胞松弛素 B（cytochalasin B）。

1967 年，英国 Carter 在应用体外培养细胞系统进行抗癌抗生素的筛选时，意外地从一种霉菌（*Helminthosporium dematioideum*）培养物的滤液中分离到一种代谢产物，能诱发小鼠 L 细胞的排核作用并具有一些其他生物学效应。他把这种化合物定名为细胞松弛素（cytochalasin）。此后这一观察引起了细胞生物学者的莫大兴趣，并已在各种细胞类型中相继得到证实。

1）细胞松弛素的结构和性质。细胞松弛素有多种不同的结构，目前已分离纯化的细胞松弛素有 A、B、C、D、E、F、G、H 等。以细胞松弛素 B 为例，其结构式如图 8-2 所示，其他细胞松弛素的结构与此极为相似。它们的共同特征：①中心是一个异吲哚环；②有一个大环与异吲哚环的 8 位、9 位两个碳原子相连，大环的碳原子数目和取代基数量可以变化；③在 10 位上有一个芳香基（酚或吲哚）

取代；④在 5 位上可以被甲基取代，6 位可以被甲基或甲硫基取代，7 位是羟基或 6 位、7 位之间为环氧桥。迄今有关研究大多使用细胞松弛素 B，即 $C_{29}H_{37}NO_5$。

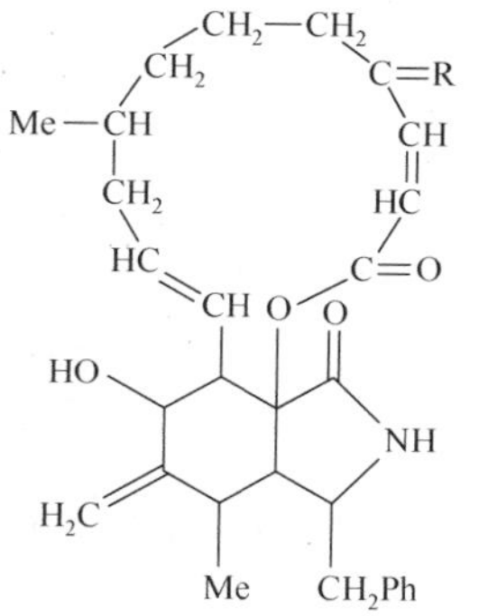

所有的细胞松弛素类化合物均不溶于水，易溶于二甲基亚砜和纯乙醇中。以目前常用的 CB 为例，它在二甲基亚砜溶液内的溶解情况是当温度为 24℃时，饱和液质量浓度为 371mg/ml。用二甲基亚砜配制的细胞松弛素溶液，在正常条件下十分稳定，在 4℃保存 3 年，其活力仍保持不变。

R = O　　细胞松弛素A
R = OH　　细胞松弛素B

图 8-2　细胞松弛素的结构

2）细胞松弛素的生物学效应。细胞松弛素对于活细胞具有不寻常的特殊效应。它们能干扰细胞质的分裂，引起细胞表面形状的改变和排出细胞核；抑制细胞的运动；阻碍细胞的吞噬或饮液；降低细胞的黏着程度；阻止神经细胞轴突的生长；影响葡萄糖和核苷酸的摄取；影响甲状腺素的分泌和生长激素的释放及影响细胞质的流动等，这些作用在药物撤除以后大多可以恢复。

Carter 声称，细胞松弛素是第一类被发现的能够阻断细胞质分裂而不干扰核分裂的化合物。将 L 细胞（小鼠成纤维细胞）培养于含有 0.5μg/ml 细胞松弛素 B 的培养液中，核正常分裂，开始时细胞也能凹陷并形成深沟，但此沟最终不能完全把细胞分成两个，在将要分离的两个子细胞之间仍有细胞质桥相连，随后细胞质桥增宽，凹沟终于消失，并成为双核细胞。此时细胞停止在原位不做移动，从外表上看好像发生了松弛作用，“细胞松弛素”便由此而得名。L 细胞在含有细胞松弛素 B 的培养液中能存活好几天，在此期间核仍能不断地分裂，于是形成多核细胞。L 细胞是贴壁生长的细胞，对于悬浮生长的细胞进行同样处理，也可得到类似的结果：细胞体积和核的数目都在增加，但细胞质不分裂。

高浓度的细胞松弛素能使离体或活体的多种细胞发生明显的表面形态的改变，其中之一是在细胞表面产生所谓的“瘤疹”，当去掉药物之后，这种表面形态的改变几乎可完全恢复正常。Godman 等对细胞松弛素 D 作用于细胞引起发疱的过程进行了电镜扫描，当培养细胞接触细胞松弛素后几分钟，细胞周边出现小瘤状或结节状突起，并迅速地在细胞的边缘聚成小簇，成簇的疱体突起再向细胞中央移动，并融合成许多大疱（此过程在低温中不能进行），疱中有核糖体，随后在细胞核的上方形成冠状结构。对于来源于表皮的细胞，这种疱的结集是持久的，而纤维细胞则容易引起排核，排核是细胞发瘤的一种特殊表现。

不同类型的细胞对细胞松弛素 B 的敏感性颇不相同，一般来说，细胞发生排核作用的快缓和比率，取决于所使用的细胞松弛素 B 剂量的大小，以及处理时间的长短。

虽然细胞松弛素 B 对广泛的细胞活动具有抑制作用，但它却不明显影响细胞内的 DNA、RNA 和蛋白质的合成，它对细胞内 ATP 水平也无显著效应。十分重要的是，细胞松弛素B对细胞所产生的大多数影响是可逆的，在除去细胞松弛素B后，细胞在几分钟内就可恢复正常状态。

虽然细胞松弛素在化学结构和生物学效应上大体相似，然而它们之间在活力及某些作用方面也不尽一致，如细胞松弛素C和细胞松弛素D的活力就比细胞松弛素A和细胞松弛素B要大10倍左右，而细胞松弛素A与细胞松弛素B对血小板的影响也迥然不同。

8.1.3　各种细胞重组原料的制备

1. 胞质体的制备

在一般情况下，细胞松弛素的自然脱核率很低，不超过30%，脱核时间也比较长，需要8～24h，而且对有些细胞（如牛、猴的肾细胞）无脱核作用。用细胞松弛素脱核，辅以离心力后，各种细胞能在短时间内（15～30min）大量去核，得到上百万动物细胞核和无核的胞质体，有些细胞株的去核率高达99%，因此这种去核方法迅速得到了普及。

胞质体去掉细胞核后，不会立刻死亡，可以存活16～36h。在去核后的一段时间内，胞质体的形态和生物学行为与有核细胞近似，胞质体内一些细胞器的形态、结构、分布排列等都与有核细胞相似，而且细胞器的超微结构正常；质膜仍具有“识别”能力，一旦与邻近的细胞相接触，即会引发接触抑制，不会出现肿瘤细胞的“堆叠”样生长。由于去掉了细胞核，胞质体群体内，没有DNA合成。但在细胞去核之前，有些DNA的复制、转录等活动已经开始和正在进行，所以在去核后的一段时间内，存在蛋白质代谢和低于有核细胞的线粒体DNA复制活力，而且去核细胞与有核细胞在多肽合成上没有显著差异。

胞质体可以贴壁、铺展。可以用胰酶或EDTA溶液把它从支持面上消化下来，在悬液中即能在融合诱导剂的作用下，把它与其他类型的完整细胞或核体融合，重新构成一个新的完整细胞。

2. 核体的制备

胞质分离得到的细胞核，带有少量胞质并围有质膜，称为“核体”，分离后的核体常常和完整细胞及胞质体混杂在一起。核体能重新再生其胞质部分，继续生长、分裂。所以在核质分离后，需要对获得的核体进行纯化。可以利用核体贴壁附着性弱（当再次在平皿上培养时，需5～10h才能附着贴壁）、完整细胞附着性强（仅2h就有95%细胞贴壁）的特点，用贴壁法纯化，获得大量的核体。

3. 微核体（微细胞）的制备

动物细胞用0.1μg/mL秋水仙碱处理48h以上时，就会形成一个个大小不同的微核，再用细胞松弛素使微核从细胞中分离出来，即可得到微核体。微细胞杂种细胞的制作过程见图 8-3。

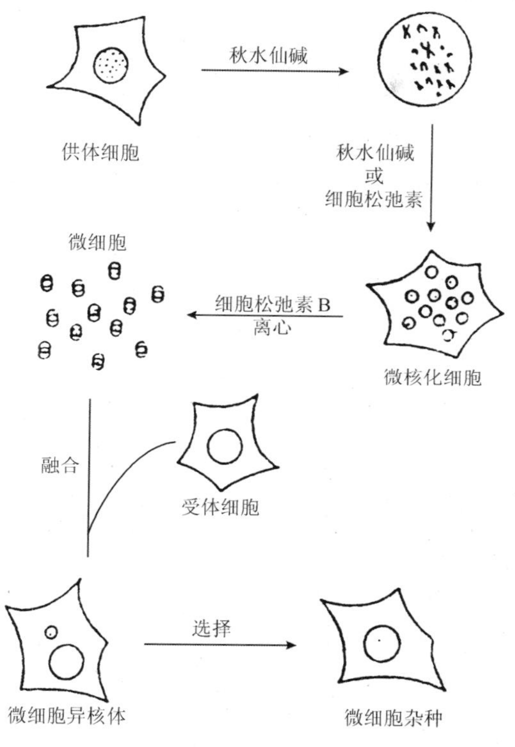

图 8-3　微细胞杂种细胞的制备

秋水仙碱（colchicine，又称秋水仙素），是从百合科（Liliaceae）植物秋水仙中提取出来的一种生物碱。纯秋水仙碱呈黄色针状结晶，易溶于水、乙醇和氯仿。秋水仙碱能抑制有丝分裂，破坏纺锤体，使染色体停滞在分裂中期。在这样的有丝分裂中，染色体虽然纵裂，但细胞不分裂，不能形成两个子细胞，因而使染色体加倍。在细胞学、遗传学中常用于制备中期染色体。

秋水仙碱有剧毒，恶心、呕吐、腹泻、腹痛等胃肠反应是最常见的中毒症状，严重的时候出现血尿、少尿等肾脏损害，骨髓抑制及引起粒细胞缺乏，再生障碍性贫血等，所以使用时要注意自我防护。

8.2　细胞核移植技术

细胞核移植（nuclear transplantation）是应用显微操作技术，将一种动物的一个细胞核移入同种或异种动物的去核（或核已灭活）成熟卵细胞（或受精卵）胞质中，使其重组并发育形成一个新的胚胎、幼体或成体的技术，即胞质体与核体的重组技术。

8.2.1　核移植

鱼类和两栖类动物产卵量多、卵体积大、体外受精和体外发育，是研究细胞核移植的极好材料，所以以下论述中多以鱼类和两栖类为例。

细胞核移植主要包括核供体细胞的制备、受体卵细胞的制备、移核和核质杂种的培养 4 个步骤（图 8-4）。

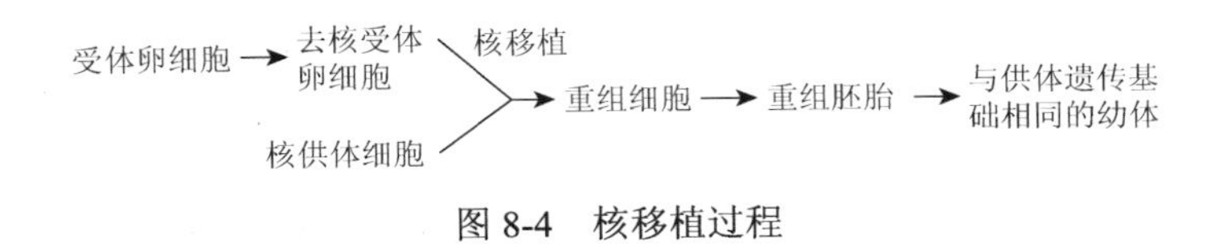

图 8-4　核移植过程

1. 核供体细胞的准备

核供体细胞一般来源于囊胚期细胞和成熟的体细胞。

鱼类囊胚细胞容易分散，将胚盘切下后，用吸管轻轻吹打即可使细胞分散；对于不易分离的囊胚细胞，先在滤纸上将其胶膜除去，然后放入涂有一层琼脂并盛有 Holtfreter 液（0.35g NaCl、0.005g KCl、18.6mg EDTA、0.02g $NaHCO_3$，加双蒸水至 100ml）的培养皿中处理数分钟，切下位于动物极的囊胚细胞团，吸去不用的胚胎部分，轻轻摇动，2～3min 内便可获得分散的细胞。

体细胞常采用肾脏细胞、肝脏细胞或尾鳍细胞。

相对于体细胞，胚胎细胞核的分化程度更低，全能性更高，成功的可能性更大，所以动物胚胎细胞核移植比体细胞核移植容易。

2. 受体卵细胞的制备

鱼和蛙类受体卵细胞需要经人工催产的方法使蛙卵成熟而获得。受体卵细胞在接受供体核之前，要经过去膜、激活、去核、再去膜等过程。

（1）去膜　　可用镊子机械剥除，或用含 0.2%～0.5%胰蛋白酶的 Holtfreter 液软化卵膜，在换液过程中轻微摇动，使卵子脱出。接着把去膜后的卵整齐地排列在无菌培养皿内，使其黏于皿底。并使卵子动物极朝上，以便进行激动和挑核。然后加入适量的手术液，每次可在一个培养皿内排列 25～40 个卵子。

（2）激活　　在双目解剖镜下，用无菌玻璃针在动物极靠近赤道的部位缓缓地浅刺一下（两栖类）或把卵子挤入水中（鱼类），以激活卵子（激活的目的是代替自然受精时精子入卵的过程，以获得发育能力）。激动后的卵子，10～15min 产生第二极体。在解剖镜下可见动物极附近有一折光的圆形小球，此即第二极体。极体出现时，用吸管将去膜卵移至底部预先涂有琼脂层、盛有 Holtfreter 液的培养皿内。

（3）去核　采用适当剂量的紫外线或 X 射线照射，使卵核失活而达到功能性去核的目的。此法避免了对卵细胞的机械损伤，但射线照射对细胞质和核移植胚胎发育能力的影响尚需进一步研究。

也可以采用挑核法，即当第二极体出现时，用发圈拨动卵，当卵被拨到侧面时，在其动物极紧靠胚盘中央处，可以看到一个透亮而很小的极体。紧靠极体的胚盘表面下，就是卵核。用无菌玻璃微针在极体的旁边刺入卵内，再往外一挑，由于卵黄膜的破裂，卵核随着一小部分细胞质流出卵外。一般极体排出 15min 以后会逐渐消失，所以挑核应在极体出现后 10min 内完成，否则核将沉入卵子中心，使去核手术不易成功。

（4）再去膜　挑核后经过 10min 左右，待伤口基本愈合时，在双目解剖镜下，小心而快速地剥去卵外胶膜，直至余下一层受精膜为止。注意操作要轻柔，否则可能损伤卵子，使卵质变位，影响胚胎发育。

随着科技的发展，特别是出于对珍稀动物的保护，常常在麻醉供体动物后，进行卵泡穿刺活体取卵，获得卵丘卵母细胞复合体。制备好的卵子移到盛有手术液的培养皿中，供注核用。

3. 移核

移核是在显微操作仪上将供体核移入去核卵母细胞的过程，是核移植工作中最精细、最关键的操作。把盛有囊胚细胞和去核卵的培养皿置于解剖镜下，用微型吸管将供体细胞吸入管内，细胞入管并破裂，但细胞质不能分散，以免细胞核受损伤。用发圈拨动使去胚盘朝上，把吸有细胞核的吸管对准胚盘的近中央处刺入，并把细胞核注入胚盘内。吸管刺入的深度以不超过胚盘高度 1/2 为宜（刺得太深，管口可能穿过胚盘误入卵黄内）。

目前也利用细胞融合技术进行核移植，使去核卵细胞-核体复合体或去核卵细胞-核供体细胞复合体发生融合。应用较多的是电融合法，电融合的效率高，对胚胎发育几乎没有不利影响。

4. 核质杂种的培养

移核后，一般将移核卵转移到 Holtfreter 液中，在适宜温度下培养。

8.2.2　细胞核移植的分类

1. 胚胎细胞核移植

胚胎细胞核移植（embryo cell nuclear transplantation）又称胚胎克隆，是将未

着床的早期胚胎离散成单个的细胞球，在电流的作用下，使单个细胞与去除染色体的未受精的成熟卵母细胞融合，发育成胚胎后，移入受体妊娠产仔（图 8-5）。核供体细胞来自多细胞阶段的胚胎。

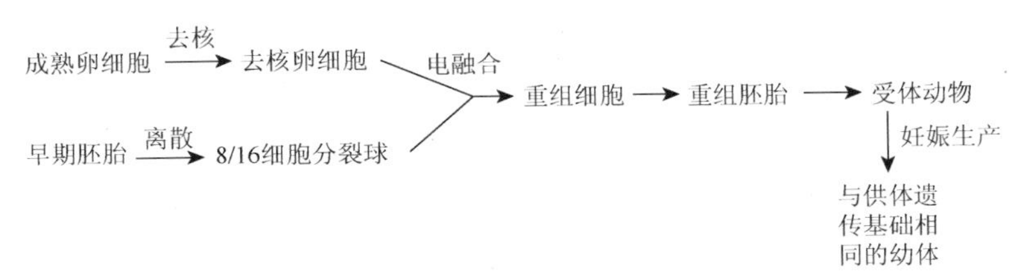

图 8-5　胚胎细胞核移植

2. 胚胎分割

通过显微操作，将未着床的早期胚胎分割为二、四、六等多等份，给每个受体内植入一块分割物而妊娠产仔，这样由一个胚胎可以克隆多个遗传性能完全一样的后代个体。二等份胚胎分割法已克隆出的哺乳类动物有小鼠、兔、山羊、绵羊、猪、马、牛等；四等份胚胎分割法成功的有小鼠、绵羊和牛。2000 年，华人科学家 Anthony 成功利用胚胎分裂法克隆了两只恒河猴，这是人类第一次克隆出与人最类似的灵长类动物。

3. 胚胎干细胞核移植

胚胎干细胞是早期胚胎或原始生殖细胞（primordial germ cell，PGC）经离体抑制分化筛选出的，在特定的条件下，可以被诱导分化成各种功能细胞或组织。以早期胚胎干细胞作为核供体，移入去核的受体卵细胞中，也可发育成一个个体。利用胚胎干细胞核移植技术，可以比胚胎细胞核移植生产出更多的动物个体。

4. 体细胞核移植

体细胞核移植又称为体细胞克隆，是通过显微操作、电融合等技术，将哺乳动物的体细胞经过抑制培养，使其处于休眠状态，利用细胞核移植技术将其导入去核卵母细胞，发育成胚胎后移植至受体，妊娠产仔，克隆出成体动物。核供体细胞来自动物体细胞，核受体来自去核的原核胚或成熟的卵母细胞。

8.3　动物克隆技术

8.3.1　动物克隆的基本原理

哺乳动物的组织细胞处在各种形态级别的分化状态，执行各自特异的生物功能，只有具备细胞全能性（totipotency）和可逆性两个条件，才能进行动物克隆。所谓细胞全能性是指细胞包含了个体的全套遗传信息；可逆性是指细胞具有回复到发育零点状态的潜能，在特定环境因素的调节下，可回复到受精卵状态，并可发育成一个完整的生物个体。

生物体细胞的全能性已被许多实验所证实。近年来，随着对胚胎干细胞和原始生殖细胞的深入认识，发现它们也具有全能性和调整能力。

早期动物克隆方法是采用胚胎分割，即用显微术将未着床的早期胚胎一分为二、一分为四或更多次地分割，然后分别移植给受体，妊娠产生多个遗传性状相同的后代的克隆方法，这属于最简单的人工动物克隆方式。

随着对胚胎分割局限性的认识及克隆技术的发展，人们开始研究核移植技术并取得成功，产生克隆动物的效率比分割技术大大提高，也就基本上替代了利用胚胎分割生产克隆动物的研究和开发。用于该技术的动物细胞又分为两种：一是来自早期胚胎，即胚胎细胞；二是来自成体动物的各种组织，即体细胞。

8.3.2　胚胎克隆技术

主要是指胚胎分割、胚胎融合及胚胎核移植技术等。

1. 胚胎分割技术

所谓胚胎分割（embryo splitting）是将一枚胚胎用显微手术的方法分割成二分胚、四分胚甚至八分胚，经体内或体外培养，以得到同卵双生或同卵多生后代的技术，也是胚胎克隆的一种方法。

（1）分割器械　分割胚胎的工具可用显微玻璃针或显微分割刀。玻璃针可用直径为 2～3mm 的玻管拉制，要求针柄部长 50～60mm，针部长 40mm，针尖用于切割部（相当于刀刃）的长度为 20～30mm，直径约 15μm，针柄和针体部呈 160°的弯角，以便操作［图 8-6（a)］。显微分割刀有用手术刀片或不锈钢剃须刀片改装磨制而成的显微手术刀。把刀片用小钳折成宽 3～4mm、长 15～20mm 的长条，在细油石或显微磨床上把尖端磨成割脚刀状［图 8-6（b）］或矛状［图 8-6（c)］的刀刃，分别用于垂直分割和水平分割。在磨制过程中要随时在显微镜下检查，刀刃要锋利且无缺口，刀体后端固定一个金属细柄，以便固定在操纵台上，也可以用盖玻片磨制玻璃显微刀片，还可以使用商品化的专用显微手术刀片进行胚胎分割。

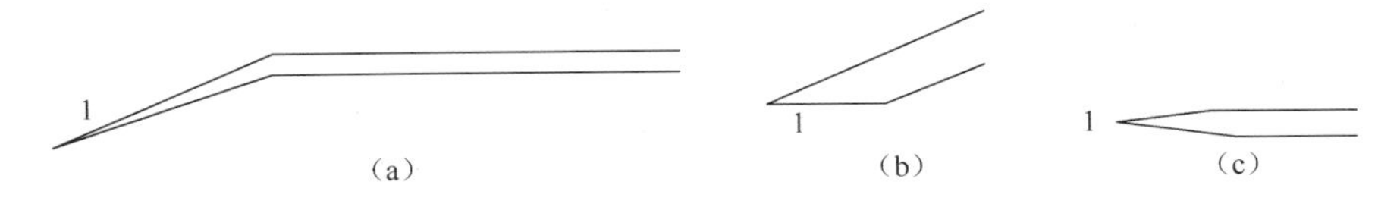

图 8-6　胚胎分割针及分割刀的分割部分示意图

（a）玻璃分割针；（b）垂直分割刀；（c）水平分割刀（示分割部横截面）；1. 分割部位

（2）胚胎预处理　为了减少切割损伤，胚胎在切割前一般用链霉蛋白酶进行短时间处理，使透明带软化并变薄或去除透明带。

（3）胚胎分割　在进行胚胎切割时，先将发育良好的胚胎移入含有操作液滴的培养皿中，操作液常用杜氏磷酸缓冲液，然后在显微镜下用切割针或切割刀把胚胎一分为二。

桑葚胚之前的胚胎卵裂球较大，直接切割对卵裂球的损伤较大。常用的方法是用微针切开透明带，用微管吸取单个或部分卵裂球，放入另一空透明带中，空透明带通常来自未受精卵或退化的胚胎（图 8-7）。

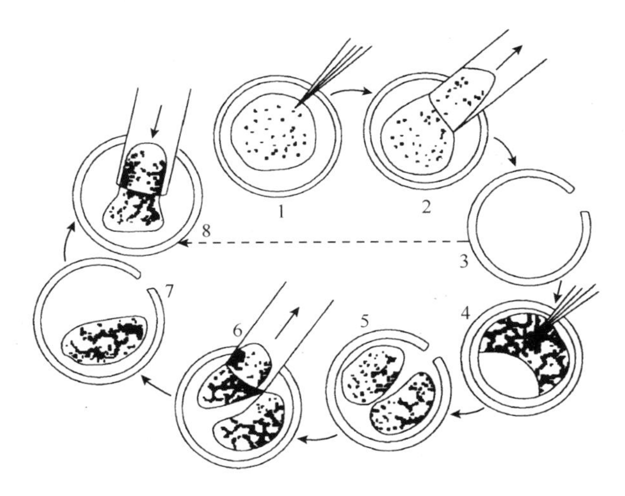

图 8-7　胚胎二分割步骤

1. 切开未受精卵的透明带；2. 用毛细管吸出内容物；3. 空透明带；4. 将胚胎分割为两群细胞；5. 两枚半胚；6. 吸出一枚半胚；7. 原透明带内留存一枚半胚；8. 将吸出的半胚移入空透明带内

（4）分割胚的培养　分割后的半胚需放入空透明带中或者用琼脂包埋移入中间受体在体内或直接在体外培养。半胚的体外培养方法基本上与体外受精卵的培养相同。体内培养的中间受体一般选择绵羊、家兔等动物的输卵管，输卵管在胚胎移入后需要结扎以防胚胎丢失。

（5）分割胚胎的保存和移植　胚胎分割后可以直接移植给受体，也可以进行超低温冷冻保存。由于分割胚的细胞数少，因此耐冻性较全胚差，解冻后的受胎率也低于全胚。

2. 胚胎融合技术

胚胎融合（embryo fusion）是指通过显微操作使 2 枚或 2 枚以上的受精卵或胚胎发育成为 1 枚胚胎的技术，由此发育而成的个体称为嵌合体（chimera）。胚胎所产生的嵌合体对发育生物学、免疫学、遗传学、医学和畜牧生产技术研究等具有十分重要的意义。哺乳动物嵌合体的研究报道主要有小鼠和绵羊，后来又建立了牛、猪、山羊嵌合体及大鼠-小鼠种间嵌合体和马-斑马属间嵌合体。

通过操作早期胚胎可制备出大量的嵌合体，但一些非哺乳类的脊椎动物，胚胎或胚胎细胞的融合常常因为身体某些部位的重复，或者是已经激活的胚胎细胞不能被完全置换，由此造成身体某些部位的畸形。

哺乳动物的实验性嵌合体一般是通过操作附植前的胚胎制作的，一般将两个或几个胚胎进行聚合（聚合性嵌合体），或者将细胞注射到囊胚（注射性嵌合体）。附植前早期胚胎嵌合体的制作方法可分为三种。

（1）早期胚胎聚合法　该方法可采用从发育到 2 细胞至桑葚期的胚胎，但最常用的为 8 细胞阶段的胚胎，发育太早或太晚的胚胎，由于细胞之间的联系过于紧密，因此很难进行聚合。具体操作为先将透明带去掉，然后将两枚裸胚聚合，在 CO_2 培养箱中培养，使之发育到囊胚，再移植给受体，获得嵌合体个体。聚合用的培养液大多是 0.05%～1%的植物血凝素（phytohaemagglutinin，PHA）。聚合过程有的在琼脂小凹中，有的用血凝滴定板，也有在液体石蜡中的小液滴中进行。一般在 PHA 中放置培养 10～20min，也可先作用 3～5min 后，再使两枚胚胎聚合。聚合后的胚胎用培养液洗两次，用 Brinst 液改良 PBS 液或 Witten 液等培养 20～24h，使之发育到囊胚阶段，然后再移植给受体。

（2）分裂球聚合法　该方法常用于将发育阶段相同的两胚胎分裂球进行聚合，也可将发育阶段不同的胚胎分裂球聚合，制作嵌合体个体。通常是在一个透明带中，人为地将发育阶段不同胚胎的分裂球，或者分裂球与特殊的细胞（如肿瘤细胞）聚合在一起。按这种方式，使用 2～16 细胞期、桑葚胚后期的分裂球都可以培育出嵌合体个体。

（3）囊胚注入法　注入法制备嵌合体是指当哺乳动物的受精卵发育到囊胚阶段且已分化为两种明显不同的组织——内细胞团（ICM）和滋养层细胞以后，将目的细胞或细胞团注入囊胚腔，使注入细胞与内细胞团结合后共同发育，以获得嵌合体。也有人将某一囊胚的 ICM 完全用另一囊胚的 ICM 代替，这种方法称为囊胚重组，曾被成功地用来进行种间妊娠，制备的嵌合体其胎儿周围的胎膜是来自另一种动物。这种方法可广泛用于研究基因型已知的ICM的发育能力和具有不同基因型的滋养层细胞之间在个体发育中的相互关系。

3. 胚胎细胞核移植技术

胚胎细胞核移植技术主要是以胚胎卵裂球的细胞作为核供体，进行细胞核移植，其方法和体细胞核移植基本相同。

8.3.3　体细胞克隆技术

体细胞克隆的技术程序与胚胎克隆基本相同，不同之处主要在于不是用胚胎卵裂球而是用胎儿细胞或成年动物体细胞作为核供体进行细胞核移植，得到的后代与供体细胞具有相同遗传性状（图 8-8）。

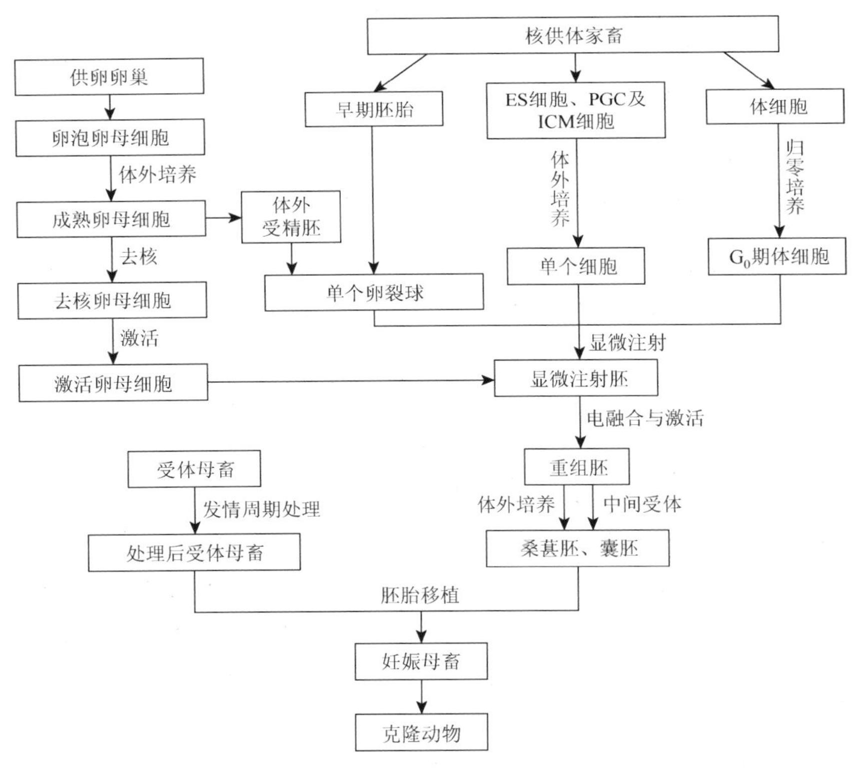

图 8-8　动物克隆技术路线

Dolly 羊与以往的克隆动物的最大区别是它的核供体是高度分化了的体细胞，而不是尚保留细胞全能性的早期胚胎细胞（图 8-9）。Dolly 羊的成功既证实了完全分化了的动物体细胞仍然保持着当初胚胎细胞的全部遗传信息，而且能够恢复全能性而形成完整个体。

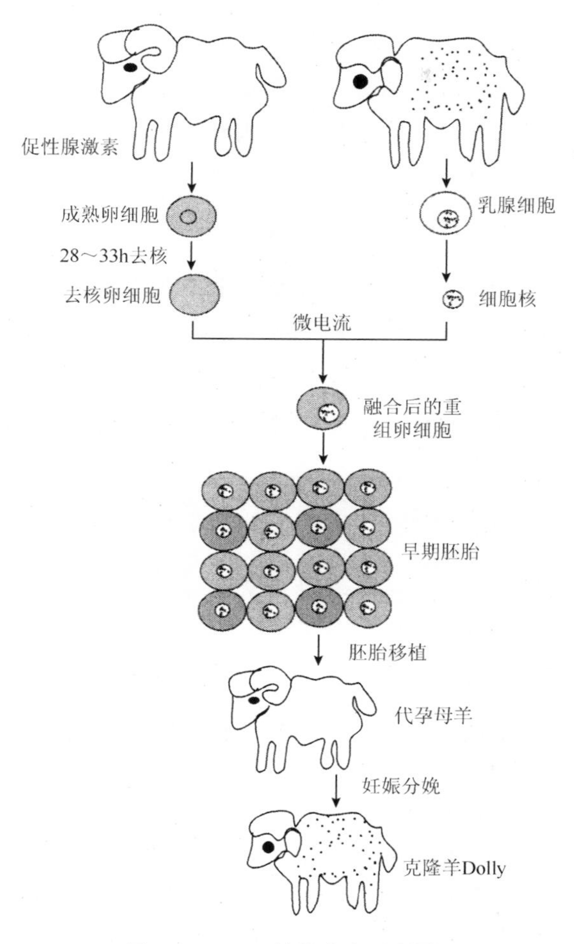

图 8-9　Dolly 羊的克隆示意图

但需要提醒的是，以单细胞培养出来的克隆动物并不是核供体动物的完全复制。众所周知，细胞核 DNA 并非包含机体全部的遗传信息，细胞质中线粒体 DNA 在机体某些遗传特征方面也起重要作用。细胞核含有成千上万的基因，细胞质线粒体 DNA 只有不到 50 个遗传基因，但其对动物大脑的发育和行为却有直接影响。在进行核移植时，如果只是把供体体细胞的核移入受体卵母细胞，得到的克隆动物有时和核供体动物完全不同。但若将线粒体 DNA 也移入去核卵母细胞，克隆动物与其体细胞提供者的行为就基本一致了。

8.3.4 克隆技术的意义及应用前景

1. 解决基础研究中的疑难问题

克隆技术的迅速发展对基础研究意义重大。它为研究配子和胚胎发生、细胞和组织分化、基因表达调控、核质互作等机制提供了工具，加快了人类对自然界的各种生物乃至人类本身的进程的了解。

2. 改良家畜品种，促进良种繁育

我国是一个家畜养殖大国，但家畜养殖业却比较落后。良种匮乏、牛羊猪个体质量差、产出低、传染性疾病（如牛病毒性腹泻、结核病、口蹄疫、疯牛病、羊瘙痒症、乳腺炎、蓝耳病等）等严重制约着我国畜牧业生产的可持续发展。

3. 开展异种动物克隆，拯救濒危动物

对于种群数量少、濒临灭绝的稀有动物，缺少异性无法配种时，克隆技术发挥了其独特的作用。中国科学院动物研究所陈大元教授领导的研究小组长期开展异种动物克隆研究，已经利用兔卵母细胞克隆，获得了大熊猫的早期胚胎。

4. 异种器官移植和治疗性克隆

治疗性克隆（therapeutic cloning）是指利用核移植技术与转基因和胚胎干细胞等生物技术结合，体外培养所需的细胞、组织或器官，以替换或修补患者损伤或患病的细胞、组织及器官的过程。

体细胞克隆技术为生产患者自身的胚胎干细胞提供了可能。获得的胚胎干细胞使之定向分化为所需的细胞类型，用于替代疗法。

美国科学家已经从肌萎缩侧索硬化、帕金森病、唐氏综合征等遗传性疾病患者的皮肤细胞和骨髓细胞培育出胚胎干细胞，并将其转化为神经细胞等其他细胞，但目前此项研究仍然处于研究阶段。

8.3.5 动物克隆技术中存在的问题

动物克隆技术的出现震撼了整个世界，给畜牧生产、人类疾病的基因治疗等带来了巨大的变化，改善了人类的生活和健康水平。但科学家对克隆技术的认识远没有完结，已有越来越多的证据表明，克隆健康的动物远比想象的更为困难，克隆技术还存在很大的风险。

1. 技术尚不成熟

动物克隆实验的成功仍然具有极大的偶然性和随机性。迄今为止，克隆试验的成功率始终很低，很多在围生期就已经死亡，即使能在出生后存活，也能发育到青春期，但发育到成年仍有异常。例如，在培育Dolly的过程中，科学家从克隆出的277个绵羊胚胎中最终成功使母羊受孕并生产的只有Dolly一个，成功率只有0.36%。而且，克隆动物基因组重新编程的机制尚不清楚，克隆技术效率低。

2. 克隆动物的体细胞突变、寿命及其他遗传问题

现有克隆动物技术已经出现了许多严重问题，包括克隆动物发育迟缓、心肺存在缺陷、免疫系统功能不全等先天性疾病或体形过大等基因上的缺陷。

克隆羊、克隆牛和克隆鼠都存在体形过度庞大的问题。而且，克隆牛、克隆羊、克隆猪也存在发育不良、免疫系统缺陷和心肺功能不健全的问题。即使没有以上问题，生产克隆动物费用昂贵，距大规模应用还有一定距离。

3. 社会学和伦理学问题

Dolly羊的诞生让有些人感到了不安和恐惧，因为按照Dolly羊的克隆技术，人们已经担心克隆人正在向人类步步逼近。英国理论物理学家霍金认为，Dolly羊的出生标志着生物技术终有一天会将超人的理想变为现实，那时，就有可能由一部分具有特殊基因的人来统治其他没有特殊基因的人。

8.4 转基因动物

应用实验胚胎学和分子生物学原理，将来自一种生物的特定基因导入另一种动物的受精卵或早期胚胎细胞中，使其整合到宿主染色体中，在动物发育过程中表达，并能通过生殖细胞传递给后代。这种在基因组中稳定地整合导入的外源基因的动物称为转基因动物（transgenic animals）。利用转基因技术，可以建立人类疾病动物模型、加速动物育种、研究真核生物基因表达调控机制及在哺乳动物特异组织系统内生产药用蛋白等。

8.4.1 转基因动物的制备

1. 目的基因导入

把目的基因成功地导入动物早期胚胎细胞中，是转基因动物研究的核心技术。

（1）基因显微注射法　首例表达人胸苷激酶基因的转基因小鼠及表达人生长激素基因的转基因“硕鼠”，都是利用显微注射方法把外源目的基因导入受精卵，并获得成功。

一个适当的宿主细胞应具备如下条件：①对载体的复制和扩增没有严格的限制；②不存在特异的内切酶体系降解载体 DNA；③在载体增殖过程中，不对载体 DNA 进行修饰；④不会产生载体 DNA 的体内重组；⑤容易导入重组 DNA 分子；⑥符合“重组 DNA 操作规则”的安全标准。对于重组子的扩增，原核细胞宿主优于真核细胞宿主。常用的宿主细胞是大肠杆菌 K_{12} 株。

显微注射法是 1981 年由美国科学家戈登（Gordon）等首先实验成功的。他们将小鼠的受精卵取出来，在显微镜下将胸苷激酶基因用玻璃微管送入受精卵的雄原核，然后立刻输入假孕母鼠的输卵管中，使其在子宫内着床，最终发育成转基因小鼠。

在生产实践中，利用显微注射法生产转基因大动物比生产小鼠更困难，这是因为大动物所能提供的受精卵数较少，并且大动物早期胚胎的发育时序较难把握，所以难以获取足量的原核期受精卵。另外，大动物受精卵的细胞质中含有不少脂肪和色素等透光度低的颗粒，降低了原核的可见度。尽管如此，该方法被成功应用于转基因家畜的生产。

1）转基因小鼠的制备。雌雄鼠交配后，收集受精卵，然后将外源基因注射到受精卵的雄原核中（整合率比注射到雌原核中高），体外培养至早期囊胚或桑葚胚。再将其移植到假孕养母子宫中，产出嵌合体小鼠，再经杂交筛选获得纯合体转基因小鼠（图 8-10）。

2）转基因鱼的制备。与哺乳动物不同，鱼类为体外产卵、体外授精和体外发育，因而不需要剖腹取卵和将转基因胚胎再移植到假孕养母子宫内等复杂的操作步骤。采用显微注射法将外源基因导入金鱼卵母细胞生发泡制备转基因金鱼的操作过程如图 8-11 所示。

A. 注射用针的制作：取直径为 1mm 的毛细玻璃管，在拉针仪上制备直径小于 10μm 的毛细玻璃针，用于显微注射。

B. DNA 溶液的配制：用 Holtfreter 液配成终浓度约 4ng/μl 的 DNA 溶液。

C. 卵母细胞的收集和体外培养：取雄鱼追逐的雌鱼，剖腹取卵巢，将分散好的卵母细胞用 1μg/ml 的 17α，20β-二氢孕酮溶液于 24℃处理 1h 以上，待生发泡移至动物极受精孔下方时，即可注射。

D. 显微注射：注射几皮升至几十纳升的 DNA 溶液，相当于 10^4～10^7 个基因拷贝。注射外源 DNA 的量太大对胚胎有毒性，太小则影响基因的整合率。

E. 注射后卵母细胞的培养：于 24℃培养约 3h 后，生发泡破裂，再继续培养 8～9h 后即可进行人工授精。

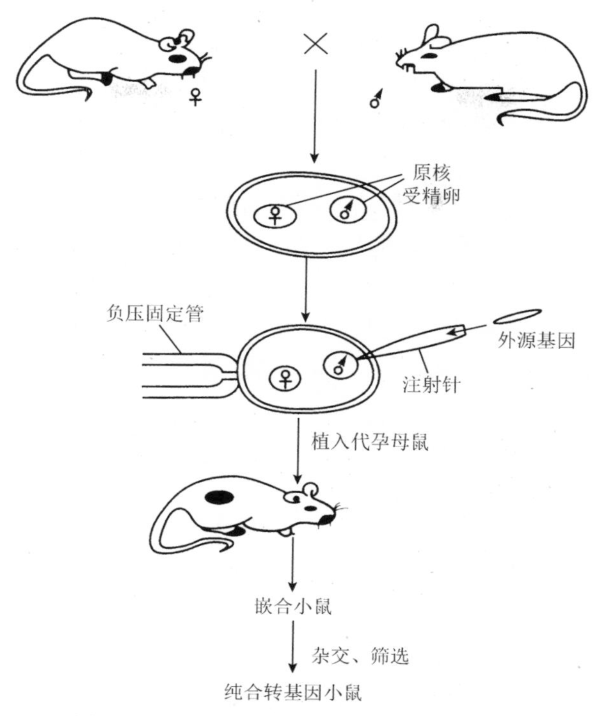

图 8-10 DNA 显微注射法制备转基因小鼠

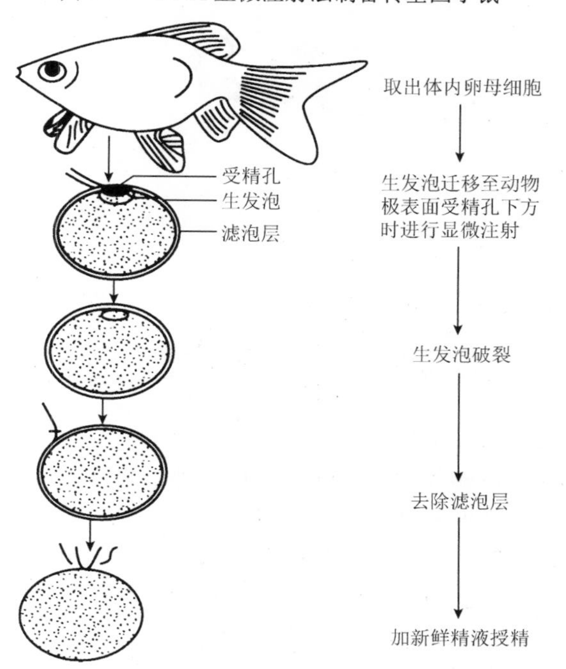

图 8-11 转基因金鱼的制备

F. 人工授精：用尖头镊子去除卵母细胞外层的滤泡细胞后，立即加入精液授精。

G. 胚胎的培养：受精卵孵化成幼鱼，继续培养。

H. 转基因鱼的鉴定。

用显微注射法制备转基因动物，操作技术性很强，即使是受过严格训练的专业人员操作，发育成转基因动物的受精卵也只占注射卵的5%。因此，人们常用增大显微注射受精卵数目的办法来弥补这一缺陷。

（2）*反转录病毒感染法*　利用反转录病毒作为目的基因的载体，宿主细胞实现基因转移，产生嵌合体动物，杂交、筛选即可获得转基因动物（图8-12）。

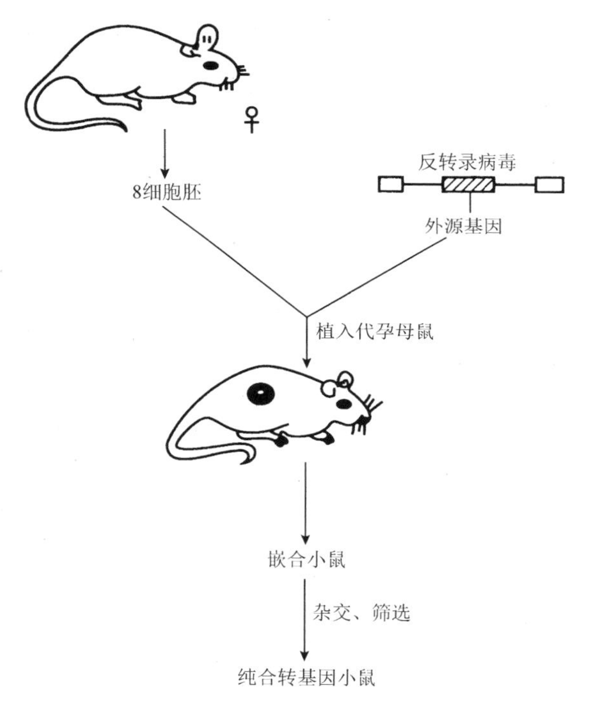

图8-12　反转录病毒感染法制备转基因小鼠

反转录病毒感染法制备转基因动物的优点在于，基因转移效率、感染率和整合率明显高于其他基因转移方法，尤其适用于处于多细胞发育阶段的胚胎如禽类的受精卵，禽类受精卵产于体外后已处于桑葚胚阶段。但反转录病毒载体容量有限，它只能转移小片段DNA（≤10kb），而且病毒基因组有可能与目的基因一起整合到宿主细胞核中，使得转基因动物自身有可能产生病毒株。

反转录病毒感染法的原理在于，反转录病毒的核酸为一条单链RNA分子。病毒进入细胞后RNA首先编码出反转录酶，在酶的作用下，病毒RNA反转录为双链

DNA 分子并整合到宿主细胞 DNA 中，成为前病毒（provirus）。前病毒是新的子代病毒 RNA 的复制模板，同时决定着病毒结构蛋白的表达。前病毒是反转录病毒增殖的正常途径，也是必经之路。一般情况下，反转录病毒的整合及子代病毒的形成对宿主细胞没有明显影响，细胞被感染后仍能正常生长，并不断地分泌病毒颗粒。

反转录病毒载体既可以构建成能够无限繁殖的可复制型载体，也可以构建成仅能复制单个周期的复制缺陷型载体。复制缺陷型载体的复制有赖于辅助细胞（包装细胞），无致病性，并防止插入基因的丢失，故优于可复制型载体。包装细胞能为反转录病毒载体提供包装蛋白，对于反转录病毒载体功能的发挥起着重要的作用，决定着重组病毒效价及其宿主范围。

（3）精子载体法　此法是通过精子吸附 DNA，再通过受精作用把目的基因传给子代动物，从而获得转基因动物。1989 年，Arezzo 用吸附有外源基因氯霉素乙酰转移酶基因的海星精子与卵子受精，将外源基因整合到受精卵中，并发现氯霉素乙酰转移酶基因在胚胎内获得表达。

精子吸附 DNA 的方法主要有 DNA 与精子共育法、电穿孔导入法和脂质体转染法三种。DNA 与精子共育法中，DNA 吸附到精子上的水平较低，但外源基因的整合率较高，可达 50%；电穿孔导入法中，精子吸附 DNA 的水平较高，但外源基因的整合率很低，这可能与电穿孔后精子顶体遭到破坏有关；脂质体转染法所获得的受精卵存活力较高，外源 DNA 的整合率也较高。

利用精子作为目的基因载体的优点是不像显微注射那样复杂，只需要通过人工授精的途径制备转基因动物，大大降低了制备成本。然而，通过精子载体法获得的受精卵效率很低，而且大多数情况下外源基因要发生重排。最近，这一方法得到改进并且在小鼠上应用成功。先用温和的消化剂将精子细胞膜消化掉，然后将精子 DNA 温育一段时间后，将精子直接注射到卵细胞，从而发育成含有外源基因的受精卵。由于这一方法的成功率主要取决于卵胞质内精子注射技术（intracytoplasmic sperm iniection，ICSI）本身，目前这一方法只在转基因小鼠的研究中获得成功。

（4）胚胎干细胞方法　胚胎干细胞具有发育的全能性，可以在体外进行人工培养、扩增，并能以克隆形式保存。对 ES 细胞进行基因操作，将外源目的基因导入 ES 细胞，再把 T 细胞移入胚泡期的胚胎，然后将这样的胚胎移植到代孕养母子宫内发育，由此产生的子代的部分生殖细胞就是由转基因的 ES 细胞形成的。在得到的转基因动物之间进行杂交，子代再配对杂交、筛选，就获得了纯合的转基因动物（图 8-13）。

2. 转基因胚胎培养与移植

在制备转基因哺乳动物时，处理完毕的转基因受精卵或胚胎，经过短期的体外培养，就可移植到假孕动物的输卵管中进行发育，或培养到 2 细胞或胚泡期再

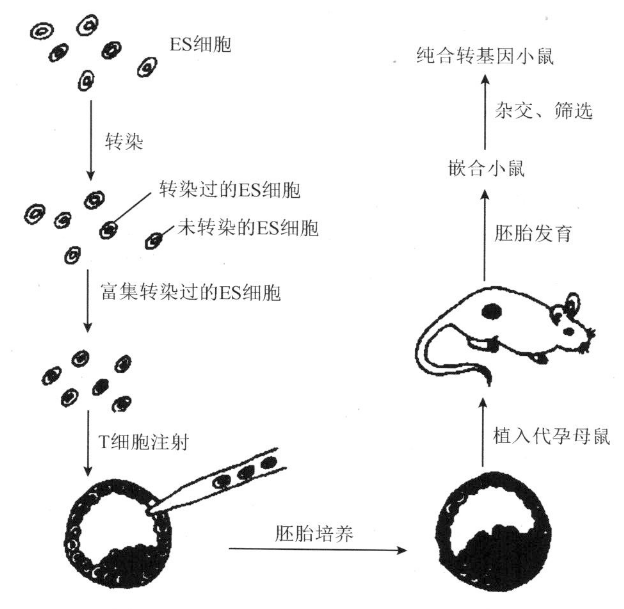

图 8-13　胚胎干细胞法制备转基因小鼠

进行移植。小鼠的受精卵经过显微注射后，如果卵周隙清晰可辨，则表明注射是成功的；反之，注射失败的受精卵，质膜破裂，卵周隙不清楚。一般情况下，受精卵注射的成功率应保持在 50%～80%或更高。

3. 转基因动物鉴定

要确定转基因动物后期胚胎或新生仔组织中是否含有外源基因，应对胚胎或新生仔组织进行检测。

（1）待测组织的取材　对于胚胎组织，取胎鼠臀部肌肉提取 DNA，取其他组织提取 RNA。所取组织均应置于–70℃冰箱或液氮中保存。牛可取 60～65d 胎儿的组织，小鼠可取出生 2～3 周后的幼鼠尾巴。

（2）样品 DNA 的抽提　取胎鼠肌肉或幼鼠 1.5～2.0cm 长的尾巴，在试管中用小剪刀将其剪碎，加入裂解液和蛋白酶 K 进行消化，消化后加 40μl 的 RNA 酶，于 37℃消化 1～2h。加入等体积的酚-氯仿-异戊醇（酚：氯仿：异戊醇＝25：24：1）抽提，乙醇沉淀，用 TE 缓冲液溶解沉淀。

8.4.2　动物转基因技术的应用

动物转基因技术在生物学、药理学及农业等领域具有广泛的应用价值。它不但为人们揭示生命奥秘提供了一个有效的手段，而且其产品也在农产品、食品、医疗和卫生领域得到了应用。

1. 在生命科学基础研究领域中的应用

（1）研究基因结构与功能 通过研究基因结构和功能可明确外源动物基因如何在转基因动物细胞中整合、表达，并制约于受体基因背景的调控，使人们对基因结构与功能的关系会有更深入的了解。

（2）研究组织表达特异性 研究外源目的基因在宿主动物表达的组织特异性，了解基因顺序调控元件在组织特异性表达中的作用。

（3）基因多级调节系统的研究 通过基因多级调节（multiplex gene regulation，MGR），可以了解发育中的时间和空间调控、检测不同发育阶段和不同组织中的基因。通过建立一个网络系统，来研究两个不同调节基因间的关系。

（4）细胞功能的研究 用适当的启动子控制转入基因，就可以使转入基因只在特定类型的细胞中表达。由此，可以设计将病毒基因置于细胞类型特异性启动子之后，这样就可以杀死某一类型细胞，并进一步确定缺失这类细胞的转基因动物在发育过程中是否异常表现，从而明确该类细胞发育过程中的作用。

2. 在畜牧业中的应用

动物转基因技术在改良畜禽生产性状、提高畜禽抗病力及利用转基因畜禽生产非常规畜牧产品（如人类药用蛋白）等方面显示了广阔的应用前景。目前，动物转基因技术在畜牧业中的应用主要有以下几方面。

（1）促进动物生长 生长激素基因是转基因动物中应用最早、使用最为频繁的基因。此外，生长激素释放因子基因、类胰岛素生长因子-1 基因等研究也较多。牛、绵羊及人的生长激素基因先后导入小鼠基因组，得到的转基因小鼠的生长速度是对照小鼠的 4 倍。

（2）改善产品品质 外源基因的转入，不仅可以提高乳、肉、蛋、皮毛的产量，还能改善畜产品质量。Simious 等用绵羊的 β-乳球蛋白（β-lactoglobulin）基因产生了转基因小鼠并获得表达，发现其乳汁中所含的绵羊 β-乳球蛋白的量要比正常绵羊乳汁中高 5 倍。

（3）动物抗病育种 转基因技术可以用于遗传育种，不仅可以加速改良的进程，使选择的效率提高、改良的机会增多，还不会受到有性繁殖的限制。对一些种属特异性的疾病，可以克隆出抗病基因或致病基因的反义基因，导入畜禽细胞，培育出抗病的品系。

（4）提高羊的产毛性能 利用转基因技术可以提高羊毛产量和光泽度、细度，还可以将彩色毛基因导入绵羊以生产彩色羊毛。

3. 在医学领域的应用

（1）人类疾病及遗传病的转基因动物模型研究　将产生某些疾病或遗传病的基因作为外源基因，构建出人类疾病和遗传病的转基因动物模型，能帮助人们研究人类疾病的发生机制和发展过程，并为治疗某些遗传性疾病或基因相关疾病提供科学依据。此外，转基因动物还可用于某些病毒性疾病的机理研究。

（2）作为动物生物反应器　动物生物反应器是指从转基因动物体液或血液中收获基因产物。动物就像一个活的发酵罐，其温度、气体、水分和pH均由动物自身调节。因此，有人把它比喻为药物工厂、生物反应器、基因农场和分子农场。

动物生物反应器具有表达产物能充分修饰且具有稳定的生物活性、产品成本低、产品质量高、易提纯，并可以大规模生产的特点。微生物基因工程、转基因植物细胞培养等均需要很大的车间，而且成本很高。若用转基因动物作生物反应器，则只需养殖动物即可。

8.4.3　转基因动物研究中存在的问题

1. 转基因动物成功率低

目前最常用的显微注射法获得的转基因动物的阳性率（阳性子代动物/出生子代动物总数）为10%～25%，并且重复性较差。

2. 造成宿主基因突变

由于外源基因在动物基因组中为随机整合，难以控制其在宿主基因组中的整合位置，可能会引起宿主细胞基因的插入突变、缺失突变及扩增重排和易位，也可能激活正常状态下处于关闭状态的基因，从而导致动物表型的改变，甚至造成动物不育或死亡。

3. 外源基因表达水平低

导入的外源基因在转基因动物中是否能够高效表达是转基因动物成败的关键。目的基因的整合位点、整合方式、拷贝数及与宿主染色体之间的相互作用等问题尚未弄清楚，外源基因的表达难以控制，或低水平表达常发生。

4. 安全性问题

基因安全性是值得关注的问题：一是外源基因的插入对宿主动物自身产生的影响及对其生活环境所造成的影响（基因污染）；二是转基因动物制品的使用安全性。

9

第9章　动物干细胞技术

干细胞（stem cell）具有无限增殖和自我修复能力，它们至少能分化为一种类型的机体细胞。其中，胚胎干细胞具有体外培养无限增殖、自我更新和分化为三个胚层组织细胞的能力，因而被称为“万能细胞”。动物干细胞技术就是通过各种方法获得干细胞，经体外培养建立细胞系，并对其进行定向分化诱导研究，以期获得需要的某一特定类型细胞。

由于可以对干细胞进行体外遗传操作、选择和冻存而不失其多能性，因此在特定条件下可诱导分化为人们所需要的细胞、组织和器官等并用于临床治疗。同时，干细胞通过核移植或胚胎嵌合，能得到克隆动物，这对提高优良家畜的繁育效率及拯救濒危动物具有重要意义。干细胞技术在生物学基础研究、农业及移植医学上具有广阔的应用前景，其研究成果必将引起人类临床医学的一场革命。

9.1　干细胞概述

9.1.1　干细胞的定义和分类

1. 干细胞的定义

随着干细胞移植用于白血病治疗取得的重大突破，人们对于干细胞及干细胞对人类生命健康的重要性的认识日益深入。生物学普遍认为，干细胞是一类具有自我更新和分化潜能的细胞（图 9-1）。根据该定义，在个体发育的不同阶段和成体的不同组织中均存在干细胞，事实上发现干细胞存在于早期胚胎、骨髓、脐带、胎盘和部分成体组织中。来源不同的干细胞分化潜能不同。随着个体年龄的增长，干细胞的数量逐渐减少，其分化潜能逐渐变窄。

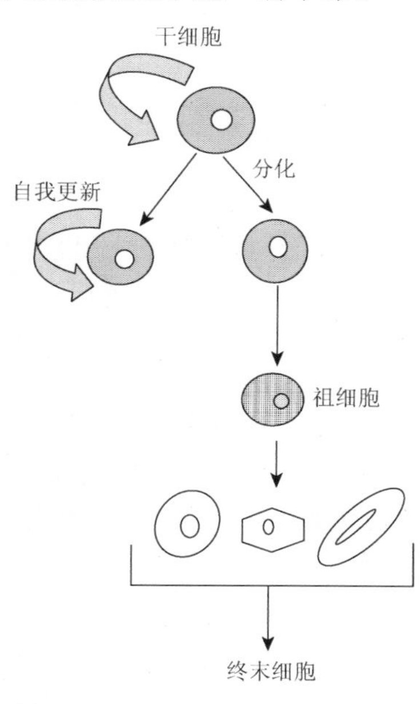

图 9-1　干细胞的自我更新与分化

2. 干细胞分类

（1）按分化潜能分类

1）全能干细胞（totipotent stem cell）。全能干细胞具有形成完整个体的分化潜能，见图 9-2。

2）多能干细胞（pluripotent stem cell）。多能干细胞是全能干细胞进一步分化而形成的。多能干细胞具有分化出多种细胞、组织的潜能，但它的发育潜能受到一定限制，不可能分化出构成完整个体的所有细胞。例如，骨髓多能造血干细胞（multipotent hemopoietic stem cell，MHSC）可分化为红细胞、白细胞和血小板等 12 种血细胞（图 9-2），是众多白血病患者起死回生的救星，但不能分化成造血系统以外的其他细胞。多能干细胞在器官再生、修复和疾病治疗方面具有重大应用价值。

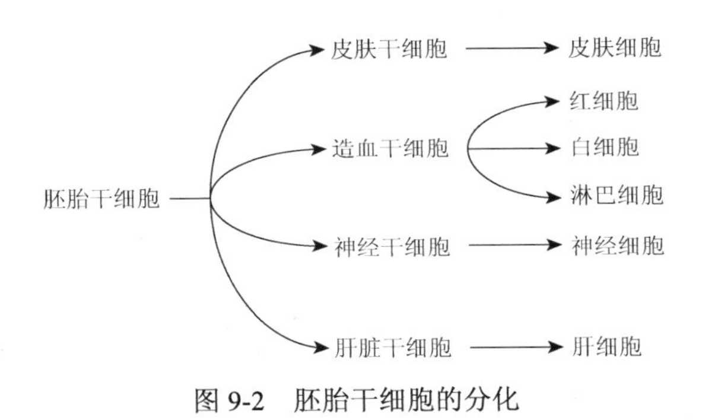

图 9-2　胚胎干细胞的分化

3）专能干细胞（unipotent stem cell）。专能干细胞也称为单能或偏能干细胞。专能干细胞来源于多能干细胞，具有向特定细胞系分化的能力，也称为祖细胞。它只能分化成某一类型的细胞，如肝脏干细胞、胰腺干细胞、肠上皮干细胞、生殖干细胞等。

（2）按细胞发育阶段分类　根据来源不同，干细胞可以分为胚胎干细胞（embryonic stem cell，ESC，或称 ES 细胞）、成体干细胞（somatic stem cell，SSC 或 adult stem cell，ASC）和诱导性多潜能干细胞（induced pluripotent stem cell，iPSC，或称 iPS 细胞）等。

1）胚胎干细胞。ES 细胞通常是指由哺乳动物早期胚胎分离克隆出来的未分化细胞，能在体外长期培养和增殖，具有稳定的二倍体核型，在适合的条件下可以分化为机体的各种组织细胞，并具有形成嵌合体的能力。一般从着床前囊胚内细胞团或早期胚胎原始生殖细胞中分离 ES 细胞，还可利用体细胞核转移（SCNT）技术获得，如图 9-3 所示。

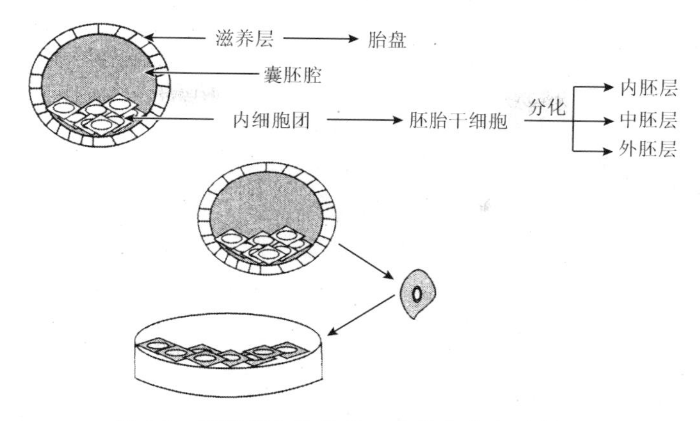

图 9-3　胚胎干细胞结构、分化和分离示意图

2）成体干细胞。成体干细胞来源于成年个体组织或器官，发育等级较低。它们存在于成体特定的组织中，具有由干原细胞形成先驱细胞，分化成具特定功能细胞的能力。当组织受到外伤、老化和疾病等损伤时，成体干细胞能产生新的干细胞，或者按一定的程序分化，形成新的功能细胞，从而使组织和器官保持生长和衰退的动态平衡。由此可知，成体干细胞主要用于维持细胞功能的稳态，负责组织和器官的修复和再生。目前，科学家已经可以从乳腺、小肠、骨髓、皮肤、脑、骨骼肌、胰腺及肝脏等器官分离获得各自的成体干细胞。近来科学家发现，这些未分化的组织细胞除了分化出其来源组织的功能细胞外，还可分化成其他组织的功能细胞。临床上用了 30 年的骨髓移植就是成体干细胞在临床治疗上应用的例子。其中，有应用前景、研究最多的有间充质干细胞、造血干细胞和神经干细胞等。

3）诱导性多潜能干细胞。iPS 细胞是指由已分化的体细胞诱导而来，具有类似胚胎干细胞的高度自我更新能力和多向分化潜能的干细胞。目前，已从小鼠、人、猴、大鼠和猪等的多种体细胞诱导出 iPS 细胞。

9.1.2　干细胞的生物学特点

1. 胚胎干细胞的生物学特点

胚胎干细胞是一种高度未分化的全能干细胞，它具有发育的全能性，具有向各种系统细胞分化转变的能力，能分化为成体的所有组织和器官。胚胎干细胞具有以下特点：①具有多向分化潜能，可分化为成年个体任何一种组织细胞；②具有无限增殖性；③人体胚胎干细胞的来源受到伦理、道德的限制，取材较为困难；④可在不经诱导的情况下自动分化，因此在移植入成体后其分化不好控制，易形成畸胎瘤。

2. 成体干细胞的生物学特点

成体干细胞是一种主要用于维持细胞功能的稳态，负责组织和器官的修复和再生，发育等级较低的细胞。具有以下特点：①分化潜能较低，尽管成体干细胞具有横向分化的潜能，但通常只能向某几种细胞类型分化，分化方向由其组织来源决定；②应用时不存在组织相容性的问题，避免了移植排斥反应和使用免疫抑制剂引起的副作用；③取材相对容易，受伦理学争议较少；④其分化需要诱导，因此致瘤风险较低。

9.1.3 干细胞的应用前景

干细胞研究是在生物和医学领域十分热门且具有远大发展前景的前沿课题，并由此产生了一种全新的医疗技术，即干细胞技术，又称为再生医疗技术。

1. 揭示发病机制

细胞生长、分化和发育是生命活动的基本过程。多种信号转导通路参与细胞生长、分化和发育。胚胎干细胞的分化和增殖构成动物发育的基础；而成体干细胞的进一步分化则是成年动物组织和器官修复再生的基础。干细胞研究揭示了未分化细胞如何变成分化细胞，其过程涉及基因表达的执行与关闭，单一细胞如何发展成为器官，健康细胞如何取代、更换受伤或病变坏死的组织细胞的过程，但我们对这些“决定”基因及使之启动或关闭的因素知之甚少。

干细胞研究可以揭示疾病的发生机制和发展过程。研究发育过程的细胞分化是病理研究的基础。越来越多的实验研究证实，人类最严重的医学难题，如癌症和先天缺陷就是由已分化成熟的细胞去分化（退化）和干细胞在分化过程中受阻滞（异常分化）而引起。癌症的形成是经过多阶段、多基因长期累积突变而来的，一般体细胞短暂的生命可能无法累积足够的基因突变而形成癌症，但是长寿而且具有自我再生功能的干细胞，就可能累积大量的突变而形成癌症。所以通过了解正常细胞的分化发育过程，了解调控干细胞分化的基因，将有助于洞悉此类疾病的形成原因，并研发治疗策略。随着由人的皮肤诱导多能干细胞研究取得的重大突破，发达国家正在围绕细胞因子、核质互作、细胞诱导、细胞抑制、激素水平、细胞外基质等对细胞的分化影响开展研究，以期揭示相关疾病的发生机制。

2. 改变了研制药品和进行安全性实验的方法

提供了新药的药理、药效、毒理及药代等的细胞水平的研究手段，大大减少了药物实验所需动物的数量，可能发展成为一种新的药物筛选模式。科学家早已应用肿瘤细胞株来筛选具有潜力的抗肿瘤药物，但很多时候并不能真正代表正常的人体细胞对药物的反应，因此干细胞研究不会取代在整个动物和人体身上进行实验。

3. 发展再生医学

干细胞最显著、最有潜力的应用在于通过干细胞移植促进人类个体组织器官或细胞功能的修复。

将干细胞直接移植到患者体内治愈退化性疾病，即所谓的“细胞疗法”，是医学谋求的重建式的医疗模式。例如，骨髓移植用于白血病的治疗，其主要目的便是造血干细胞的移植，它是众多白血病患者起死回生的救星；通过人体多能干细胞中发育出心肌细胞，并移植到逐渐衰退的心肌，以便增加衰退的心脏功能；移植完整的胰腺或分离的胰岛细胞用于减少胰岛素的用量等研究已经取得了初步成果。

从理论上说，应用干细胞技术能治疗各种疾病，又可以克服组织不相容现象，避免服用免疫抑制药物引起的毒副作用，较传统治疗方法具有无可比拟的优点。例如，体细胞核转移（SCNT）技术为通过把患者自身体细胞的核与捐献者的去核卵细胞相融合、发育，从内细胞群中取得 ECC，诱导其分化为需要的细胞，最后移植回患者体内，从而获得与患者遗传性相同的 ECC，避免了免疫排斥现象。

可以预见的是，在不久的将来，那些传统医学方法难以医治的顽症，如白血病、早老性痴呆、肝硬化、糖尿病等都将通过干细胞技术获得治愈的希望。

9.1.4　干细胞技术研究中存在的问题

最近 10 年来，从干细胞基础研究到动物实验以至临床试验均取得了举世瞩目的成就。可以说，人类各种疾病都可以通过干细胞技术来治疗。但如此诱人的前景要成为现实，仍有很多问题亟待解决，如安全性问题、技术难题及法律和道德障碍等。

1. 安全性问题

干细胞能否应用到临床治疗上的关键问题之一是它的安全性。干细胞研究的最终目的是为了临床应用，而由基础研究到临床应用，在保证有效性的同时，安全性问题至关重要。目前用于干细胞分离培养的体系中含有动物成分，这可能会导致今后用于人体医疗的干细胞遭到污染。iPS 技术和其他一些新技术的出现，虽然规避了受精卵、胚胎，但其研究中涉及的癌症关联基因及基因处理过程会使细胞更倾向于变成癌细胞。

任何事物都有两面性，应用胚胎干细胞也有其不利的一面。当胚胎干细胞所形成的混杂成纤维的各类细胞被注入成年小鼠内时，就会形成一种称为“畸胎瘤”的肿瘤。人类胚胎干细胞及分化后的种子细胞是否具有同样的致肿瘤性，如何克服等问题均有待深入的研究。解决这个问题的办法也许是建立遗传学上的安全机制，即在胚胎干细胞中插入自杀基因，当移植的胚胎干细胞变得致肿瘤时可以摧毁它们。因此，在将胚胎干细胞用于治疗之前，研究人员必须确有把握它们已足够分化，而不会不适当地扩散或形成不需要的有害组织。因此，为了保护接受治疗的患者，必须对胚胎干细胞进行严格的纯化。

2. 技术难题

我们必须深入基础研究，理解导致人体中细胞特化的细胞事件，从而指导干细胞发育成移植所需的特殊组织类型。如果要治疗帕金森病，干细胞移植到人体后不能分化为神经细胞就会失去意义。要实施以细胞为主的治疗策略，必须要可以轻易地、可复制地操纵干细胞过程，以确保所得的干细胞确实具有分化、移植及再生的特质。干细胞必须能蓬勃再生并产生足够量的组织，确保分化出来的细胞为所需的细胞种类，确保细胞移植后在病患体内能存活，确保移植后与病患体内邻近的组织融合，确保在移植受者有生之年能产生适当的功能，避免危害移植受者，这样将来才有可能将干细胞应用于临床。

但目前对干细胞横向分化能力尚存争议。巨大争议的根源在于骨髓干细胞向组织细胞分化的实验证据不一致、不充分，这有待进一步研究提供令人信服的证据。

定向分化技术、克隆技术等是干细胞应用面临的技术障碍。如何利用身体已经特化的健康体细胞进行转化，来替代受损或死亡的组织细胞，是干细胞应用面临的技术难题。目前，干细胞研究面临的最大问题就是如何在不破坏胚胎的情况下，使数量较多的成人体细胞转化为多潜能干细胞甚至特化的组织细胞，这在细胞治疗发展上将有重要意义。哈佛大学、加州大学等研究小组开展了体细胞核转移的研究和克隆干细胞研究，希望能安全地将干细胞直接移植到患者体内治愈各种退化性疾病。

同时，临床试验需要规范化。目前的临床试验绝大多数是小规模、单中心、非随机的。由于临床试验纳入样本量非常小，说服力不强，临床试验的结果也五花八门，指标少，缺乏系统分析。自 2006 年下半年以来，很少有临床试验方面的报道发表，这缘于欧洲出台的关于干细胞临床试验的共识文件，其中提到不再推荐做单中心的、非随机的小规模试验，而建议开展随机、双盲、对照、大规模、多中心的临床试验。大规模、规范化的临床试验虽然需要很长周期，但能更准确、科学地评价干细胞治疗的效果。

3. 法律和道德障碍

胚胎干细胞被誉为“万能细胞”，有着巨大的医学应用潜力。但一直以来，获取人体胚胎干细胞必须摧毁胚胎，这一点颇受非议。

美国法律禁止使用政府资金资助人胚胎研究，但美国卫生和福利部（DHHS）可以资助来自胚胎和胚胎生殖细胞的多能干细胞的研究，科学家认为这一决定是值得赞赏和高瞻远瞩的，这也从一个侧面反映了胚胎干细胞研究的重要性及艰巨性。但 DHHS 的这一决定却遭到某些国会、教会和人权组织人士的反对，他们认为进行胚胎干细胞研究就等于是怂恿他人“扼杀生命”，这是不道德的、违反伦理的。

4. 成本问题

干细胞在医学领域的重大潜力及面临的技术难题和伦理学障碍，以及干细胞研究能够不损坏胚胎提取干细胞或者找到胚胎干细胞的替代品，并能够诱导定向分化，并保证用于人体不会导致癌症及免疫排斥的发生，这些问题的解决和新技术的突破无疑会增加研究的成本，进而增加患者的治疗成本。

9.2　胚胎干细胞

胚胎干细胞是由着床前囊胚内细胞团或原始生殖细胞经体外分化抑制培养分离的一种全能细胞，可以分化成任何一种组织类型的细胞，一般称为 ES 细胞。胚胎干细胞具有与早期胚胎细胞相似的形态结构，细胞体积小，核大，核质比高，有一个或多个核仁，核型正常，具有整倍性。胚胎干细胞体外培养时呈鸟巢集落状生长，细胞紧密堆积，难以看清细胞轮廓，集落边界清晰，有立体感。来源于生殖细胞的胚胎干细胞，小鼠与人的集落相似，来源于胚胎内细胞团的胚胎干细胞，人的集落相对松散，成扁平状。

9.2.1　胚胎干细胞的分离

目前 ES 细胞主要有两个来源，即胚泡内细胞团和生殖嵴中的原始生殖细胞，前者更为常用。另外，经体外授精形成的胚胎或由核移植获得的重组胚在体外培养至所需发育阶段也是分离 ES 细胞的有效材料。

不同动物、不同品系动物的胚胎在发育速度和方式（pattern）等方面存在差异，因此应注意选择适当的品系和取材时间等。例如，小鼠 ES 细胞（mESC）分离常用的品系是 129 小鼠或 ICR 小鼠，多取自 3.5d 的早期胚泡或 2.5d 的桑葚胚。

1. 以早期胚胎为材料的分离方法

以早期胚胎为材料首先要获得内细胞团。从 ICM 分离 ESC 的方法基本是沿袭了 Evan 和 Kaufman 等从小鼠囊胚 ICM 分离 ESC 的方法。由于滋养层细胞可竞争性抑制 ICM 的增殖，而且还可以诱导其发生分化，因此在体外分离 ESC 时，需将胚胎外层的滋养层细胞剥离去除，只取 ICM 进行培养。常用分离方法有全胚培养法、免疫外科法和酶消化法 3 种。

（1）全胚培养法　从囊胚 ICM 脱去早期胚胎透明带后，将 ICM 连同滋养层细胞一起放于培养体系中培养，使其自然发育孵出并贴壁生长，形成清晰的细胞集落后，选择生长集中、细胞团隆起明显的细胞集落，通过显微操作将囊胚 ICM 与周围的滋养层细胞剥离，经胰酶消化后，进行离散、接种。随着显微操作技术的发展，囊胎被切割为含 ICM 的半胚后，ESC 贴壁率和增殖率都得到了提高。

（2）免疫外科法　先将胚泡与抗小鼠的血清共同孵育一段时间，然后加入补体，在补体的作用下，外层的滋养层细胞发生溶解，而 ICM 则不受影响。转移到 DMEM 培养基中，除去溶解的滋养层细胞后，把 ICM 转入培养体系中培养，待其增殖后消化、离散、接种。

（3）酶消化法　囊胚脱去透明带后，经 0.25%胰蛋白酶-0.04%EDTA 的细胞消化液消化约 5min 后，在解剖镜下将滋养层细胞开始脱落的囊胚移入培养液中，分离 ICM，然后消化、离散和接种。

2. 以原始生殖细胞为材料的分离方法

可根据不同物种，在无菌条件下取胚胎生殖嵴及其周围组织，可直接培养，也可经 0.25%胰蛋白酶-0.04%EDTA 室温条件下消化 10min，可辅以慢速磁力搅拌，然后用含 10%胎牛血清（FCS）的 DMEM 终止消化，过滤，离心去上清液，重复两次后，将细胞制成悬浮液，接种培养。

9.2.2　胚胎干细胞的培养

体外培养 ESC 的基本原则是最大限度地抑制分化，维持其全能性，同时促进其快速增殖及维持其正常的二倍体核型。在 ESC 的培养过程中，一方面要提供足够的营养物质（胎牛血清、非必需氨基酸、各种嘌呤和嘧啶），以满足其增殖的需要；另一方面要加入分化抑制物，如饲养层细胞、条件培养基或白血病抑制因子等，以抑制其分化。分离获得的胚胎癌细胞（EC）可以通过不断换液以维持 ESC 的快速繁殖和抑制分化，或者超低温冷冻进行保存。目前，用于建立小鼠 ESC 有 3 种培养体系。

1. 饲养层细胞培养法

饲养层细胞常用原代小鼠胚胎成纤维细胞（primary mouse embryo fibroblast，PMEF）、小鼠胚胎成纤维细胞（mouse embryonic fibroblast，MEF）、子宫上皮细胞、商业 STO 细胞系等。PMEF 对 ESC 的抑制分化和促生长作用优于 STO，可用于大多数动物胚胎干细胞的分离，并且由于其取材方便、制作费用小，是目前最常用的饲养层细胞。STO 细胞是已建成的细胞系，已转染新霉素抗性基因和白血病抑制因子（leukemia inhibitory factor，LIF）基因，既能保证足够量的 LIF，又能用于转基因 ESC 的筛选，处理相对简单。但不同动物对在不同饲养层细胞上的分离效果不同，如小鼠、牛、猪和兔胚胎在 PMEF 饲养层上分离效果较好，人的 PGC 在 PMEF 细胞上 EGC 隆起，致密典型，优于 MEF 和 STO。因此，要根据实验材料选择合适的饲养层细胞。

饲养层细胞要经过射线照射或丝裂霉素处理才能用于 ESC 的培养。饲养层细胞经射线照射，处理彻底，没有药物残留影响，对细胞损伤小，贴壁性强，是一种理想的处理方法。但是需要一定的射线照射设备，成本较高。用丝裂霉素处理饲养层细胞，操作简单，但容易出现药物残留，对 ESC 产生影响，同时由于处理时难达到 100%的处理效果，因此不适合用于建系等使用。

LIF 是目前研究最多，应用最广的一种 ESC 分化抑制因子。培养液中添加 LIF 和其他一些促生长细胞因子，如白细胞介素-6（IL-6）等，以维持 ESC 的生长和未分化状态。

2. 无饲养层培养法

有三种培养液可用于小鼠 ES 细胞的培养：①直接在 ES 细胞基础培养液中加入重组 LIF，使终浓度为 1000U/ml；②Buffalo 大鼠肝细胞条件培养液（BRL-CM）；③2～3 周幼年大鼠心肌细胞条件培养液（RH-CM）。

一般以 2～3 份上述细胞条件培养液加 1～2 份新鲜的 ES 细胞培养液，再添加 10%～20% FCS，共同组合成无饲养层的 ES 细胞培养系统。胚胎生殖细胞（EG）培养建系除了饲养层细胞外，还需补充适当的生长因子，ES 细胞就可在体外增殖，维持不分化的生长状态。

ES 细胞的研究已逾 30 年，积累了很多成功的经验，但各实验室采用的具体实验方案有所不同，进行实验时，可参考有关资料进行设计和实施。小鼠 ES 细胞的建立过程大致如图 9-4 所示。

3. 人胚胎干细胞的培养

与小鼠 ES 细胞相比，人类 ES 细胞（hESC）的分离和培养要难得多。近年

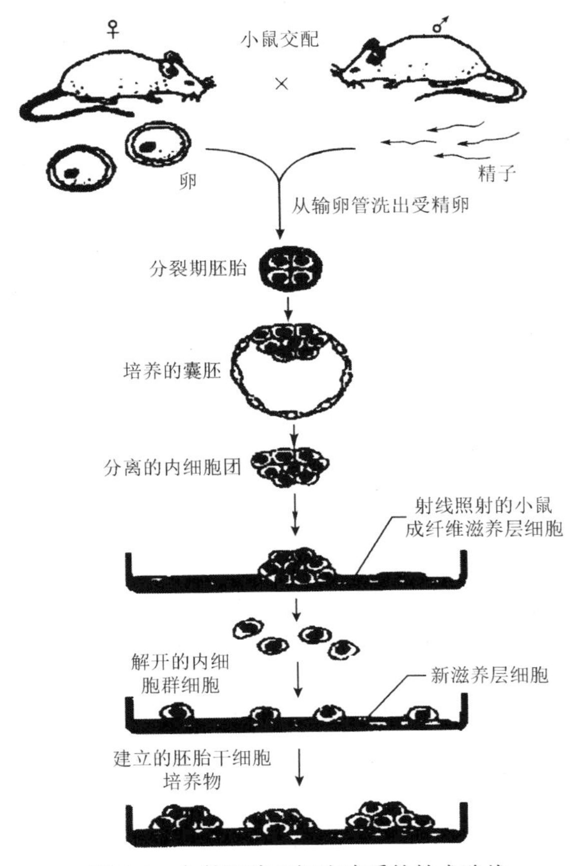

图 9-4　小鼠胚胎干细胞建系的技术路线

来，为优化人类 ES 细胞的分离和培养条件进行了大量的研究，实现了人 ES 细胞的无饲养层培养，并对其在体外培养中的生长特性等有了更多的认识。现已发现，人 ES 细胞与小鼠 ES 细胞有许多不同之处。例如，人 ES 细胞生长缓慢，培养中易出现自发分化；LIF 不能支持人 ES 细胞处于未分化状态；人 ES 细胞表达阶段特异性胚胎细胞表面抗原 SSEA-3 和 SSEA-4，而小鼠 ES 细胞表达 SSEA-1 等。

人类 ES 细胞的具体培养方案在不同实验室各不相同，各实验室可根据自己的条件参考有关文献确定培养方法。由于人类早期胚胎极其珍贵，因此必须严格按照伦理和临床规范进行操作。一般在获取了生长第 5 天或第 6 天的囊胚后，用免疫学方法进行分离。内细胞团接种到小鼠饲养层细胞上培养 10d 左右，便可将细胞团切割成小块并转移到新的饲养层上继续培养。人类 ES 细胞的连续培养常用胰蛋白酶消化进行传代，也有使用胶原酶消化或用机械法进行传代的。此外应注意传代密度，接种的细胞太少不易生长，一般 4～6d 传一次。人 ES 细胞对营养要求很高，一般需要每天换液，在人 ES 细胞培养中使用明胶有利于饲养层细胞贴壁。

9.2.3　胚胎干细胞的定向分化

胚胎干细胞的定向分化是指在适宜的条件下，胚胎干细胞将按照人们的意愿分化为某一特定谱系的细胞。目前，全世界有很多实验室都在进行有关胚胎干细胞定向分化的研究。

1. 改变细胞的培养条件

改变细胞的培养条件是胚胎干细胞进行定向分化的基本策略，常用的方法有三种。

一是向培养基中添加生长因子、化学诱导剂等。目前常用于胚胎干细胞定向分化的生长因子有表皮生长因子（EGF）、血小板衍生生长因子（PDGF）、血管内皮生长因子（VEGF）、肝细胞生长因子（HGF）等；维甲酸（retinoic acid）、二甲基亚砜则是最为常用的化学诱导剂。

另一种方法是将胚胎干细胞与其他细胞一起进行培养。当胚胎干细胞同其他细胞一起进行培养时，它会随着细胞种类的不同而向不同方向分化。PA6 是一种骨髓细胞起源的基质细胞系，当小鼠 ES 细胞与 PA6 细胞一起培养时，ES 细胞将向神经系统分化。

还有就是将细胞接种在适当的底物上，这些因素将促使胚胎干细胞中某些特定基因的表达上调或下降，从而引发细胞沿着某一特定谱系进行分化。研究发现，将小鼠 ES 细胞接种在胶原表面，将有利于它分化成内皮细胞。

2. 导入外源性基因

若把在特定发育阶段中起决定作用的基因导入胚胎干细胞的基因组中，将会使胚胎干细胞准确地分化为某一特定类型的细胞。但在应用这一方法时，首先得确定决定细胞向不同方向分化的关键基因是哪些，其次还要保证在适当时间将该基因导入 ES 细胞基因组的正确位置上。目前已有报道表明，用这种方法可使胚胎干细胞定向分化为神经细胞、肌肉细胞、胰腺细胞等。

3. 体内定向分化

若将胚胎干细胞移植到动物体内的不同部位，在不同的微环境中，这些胚胎干细胞多数将分化为该组织特异性的细胞，Deacon 等将小鼠 ES 细胞直接移植到帕金森病模型大鼠的纹状体中，这些细胞多数分化为多巴胺能神经元及 5-羟色胺能神经元，这些神经元的软突可以延伸到宿主的纹状体内，为受损神经元提供有功能的神经支配。除神经系统外，其他组织也存在类似的现象，如将小鼠 ES 细胞移植到小鼠心脏，这些细胞多数将分化为心肌细胞。

9.2.4 胚胎干细胞的应用前景及存在问题

随着干细胞技术的快速发展和不断完善，按照一定的目的分离和培养ES细胞已成为可能，而且ES细胞具有在体外特定培养条件下无限增殖和分化为机体内任何种类细胞的潜能，因此ES细胞在研究哺乳动物胚胎发育和疾病发生、基因和细胞治疗、药物筛选与新药开发、动物克隆及改良等诸多方面都具有广阔的应用前景。但干细胞的研究才开始不久，在诱人的前景面前也同时面临着许多难题和挑战。

1. 应用前景

（1）探讨胚胎发育的调控机制　发育生物学是生命科学的前沿领域，但仍存在着许多未解的问题，其中最大的奥秘就是一个受精卵如何发育成复杂的生物体。但哺乳动物早期胚胎一般很小，又在子宫内发育，在体内研究胚胎发育和各类细胞的分化及其机理几乎是不可能的。ES细胞不但具有完整的发育潜能，而且也具有对调节正常发育所有信号的应答能力，因此胚胎干细胞系的建立将有助于探讨胚胎发育过程中的影响因素和调控机制。例如，可以比较胚胎干细胞和不同时空的分化细胞之间的基因表达差异，研究参与胚胎发育和分化的分子机制等。也可用不同的外源基因转染ES细胞，或在ES细胞水平上进行基因打靶，经体外筛选后建立带有目的基因的细胞系，或将筛选后的带有目的基因的ES细胞注射到宿主着床前胚胎内，并移植到假孕母体子宫内使之发育成个体，从而建立转基因动物或基因打靶动物，用于研究基因在发育过程中的表达与调控等。当然，ES细胞在体外的分化途径和机制与在体胚胎的可能有所不同，但仍有共同或相似之处。例如，小鼠悬浮生长的类胚体在结构排列上与在体胚体的有些不同，但一些类型的细胞分化秩序和方式却非常类似于在体胚体。因此，小鼠ES细胞已被公认为是研究哺乳类动物发育的较理想模型。

（2）临床应用　为克服异体细胞移植中的免疫排斥反应，可考虑以遗传工程来改变人的ES细胞，如破坏细胞中表达主要组织相容性复合物（MHC）的基因，躲避受者免疫系统的监视，从而达到防止免疫排斥发生的目的，也可结合胚胎干细胞技术和体细胞核移植技术来解决这一问题。

如果将患者身上的体细胞作为核供体进行核移植，获得克隆胚胎，然后用这些克隆胚胎分离ES细胞，再将ES细胞进行诱导，分化成患者已经发生病变的特定类型的细胞（如造血细胞、神经细胞、肝细胞等）移植给患者，这样就可以克服免疫排斥反应，达到理想的治疗目的。这种治疗性克隆策略为研究解决人类医学疑难病症提供了新思路。另外一种考虑就是建立干细胞库，根据储存的干细胞来源和种类的不同，干细胞库包括ES细胞库、成体干细胞库、iPS细胞库和造血干细胞库等，可根据具体情况用于自体或经配型后用于异体病损或衰老组织器官的修复。

（3）动物克隆及改良　ES细胞具有可以无限传代增殖且不改变其基因型和表现型的特点，这不仅可以充分发挥良种动物的生产潜力，还可以加速动物良种化进程。

ES细胞还可作为外源基因载体生产转基因动物，以获得生长快、质量优、抗病力强的家畜品种及用来大量生产基因工程药物等。用ES细胞与胚胎嵌合进行异种动物克隆，可以在某种程度上解决哺乳动物远源杂交的困难。嵌合体动物对于发育生物学、动物生理学和遗传学等的研究也具有特殊意义。

（4）制备嵌合体动物　利用ES细胞可以获得具有来自两个或多个合子体细胞的个体，即嵌合体（chimera），又叫作镶嵌体（mosaic）。嵌合体分种内和种间嵌合体两种。通过转基因技术，将不同来源的重要基因转移、组合到嵌合体中，亦即将理想性状结合进嵌合体，使嵌合体具有多种生物学功能，甚至产生新的生物学功能。嵌合体可以解决哺乳动物远缘杂交的困难，其生物学效应将远高于常规育种方法所获得的杂种优势。由于嵌合体独具的生物学功能的创造性，其在动物育种中，有着十分重要的潜在应用前景。嵌合体动物对于发育生物学、动物生理学和遗传学的研究也具有特殊的意义。

2. 存在问题

虽然ES细胞的研究在很多方面取得了突破性的进展，但其中仍然有很多问题需要不断地深入探索和研究。

1）维持ES细胞未分化状态的机制及其定向诱导分化的调控机制尚不清楚。目前在干细胞研究中存在建系成功率不高的问题，而且人类ES细胞研究还存在细胞来源的限制。如何诱导ES细胞定向分化成单一类型的分化细胞，也是至今仍未解决的难题。

2）ES细胞应用于临床治疗存在安全性问题。ES细胞和多能成体干细胞的自发分化方向是多向的，移植到体内的干细胞的分化方向也许会与预期不同，而且细胞移植后的成瘤风险也较大。另外，ES细胞能引起免疫排斥反应，尽管可以采用克隆途径获得与患者基因组完全相同的ES细胞系，但是还存在技术、成本等方面的限制。

3）ES细胞真正用于器官克隆与移植仍有待于技术上的突破。虽然人类ES细胞在培养条件下可以形成各种类型的细胞和简单的组织，但其是否具有形成复杂器官的能力目前还远未清楚，ES细胞诱导分化为人体的组织器官并进行移植目前还存在着很多问题。

4）因为在获取人的ES细胞、建立ES细胞系时必须要破坏胚囊，体外培养的胚囊是否有生命还存在着争议，ES细胞应用于细胞和组织替代治疗目前还面临着一系列的伦理宗教和社会学问题。

9.3 成体干细胞

成体干细胞（adult stem cell，ASC）是成体组织内具有进一步分化潜能的细胞，是多能或单能干细胞。可塑性（plasticity）是指一种组织的成体干细胞生成另一组织的特化细胞类型的能力，这种现象称为干细胞的转分化或横向分化，如造血干细胞分化为神经元、肝细胞等。骨髓、脂肪、肌肉、脐带血、血液中均发现具有分化潜能的成体干细胞。

成体干细胞在组织中普遍存在，经常位于特定的微环境中。微环境中的间质细胞能够产生一系列生长因子或配体，与干细胞相互作用，控制干细胞的更新和分化。如何寻找和分离各种组织特异性干细胞对于人们了解干细胞非常重要。目前，学者采用不同的方法，建立了分离干细胞的方法。

9.3.1 间充质干细胞

间充质干细胞（mesenchymal stem cell，MSC）是存在于全身结缔组织和器官间质中的多能干细胞，是研究最多的干细胞之一。由于间充质干细胞具有高增殖能力和多向分化潜力，因此在成体干细胞的应用领域，尤其在患病和损伤修复方面备受关注。

由于来源不同，间充质干细胞分离扩增的方法存在差异。因此，国际细胞治疗学会（ISCT）制定了界定间充质干细胞的三条基本标准：①贴壁生长；②具有以下表型特征，即≥95%的细胞表达CD105、CD73和CD90等，而绝大多数不表达CD45、CD34、CD14、CD11b、CD79a及CD19等，也不表达MHCⅡ类分子，如HLA2DR抗原等；③具有分化为成骨细胞、脂肪细胞、成软骨细胞等三类细胞的能力。

1. 间充质干细胞的分离和培养

间充质干细胞是近来干细胞研究的热点，但不同来源的间充质干细胞在表型上差异较大，尚无统一的分离方法。研究较多的骨髓间充质干细胞的分离目前多采用密度梯度离心法和贴壁培养法，还有利用细胞的表面标志，采用流式细胞仪或免疫磁珠等通过表面带有或缺少抗原成分进行正选或负选从而进行富集的方法。

密度梯度离心法主要是根据骨髓中细胞成分的密度不同，常用Ficoll或Percoll密度梯度离心分离MSC，可有效地从骨髓中分离出单个核细胞（mononuclear cell，MNC），去除红细胞和粒细胞等。再取单个核细胞层进行培养，待大部分MSC贴壁生长后，通过更换培养液可使不贴壁的细胞被冲洗掉，便可得到成纤维细胞样、贴壁、快速增殖的骨髓间充质干细胞。

贴壁培养法也称为全骨髓法，它主要是根据间充质干细胞贴壁生长的特性，将收集到的骨髓培养至大部分MSC已贴壁生长后，更换培养液。红细胞不贴壁，通过换液可被洗除，因此首次传代就是较为均一的成纤维样细胞。其中混杂的巨噬细胞、单核细胞、造血细胞等，由于它们的贴壁黏附能力不同，通过调整胰蛋白酶EDTA的消化时间，保证在短暂消化时间内，使MSC与培养皿底脱离，而其他细胞仍贴附于培养皿底，从而使MSC在传代期间进一步得到纯化。

MSC的原代培养主要用补充10%胎牛血清的基础培养基，消化细胞时用Trypsin/EDTA消化液。具体过程如下。

1）原代培养36h全液量换液，去除未贴壁的造血细胞。

2）以后每3～4d换一次液。

3）待细胞生长接近80%～90%后，用Trypsin/EDTA消化液消化。加入Trypsin/EDTA消化液，轻轻摇动使Trypsin/EDTA覆盖培养器皿表面，消化1～2min，显微镜下观察，当70%～80%的细胞间隙增大变圆时，轻拍培养器皿的壁，当80%细胞脱壁浮起时，立即加入完全培养液以终止消化。

4）用吸管吸取液体，反复吹打瓶皿底壁，使细胞脱离瓶皿底壁。

5）离心，吸去上清液。

6）用MSC完全培养液重悬细胞。

7）按照10 000个细胞/cm^2的密度来接种细胞。

8）加足够的MSC完全培养液培养。

MSC的培养需要注意的问题：①血清的质量直接影响到MSC的生长、增殖及分化能力。不同厂家、不同批号的血清对MSC的生长、增殖及分化的影响存在一定的差异。因此，在工作中有必要抽样检测不同批次的血清，从中挑选出最符合实验需要的批号，并用同一批号的血清完成同一批实验。②接种密度是影响体外培养MSC增殖潜能的重要因素。低密度接种时，MSC的增殖能力明显提高，而诱导细胞分化时则需要较高的细胞密度，这可能与分化时细胞与细胞间的相互作用有关。而在培养过程中，若细胞过度融合会促进其分化趋向，故要保持干细胞未分化状态，要及时传代。

2. 间充质干细胞的体外诱导分化

间充质干细胞具有多向分化潜能，但是其调节机制尚不清楚。和ES细胞类似，诱导物的选择和MSC对诱导物的反应及其所处的微环境是影响MSC体外定向诱导分化的主要因素。例如，MSC在维生素C、β-磷酸甘油和地塞米松的作用下可被诱导分化为成骨细胞；在地塞米松、胰岛素和3-甲基-异丁酰黄嘌呤等的作用下，被诱导分化为脂肪细胞；脂肪中分离出的MSC，在用5-氮杂胞苷诱导后可向心肌细胞分化等。另外，有实验表明，MSC是否与邻近的细胞有直接接触、与何种细胞接触也可能影响着它的分化过程。

9.3.2　造血干细胞

造血干细胞（hematopoietic stem cell，HSC）是发现较早、研究最多、应用最广的成体干细胞之一，体内所有的血细胞都由它分化而来。胎儿出生前，胚胎肝脏是主要的造血组织，内含较多的造血干细胞；出生后，造血干细胞主要存在于骨髓、外周血和脐带血中。

从造血干细胞发生和分化的角度可将其大致分为三类：一是全能造血干细胞（totipotential hematopoietic stem cell，THSC），是指造血组织内能分化发育成各种血细胞的最原始囊胞；二是造血祖细胞（hematopoietic progenitor cell），是一类由全能造血干细胞直接分化来的已经失去自我更新能力的过渡型增殖性细胞群；三是造血前体细胞（precursor cell）。造血干细胞实际上是由不同胞龄等级（hierarchy）的细胞包括干细胞和祖细胞组成的复合体。血细胞的产生不仅是一个细胞增殖的过程，还是一个细胞分化的过程，如成熟红细胞的产生需要经历一个从造血干细胞、造血祖细胞、前体细胞，最后生成成熟血细胞的过程。

1. 造血干细胞的分离

一般造血干细胞来源于外周造血干细胞、骨髓造血干细胞和脐带血造血干细胞。在正常生理条件下，外周血的 HSC 数量少，不能满足移植需要，如注射细胞动员剂（粒细胞-巨噬细胞集落刺激因子），可使外周血 HSC 增加 20～30 倍。外周血 HSC 的成分以较为单一的造血干细胞为主，在上臂血管采集，不需住院和麻醉，采集前注射动员剂无痛苦，移植应用普遍。骨髓 HSC 除 HSC 外还有其他血液成分，在髓骨上钻孔采集需住院和麻醉，不需注射动员剂，有痛苦，应用较少。脐带血 HSC 除 HSC 外还有其他血液成分，收集脐带血。但由于脐带血中造血干-祖细胞的绝对数量不足，植入成人骨髓基质的能力较低，迄今为止脐血移植成功的病例多为体重 40kg 以下的儿童，应用很少。与骨髓、胚胎肝的 HSC 移植相比，外周血 HSC 移植除采集方便、不需骨髓穿刺，易被接受外，造血及免疫功能重建早，放射线的敏感性低，受体内植入率高，是国内目前骨髓移植的主要采集方式。

（1）脐带血 HSC 的分离、培养　采集脐带血，采用 Ficoll 淋巴细胞分离液密度梯度离心（弃除了成熟的红细胞和粒细胞），收集单个核细胞，加入 5 倍以上体积的 DMEM 培养液充分吸打、洗涤，以 1500r/min 离心 10min，弃上清液。重复上述操作，共洗涤两次。末次离心后，快速弃上清液，加入 DMEM 制成细胞悬液，调整细胞悬液密度，取 5ml 细胞悬液加入含 20% FCS 的 DMEM 的培养皿中，使细胞终浓度为 1×10^6 个/ml，孵育 90min，收集培养皿中的非贴壁的细胞悬液（非贴壁的低密度细胞，nonadherent low-density，NAL），洗涤，调整细胞浓度

至 2×10^6 个/ml，加入细胞因子 SCF（50ng/ml，5μl）、IL-3（50ng/ml，5μl）、IL-6（50ng/ml，10μl）、FL-3（40ng/ml，20μl）、TPO（10ng/ml，5μl）等培养，造血干细胞的分离步骤见图 9-5。在脐带血 HSC 的分离过程中，经密度梯度离心获得的单个核细胞采用贴壁法弃除单核细胞、巨噬细胞和 B 淋巴细胞等贴壁细胞后，还可以用 CD34 标记，用免疫磁珠和流式细胞仪进行纯化。

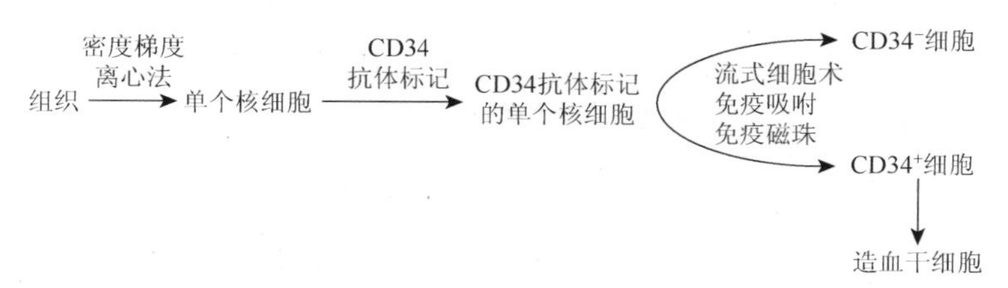

图 9-5　造血干细胞的分离

（2）人体外周血 HSC 的分离　　人体外周血 HSC 的分离在临床应用已经很成熟。一般对个体进行大剂量化疗，在白细胞降至低谷并开始回升时皮下注射粒细胞集落刺激因子 5g/(kg·d)动员。注射刺激因子后，一般在外周造血干细胞数量增长高峰的第 5 天，当 WBC＞10.0×10^9 个/L 时用血细胞分离机开始采集。

2. 造血干细胞/祖细胞的体外培养

由于分离的造血干细胞一般包括各系列祖细胞，因此可将其培养称为“造血干细胞/祖细胞的体外扩增”。造血干细胞的培养方式大致如图 9-6 所示。

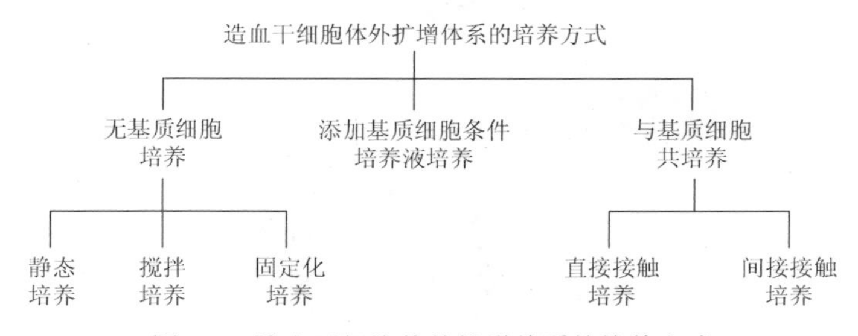

图 9-6　造血干细胞体外扩增体系的培养方式

（1）基质支持的培养体系　　其是在体外模拟骨髓造血微环境的培养方法。基质细胞及其产生的多种造血调控因子的存在，对体外扩增时造血细胞功能活性的维持同样具有重要的支持作用。

（2）无基质支持的培养体系　　基质支持的培养体系原理是通过构成造血微环境中基质细胞分泌的细胞因子实现的，这启发人们直接将合适的细胞因子加入含血清或无血清的培养液中培养造血细胞，建立了无基质悬浮培养体系。该方法简便易行，既无须建立骨髓基质细胞层，又便于随时收集细胞，较适于临床应用扩增培养纯化的 CD34$^+$细胞。已有研究证实，细胞因子在造血干细胞/祖细胞的体外培养中起着非常重要的作用，只有在基本培养基中加入合适的细胞因子，干细胞才能有效增殖。迄今研究者已试用过多种细胞因子的组合，包括 SCF、IL-1、IL-3、IL-6、GM-CSF、G-CSF、EPO、TPO、FL 及 EPO 等。但是，尽管已有大量工作对许多不同的组合进行了研究，但由于造血调控和造血因子作用的复杂性，以及各项研究之间缺乏可比性，目前对于扩增造血细胞的最佳因子组合尚有待进一步研究。而且由于缺乏了与维持造血细胞自我复制能力密切相关的造血微环境的支持，可能会影响扩增的造血细胞维持永久植活的能力。还有实验显示，在扩增体系中加入基质细胞系培养上清液（SCM），对支持造血干细胞/祖细胞的体外扩增有利。

3. 造血干细胞的分化

造血干细胞/祖细胞的主要任务是在整个生命过程中源源不断地产生各系的血细胞。HSC 是一系列造血祖细胞的来源，通过祖细胞的增殖和分化最终实现多系造血（图 9-7）。

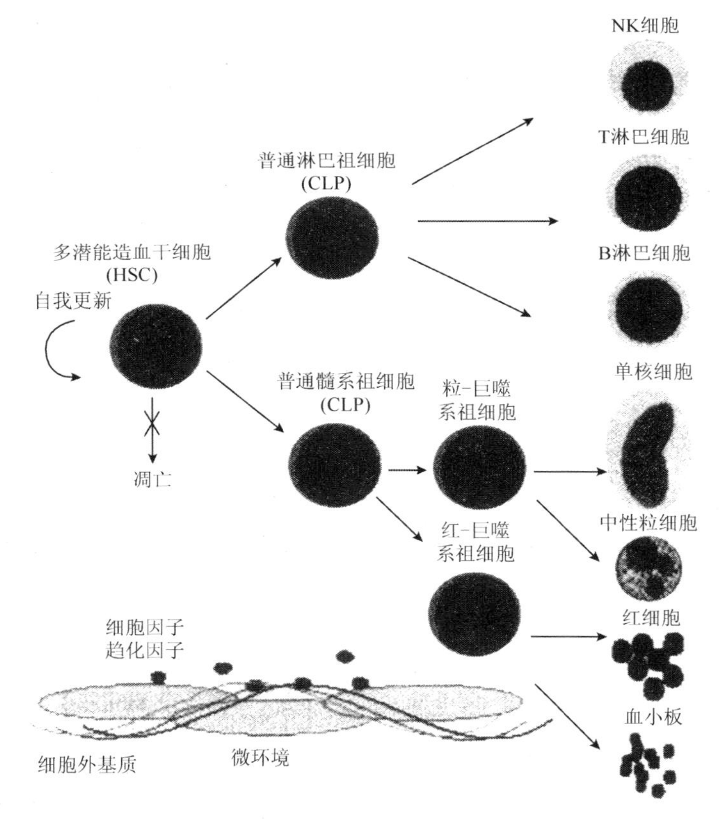

图 9-7　造血干细胞的分化

在造血干细胞/祖细胞向不同类型的血细胞分化的过程中，许多关键的细胞因子起着诱导作用（图 9-8），它们之间通过复杂的相互作用精确地控制和协调血细胞的生成。造血细胞固有的整套基因按所编程序在正常调控条件下逐一表达，以决定细胞的形态、行为和功能的有序变化，进而决定细胞定向于各自的分化方向。对于单一细胞而言，这种定向分化的决定是随机的，外部环境如造血生长因子对单个细胞的命运不起决定作用。而造血干细胞/祖细胞分化的指导性模型（instructive model）则认为，它们的分化是由细胞外信号分子所决定的。所有造血细胞内的基因及其表达程序都是相同的。对单一细胞而言，外部环境中的生长刺激或抑制因子的作用决定了其分化方向，这种定向是非对称、非随机的。显然，目前仍有很多关于造血干细胞发育分化的问题有待阐明。

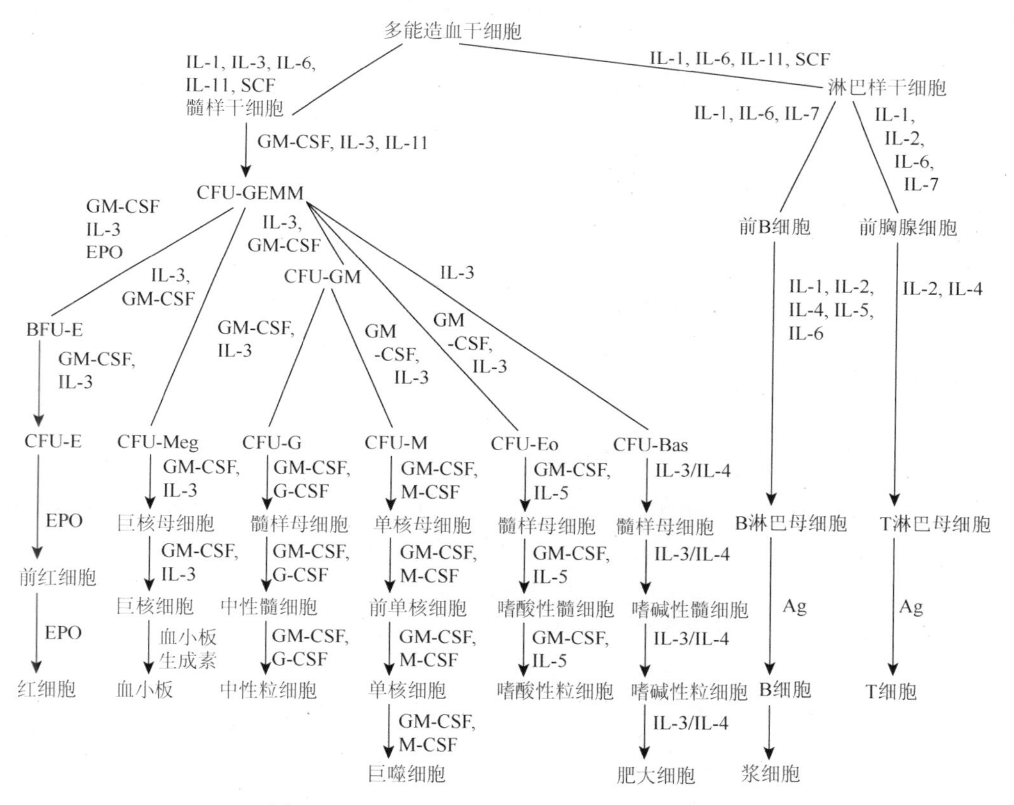

图 9-8　不同细胞因子对造血细胞分化的影响

4. 造血干细胞的鉴定

造血干细胞是一种嗜碱性独核细胞，其大小约为 8μm，呈圆形，胞核为圆形或肾形，胞核较大，具有两个核仁，染色质细质而分散，胞质呈浅蓝色不带颗粒，在形态上很难与其他有核细胞区别。随着免疫磁珠技术和流式细胞技术的成熟，HSC 的识别变得方便而容易。例如，小鼠骨髓 HSC 能表达低密度 Thy-1 抗原、丝裂原（wheat germ agglutinin）、c-kit 等。人体 HSC 的表面标志蛋白为 CD34。造血干细胞的表面标志蛋白除 CD34 外，AC133 分子选择性表达在人胎肝、骨髓及外周血的 CD34bright 细胞亚群，被认为是更早期造血祖细胞和造血干细胞的特异性标记。

9.4 诱导性多潜能干细胞

iPS 细胞在细胞形态、生长特性、多向分化潜能等各方面都与 ES 细胞非常相似。这项重大科学成果引发了全世界科学家在 iPS 研究领域的狂热竞逐，从 2006 年创立至今短短的几年时间里，新的突破层出不穷。但也必须看到，iPS 细胞的研究尚处于起步阶段，一些重要的技术问题还有待更深入、广泛的研究来加以解决。

9.4.1 iPS 细胞的建立

1. 多能性相关因子的选择

Takahashi 和 Yamanaka 最初对 24 个与多能性维持相关的候选基因进行了组合及筛选，分别将不同的基因组合通过反转录病毒导入鼠成纤维细胞来观察细胞集落的形成情况，最终发现了 4 个重编程中至关重要的因子——*Oct-4*、*Sox2*、*c-Myc* 和 *Klf4*。随后，Thomson 等用慢病毒作为载体，从 14 种高表达基因中筛选出了另外一套基因组合——*Oct-4*、*Sox2*、*Nanog* 和 *Lin28*，成功诱导胎儿成纤维细胞转换为具有 hES 细胞基本特征的人类 iPS 细胞，证明了这 4 种因子的确具有使体细胞发生重编程的能力。Thomson 小组的 4 个诱导基因中有两个与 Yamanaka 小组的不同，说明体细胞重编程可能存在多个信号途径。Liao 等采用携带 *Oct-4*、*Sox2*、*c-Myc*、*Klf4*、*Nanog*、*Lin28* 等 6 个基因的慢病毒转染诱导成功了人类 iPS 细胞，且 6 个转录因子的诱导效率比 4 个转录因子的高，iPS 细胞克隆也出现得更早。在多能性相关因子的选择上，新的发现还在不断出现。

2. iPS 细胞的筛选

在诱导 iPS 细胞的过程中，检测细胞的变化并利用直观的方法挑选出可能具有多潜能性的细胞对整个工作至关重要。鉴于 *Oct-4* 和 *Nanog* 在 ES 细胞的自我更新和多潜能性的维持中都起着更为关键的作用，2007 年 Yamanaka 小组及 Maherali 等分别尝试以 *Oct-4* 和 *Nanog* 来替代 *Fbx15*，结果显示，利用新的筛选策略建立的 iPS 细胞系在各个方面都表现出与 ES 细胞极为相似的特性。

3. iPS细胞的鉴定

要确定iPS细胞是否具有多能性，筛选出的细胞需要经过一系列严格的鉴定。目前一般利用细胞表型、表面标志、生长特性、发育潜能和表观遗传学特征等来鉴定获得的iPS细胞是否具有自我更新能力和多潜能性。实验证实，目前建立的鼠源和人源iPS细胞都具有拟胚体和畸胎瘤形成能力，而且在形态学特征、标志分子表达、生长特性、分化潜能等方面都与ES细胞基本一致，可以分化为三个不同胚层细胞及形成嵌合体生物，将小鼠胚胎成纤维细胞与iPS细胞融合后，出现类似于ES细胞的表型，这也是对iPS细胞多能性的肯定。

9.4.2 iPS技术的改进

日本与美国的科学家最先将人类皮肤细胞改造成了类似于胚胎干细胞的iPS细胞，为干细胞的应用开辟了崭新的道路，并描绘了美好的未来。然而，新发现并非完美，干细胞转化的成功率非常低，而且存在iPS细胞安全性的重要问题。最初日本选用的是鼠的*Oct-4*、*Sox2*、*c-Myc*和*Klf4*等4个转录因子（称为Yamanaka因子），但*c-Myc*是致癌基因，*Klf4*也有一定的致癌能力；而且无论利用反转录病毒还是慢病毒转染均存在着基因组的整合风险。鉴于iPS细胞有重要的临床应用潜能，科学家在解决这些安全问题和提高iPS细胞建系效率的研究方面进行了不懈的努力，从多方面改进构建iPS细胞的方法。

1. 避免或减少使用致癌基因

当被诱导的体细胞中高表达某个或某几个转录因子时，也可以减少其相应转录因子的使用。例如，Kim等发现神经干细胞（NSC）不仅可表达*Sox2*，还能表达*c-Myc*和*Klf4*等。他们先是报道利用*Oct-4*和*c-Myc*或*Oct-4*和*Klf4*两种转录因子将成年小鼠的神经干细胞（NSC）诱导为iPS细胞；后来又发现，只用*Oct-4*一个因子就可以将成年小鼠的NSCs重编程为iPS细胞。

2. 减少病毒在基因组DNA中的整合

不管是反转录病毒还是慢病毒，都会把外源基因整合到基因组DNA中，有可能引起插入突变，寻找更为安全有效的载体成为iPS相关研究需要解决的问题之一。

Sommer等及Carey等通过结合使用2A肽和IRES（internal ribosomal entry site）技术，只用一个慢病毒载体（lentiviral vector）就可同时表达4个Yamanaka因子，将病毒载体数量缩减至一个，从而可减少iPS细胞中病毒整合位点，降低插入突变的概率。

Stadtfeld 等尝试用不整合人基因组 DNA 的腺病毒（adenovirus）来介导 4 个 Yamanaka 因子，成功诱导小鼠的成纤维细胞和肝细胞为 iPS 细胞，避免了插入突变的潜在危险，也表明插入突变并非离体重编程所必需。但该工作的重编程效率很低，能否进一步用于人类 iPS 细胞的制作还是一个很大的问题。

3. 用小分子化合物替代转录因子

有实验室进行了小分子化合物的筛选，希望找到可替代重编程因子的小分子化合物，以提高 iPS 细胞的安全性。组蛋白去乙酰化酶抑制剂（HDAC inhibitor）丙戊酸（valproic acid，VPA）与 *Oct-4* 和 *Sox2* 两个因子也可把人的成纤维细胞诱导成 iPS 细胞，VPA 还可提高 iPS 细胞的建系效率。

4. 提高 iPS 细胞的制备效率和安全性

由于目前关于 iPS 细胞的研究还处于起步阶段，细胞被重编程为 iPS 细胞所需要的时间比较长，获得 iPS 细胞的概率很低。就目前的研究结果看，不同来源或不同发育阶段的细胞重编程为 iPS 细胞的难易程度、效率、所需因子组合和形成克隆所需时间都可能不同，因此选用适当的供体细胞来诱导 iPS 细胞，应该是提高 iPS 细胞建系效率的有效措施之一。例如，金颖等（2009）从孕妇常规临床检查时剩余的羊水细胞建立了人类 iPS 细胞，因其来源方便和高效快速而显示出良好的应用前景。

尽管影响 iPS 细胞成癌的机制还不清楚，但是，将来把 iPS 技术应用于临床治疗时，除避免用易致瘤因子诱导 iPS 细胞外，还应选择适当的供体细胞种类，以提高 iPS 细胞的安全性。

Zhao 等发现，使用 4 个 Yamanaka 因子，甚至在不包括 *c-Myc* 的情况下，同时下调 *p53* 和过量表达 *UTF1* 可使诱导 iPS 细胞的效率大大增加。2009 年，来自不同国家的 5 个科研小组的实验证明，*p53* 是调控细胞重编程的重要因子。Hong 等发现，去除 *c-Myc* 基因后阻断 *p53* 基因的路径，可以显著提高将皮肤细胞转化为 iPS 细胞的成功率。DNA 芯片的分析结果发现，阻断 *p53-p21* 通路不仅提高了 iPS 细胞的转化效率，还降低了 iPS 的致癌性。另外，沉默 *p53* 基因不但可用于病毒载体诱导技术，而且对质粒或是蛋白质诱导转化的技术同样可行。

参考文献

安利国. 2009. 细胞工程[M]. 2 版. 北京：科学出版社.
陈荣. 2015. 植物细胞工程[M]. 北京：中国农业出版社.
陈志南. 2013. 工程细胞生物学[M]. 北京：科学出版社.
邓宁. 2016. 动物细胞工程[M]. 北京：科学出版社.
郭华荣. 2011. 细胞工程技术[M]. 青岛：中国海洋大学出版社.
胡尚连，尹静. 2011. 植物细胞工程[M]. 成都：西南交通大学出版社.
蒋细旺. 2009. 植物细胞工程[M]. 北京：经济科学出版社.
李志勇. 2016. 细胞工程[M]. 2 版. 北京：科学出版社.
刘建福，胡位荣. 2014. 细胞工程[M]. 武汉：华中科技大学出版社.
刘士旺. 2016. 细胞工程[M]. 北京：科学出版社.
柳俊，谢从华. 2011. 植物细胞工程[M]. 2 版. 北京：高等教育出版社.
马利兵，赵秀娟. 2011. 动物细胞工程[M]. 长春：吉林大学出版社.
潘求真. 2009. 细胞工程[M] .哈尔滨：哈尔滨工程大学出版社.
潘瑞炽. 2008. 植物细胞工程[M]. 广州：广东高等教育出版社.
庞俊兰. 2007. 细胞工程[M]. 北京：高等教育出版社.
王蒂. 2011. 细胞工程[M]. 2 版. 北京：中国农业出版社.
王永飞，马三梅，李宏业. 2014. 细胞工程[M]. 北京：科学出版社.
杨淑慎. 2009. 细胞工程[M]. 北京：科学出版社.
殷红. 2013. 细胞工程[M]. 2 版. 北京：化学工业出版社.
元英进. 2012. 细胞培养工程[M]. 北京：高等教育出版社.
张峰. 2014. 细胞工程[M]. 北京：中国农业大学出版社.
周欢敏. 2009. 动物细胞工程学[M]. 北京：中国农业大学出版社.
周维燕. 2001. 植物细胞工程原理与技术[M]. 北京：中国农业大学出版社.
周岩. 2012. 细胞工程[M]. 北京：科学出版社.
左伟勇，洪伟鸣. 2014. 细胞工程技术[M]. 重庆：重庆大学出版社.